JN301124

化 学

物質・エネルギー・環境

第4版

浅野　努
荒川　剛
菊川　清

共　著

学術図書出版社

第 4 版に当たって

　本書初版の出版は 16 年前，1992 年，のことであった．その後 2 度の改訂を施したとはいえ，それらは社会情勢の変化に十分対応しきれていなかった．とりわけ著者が問題と感じたのは化学と社会との関わりを扱った 8 章-11 章であった．

　初版を執筆していた 90 年代初頭は超伝導材料を始めとして新素材が続々と登場し，一種の新素材ブームといえる状況にあった．新たな素材が開発されそれらの実用化研究が押し進められていたことへの対応として，新規な材料の基本構造などの解説が必要と考え「8 章　新しい素材」は設けられた．しかし，いまや当時の新素材の多くは実用化され「新しい素材」とはいえなくなってしまった．またすでに 6 年前の改訂 3 版においても，現代社会を支えている各種の高機能素材について解説を試みた結果，内容が複雑化し「入門化学」には相応しくなくなっていた．その反省に立ち，今回の改訂においては 8 章の削除に踏み切った．

　さらに今日，エネルギー資源の枯渇および地球環境問題の深刻化は，文字通り人類の存亡にかかわる重大事であるという認識が広く共有されている．この事態に対応するために 9, 10, 11 章で扱っていた「エネルギー」と「環境」を同一の著者が統一的にとらえて書き改めることにした．当然のことながら従来より多くのページをこれらのテーマに割くため，他の章との繋がりに欠ける憾みがあった「10 章　生物とエネルギー」の多くを割愛した．なお「生物圏におけるエネルギーと物質の流れ」「元素サイクル」は稿を新たにし「10 章　地球と環境」に組み入れた．

　もとより「エネルギー」と「環境」はともに単なる科学や技術の問題ではなく，国・地域，生活信条，経済的階層などの違いによって対応が大きく割れる社会問題でもある．したがって，教育の一環としてこれらを扱うに当たって，特定の見解に偏することのないように細心の注意を払った．残念ながら問題の複雑さから内容は一読して理解できるほど易しくはない．学生諸君には辛抱づよい努力を期待したい．

　なお，この改訂を機に従来の 0 章を 1 章に改めるとともに，基礎理論を扱う各章についてもできる限り不備を改めた．その結果，思わぬ新たな誤りなどが発生している可能性がある．お気付きの点を

著者または学術図書出版社まで是非ご連絡頂きたい．執筆分担は下記の通りである．

　　浅野　努　1-5章，荒川　剛　7,8章，菊川　清　6,9,10章．

　　末筆ながら何時に変わらぬ忍耐をもって改訂をサポートして下さった学術図書出版社の発田孝夫氏に心からお礼を申し上げる．

2008年10月

著者一同

学生の皆さんへ

　化学は物質を原子や分子の集合として扱う学問ですが，その性質上社会とのつながりは密接です．化学の発展は人類に物質的豊かさをもたらし，快適な日常生活を可能にしました．しかし，人工的物質変換が急激に増加するとともに地球環境への影響が明らかになりました．このような現状を考えるとき，皆さんが将来，社会のどの分野で活躍するにせよ，化学的知識を要求される機会が必ずあると思われます．この教科書は，そのような場合に一人で勉強をするために必要な基礎的知識を獲得できるようにと考えて執筆しました．

　高等学校までの化学は主に個々の反応式などの知識を暗記する教科として捉えられている傾向が強いといえます．確かにそれは化学の一側面で重要なものです．しかし，化学には物理的法則に裏付けられた理論体系があります．この教科書ではそのような理論をできるだけやさしく解説することを心がけました．高校までの化学とは違う化学に戸惑う人もいるかも知れません．また，化学が嫌いだった人のなかにはこのような化学の方が興味深いと感じる人もいるでしょう．いずれにしても，新しい気持ちで化学を勉強して下さい．

　最後の9章と10章では「エネルギー資源」と「地球環境」の問題をとり上げました．1章から8章を基礎としてこれらの章を学ぶことによって，化学が私たちの生活とそして人類の将来と密接にかかわっていることをわかってもらいたいと願っています．

　大学で重要なことは自ら学ぶことです．充実した学生生活を楽しんで下さい．

> 「青春」でっかくて，元気が良くて，愛情いっぱい―優美さと，力強さと，魅力で溢れそうな青春よ，
> 君は知っているか，「老年」がおそらくは君に劣らぬ優美さと力強さと魅力をそなえて，君のあとからやってくるのを．
> 　　　　　　Walt Whitman "LEAVES OF GRASS" より．
> 　　　　　　　　（酒本雅之訳　岩波文庫）

先生方へ

　この教科書は大学1,2年生を対象とした基礎科目の講義のために執筆された．そのような講義は化学系学生と非化学系学生とが同時に受講することも珍しくない．そのため学生の化学に関する知識レベルもさまざまである．「化学」を高等学校で履修して入試科目として選択した者，履修したが入試は他の理科系科目で受験した者，そしてまったく勉強して来なかった者という具合である．また化学的教科に強い興味を抱いている者もあれば，反対に興味を示すどころか嫌悪感を示す者すらある．本書はそのような多様な学生を対象とした講義を少しでも容易にすることができればという願いをこめて執筆された．

　第1章では，高等学校で「化学」を履修していない学生を想定して「化学」を学ぶ上で必要不可欠な物質についての基礎知識を述べ，さらに国際単位系ならびに測定値の取り扱いについてある程度詳しく解説した．2章—8章では化学の基礎理論を扱っているが，ただ単に知識を記述するだけでなく，冗長にならない範囲で基礎理論の成立過程についても述べた．理解を深める一助となれば幸いである．これらの章は基礎科目としての30時間の講義2学期分を念頭において書かれている．入門レベルの講義では間口を広げるより，将来の自学自習のための基礎をつくることが大切であるとの考えから無機化学と有機化学は割愛した．

　一方，化学と社会の繋がりを具体的に考える意味で，9章と10章では「エネルギー資源」と「地球環境」について詳しく解説した．どちらも社会のあり方に直接関わる難しい問題であるが，8章までの基礎知識を獲得したうえでこれらの章を学習することによって，問題の所在を理解できるものと信じている．

　本書はわかり易さを最優先に執筆したが，著者の力量不足もあってまだまだ不満足である．また思わぬ思い違いや不注意による誤りがあることも考えられる．お気づきの点をご教示賜れば幸いである．

　本書の執筆に当たっては内外の多くの著書，報告書などを参考にさせて頂いた．図版などの使用を快くお認め下さった著者ならびに出版社にはとりわけ厚く御礼申し上げる．

　2008年10月

著者一同

もくじ

第1章 この本で学ぶために ……………………………1～12
    1.1 「化学」で学ぶこと ……………………………… 1
    1.2 単体，元素，化合物 ……………………………… 1
    1.3 原子の種類と同位体 ……………………………… 3
    1.4 分　子 ……………………………………………… 4
    1.5 イ　オ　ン ………………………………………… 5
    1.6 物質の量とモル …………………………………… 5
    1.7 国際単位系（SI） ………………………………… 6
    1.8 測定と有効数字 …………………………………… 10
        問　題 ………………………………………………12

第2章 化学の歴史 …………………………………13～20
    2.1 近代化学のあけぼの ………………………………13
    2.2 フロギストン説 ……………………………………14
    2.3 化学の父，ラボアジェ ……………………………14
    2.4 ドルトンの原子説 …………………………………17
    2.5 原子量の決定 ………………………………………18
        問　題 ………………………………………………20

第3章 原子の構造 …………………………………21～32
    3.1 原子構造の発見 ……………………………………21
    3.2 ボーアの原子 ………………………………………22
    3.3 波動としての電子 …………………………………25
    3.4 量子論と軌道関数 …………………………………27
    3.5 原子の電子配置 ……………………………………29
    3.6 イオンの電子配置 …………………………………32
        問　題 ………………………………………………32

第4章　元素の周期律 …………………………33〜42
- 4.1　周期律の発見 …………………………33
- 4.2　モーズリーの実験 ……………………36
- 4.3　現代の周期表 …………………………37
- 4.4　原子の性質に見られる規則性 ………39
- 　　　問　題 ………………………………42

第5章　原子の結合と分子の構造 …………43〜62
- 5.1　イオン結合 ……………………………43
- 5.2　共有結合 ………………………………45
- 5.3　共有結合の極性 ………………………48
- 5.4　分子の立体構造と軌道混成 …………50
- 5.5　配位結合 ………………………………57
- 5.6　水素結合 ………………………………59
- 5.7　ファンデルワース力 …………………61
- 　　　問　題 ………………………………62

第6章　物質の状態 …………………………63〜89
- 6.1　状態図 …………………………………63
- 6.2　固体 ……………………………………66
- 6.3　非晶質固体（アモルファス）…………78
- 6.4　液晶 ……………………………………79
- 6.5　液体 ……………………………………81
- 6.6　気体 ……………………………………85
- 6.7　臨界点と超臨界流体 …………………87
- 　　　問　題 ………………………………89

第7章　エネルギーとエントロピー …………90〜103
- 7.1　エネルギーの種類 ……………………90
- 7.2　熱力学第一法則 ………………………90
- 7.3　熱力学第二法則 ………………………95
- 7.4　ギブズエネルギー ……………………101
- 　　　問　題 ………………………………103

第8章　化学変化の速度と平衡 ……………104〜122
- 8.1　反応速度 ………………………………104
- 8.2　反応速度と温度：活性化エネルギー …106

8.3　化学平衡 …………………… 108
　　　8.4　酸塩基平衡 ………………… 111
　　　8.5　溶解度積 …………………… 117
　　　8.6　酸化還元平衡 ……………… 118
　　　　　問　　題 ……………………… 122

第9章　エネルギー資源 ………………… 123〜163
　　　9.1　エネルギー利用の実態と展望 … 123
　　　9.2　日本のエネルギー需給の状況 … 126
　　　9.3　化学エネルギー源 …………… 127
　　　9.4　化石燃料 …………………… 128
　　　9.5　電気エネルギー ……………… 140
　　　9.6　核エネルギー ………………… 148
　　　9.7　再生可能エネルギー ………… 155
　　　　　問　　題 ……………………… 163

第10章　地球と環境 …………………… 164〜214
　　　10.1　地球環境の成り立ち ………… 165
　　　10.2　生物圏におけるエネルギーと物質の流れ … 166
　　　10.3　元素サイクル ……………… 170
　　　10.4　地球温暖化 ………………… 172
　　　10.5　大気環境 …………………… 181
　　　10.6　水と土壌の環境 …………… 190
　　　10.7　持続可能な社会を目指して … 202
　　　10.8　放射能汚染 ………………… 209
　　　　　問　　題 ……………………… 214

　　　　図および写真の引用文献 ………… 215
　　　　さ　く　引 ……………………… 218

この本で学ぶために

　大学に入って教養科目としてあるいは専門科目を学ぶための基礎として化学系科目を履修しようと思ったが，講義が理解できないという人が少なくない．少しでもそのような人の助けになることを願ってこの章は執筆された．

　この章では，2章以下に書かれていることを理解するために必要と思われる化学の基礎的事項が述べられている．高等学校での化学と異なり，大学の化学では，多くの場合，原子の構造など物理学に近い分野やエネルギーなどの定量的取り扱いが重要な位置を占めている．そのような話を理解するには「物理量」と呼ばれるさまざまな量について知り，それらについて計算できることが必要である．そのために物理量とその単位についてかなり詳しく述べた．ぜひ，それらを理解したうえで勉強に入ってもらいたい．

1.1　「化学」で学ぶこと

　化学では原子や分子1つひとつの性質とそれらが集まったものの性質を勉強する．例をあげよう．水という分子では2個の水素原子が酸素原子に結合している．化学では，この水素と酸素の間の結合がなぜどのようにしてできるのか，そして，水分子1つひとつがどのような形をしているのかについて学ぶだけではなく，水分子が6.02×10^{23}（この数値は**アボガドロ数**と呼ばれる）個程度集まったときに，それがなぜほかの同じような構造をした分子に比べて沸点が高いのか，といったことも学ぶ．

　もうひとつ例をあげると，食塩（塩化ナトリウム）はナトリウムの陽イオンNa^+と塩素の陰イオンCl^-とからできている．では，なぜナトリウムの陰イオンと塩素の陽イオンにはならないのだろうか．また，食塩はなぜ強く押さえつけると粉々にくだけてしまうのだろうか．化学は，このような物質に関するさまざまな疑問に答えようとする学問である．

1.2　単体，元素，化合物

　身のまわりにあるものは純物質と混合物に分けることができる．両者の境界ははっきりしない場合もあるが，一般に，濾過や蒸留と

いった物理的手段で分けることができるものを**混合物**と呼んでいる．たとえば食塩水は食塩と水の混合物であり，日本酒は水とエタノールのほかに多くの糖類やアミノ酸を含む混合物である．混合物には単純な操作で各成分に分離できるものもあれば，高度な技術を用いなければ分離が不可能なものもある．

純物質は**化合物**と**単体**に分類できる．化合物とは，2種類以上の原子からできているもので，単体とはある1種類の原子だけからできているものである．水は酸素と水素からできているので化合物であるが，水を電気分解して得られる酸素ガスと水素ガスは酸素原子あるいは水素原子のみからなる単体である．われわれの生活には多くの単体が使われている．たとえば金や白金といった貴金属の多くは単体である．銅も単体として使われることが多い．火山などに見られる硫黄も単体である．この例からわかるように，単体といってもその状態はさまざまである．単体も化合物も，水や酸素のように分子という形で存在しているものとそれ以外の形のものがある．以上のことは図1.1のようにまとめることができる．

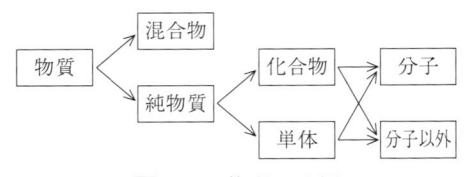

図 1.1 物質の分類

同じ種類の原子だけからできている物質を単体と呼ぶが，もうひとつ**元素**という言葉がある．「元素」とは同じ種類の原子の集まりを表す言葉である．何をもって同じ種類とみなすかは次の1.3節で述べる．現在までに100以上の元素が知られている．それらは固有の名前をもっているが，名前以外にアルファベット1文字または2文字で元素を表す記号，**元素記号**，が決められている．よく出てくる元素の日本語と英語の名前および元素記号を示す．

水素（Hydrogen）H，炭素（Carbon）C，酸素（Oxygen）O，窒素（Nitrogen）N，臭素（Bromine）Br，鉄（Iron）Fe，カルシウム（Calcium）Ca，金（Gold）Au，タングステン（Tungsten）W，水銀（Mercury）Hg，ウラン（Uranium）U

上の例からわかるように，元素の日本語名には漢字の名前と英語などヨーロッパ系の名前を借用してカタカナで表したものがある．漢字の名前にも，金のように中国語由来のものと臭素のようにヨーロッパ系の名前の訳によるものがある．一方，元素記号は，英語の名前の最初の1文字または2文字と一致するものが多い．2文字の場合は最初の文字だけを大文字で表す．しかし，古くから知られた元素では，英語とはまったく無関係な元素記号が使われているものもある．これらの多くは，金（Au）のようにラテン語の名前（Aurum）からとられている．しかし，タングステンのような例外もある．タングステンの元素記号 W はドイツ語の Wolfram からきている．20世紀以降に発見された，または人工的につくりだされた元

素には，バークリウム Bk，ニホニウム Nh のようにつくられた場所や，アインスタイニウム Es のように有名な科学者の名前にちなんで命名されているものが多い．

1.3 原子の種類と同位体

100 種類以上の元素が知られているといった．しかし，知られている原子の種類はそれよりはるかに多い．その理由を理解するには原子構造のあらましを知らなければならない．

原子は 1 個の**原子核**とそれをとりまく**電子**からできている．原子核はプラス（正）の電荷を，電子はマイナス（負）の電荷をもっている．正と負の電荷の間には引力が働くので，それらは合体しそうであるが，電子は光速の数 % という速度で運動しているので，合体することはない．電子がもっている負の電荷を e^- で表すと，原子核がもっている正の電荷はその整数倍 Ze^+ で，Z は電子の数に等しい．言い換えると，原子は外から見ると電気的に中性である．整数 Z は**原子番号**と呼ばれる大切な数で，同じ Z をもつ原子をひとつの元素としている．原子核の正電荷は**陽子**と呼ばれる粒子がもっているものである．原子核の**質量**（物質の量で，地上での「重さ」に比例する）は，ただ 1 つの場合を除いて陽子の質量の和より大きい．これは，原子核には陽子とほぼ同じ質量をもつが電気的に中性の**中性子**が存在するためである．陽子と中性子は電子の 1840 倍程度の質量をもっている．そのため，原子の質量の大部分は中性子と陽子によるものなので，中性子と陽子の数の和は**質量数**と呼ばれる．質量数が同じ原子だけでできているアルミニウムのような元素もあるが，多くの元素は，原子番号が等しくて質量数が異なる原子，これを**同位体**あるいは**同位元素**と呼ぶ，の混合物である[1]．元素の名前，元素記号，原子番号は裏表紙の見開きにある「元素の周期表」に書かれている．そこには**原子量**（相対原子質量）という値も与えられているが，それは炭素の質量数 12 の同位体の原子量を厳密に 12 と定めて得られた原子の相対的質量で[2]，同位体が存在するものではその存在比を考慮した平均値となっている[3]．たとえば，塩素原子では，相対原子質量が 34.969 と 36.966 の原子がそれぞれ 75.77%，24.23% 存在するので，塩素の原子量は $34.969 \times 0.7577 + 36.966 \times 0.2423 = 35.45$ となる．同位体の種類まで明らかにしたいときには，元素記号の左上に小さく質量数を書き加える．たとえば水素には質量数が 1, 2, 3 の同位体があるが，それらはそれぞれ ^1H, ^2H, ^3H と書かれる[4]．

[1] 天然に同位体が存在しない元素はフッ素，ナトリウム，アルミニウム，リンなど 22 種類である．

[2] 原子量は相対値であるから無次元の数値である．

[3] 水素，リチウムなど 12 の元素は同位体の天然存在比が地域によって僅かに変動する．そのため，たとえば，水素の原子量は 1.00784 と 1.00811 の間の値となる．

[4] 水素の同位体については特別な記号 D ($= ^2H$), T ($= ^3H$) が使われ，それぞれ重水素（ジュウテリウム），三重水素（トリチウム）と呼ばれることもある．^1H, ^2H は安定であるが，^3H は半減期 12.33 年の放射性元素で，β^- 線（電子 e^-）を放出して ^3He に変わる．

重い水と軽い水

同位元素は電子状態が同じであるため，その化学的性質は似通っている．しかし，質量が異なるので物理的性質は異なる．たとえば軽水と呼ばれる H_2O（^1H_2O）と重水と呼ばれる D_2O（^2H_2O）を比較すると下の表の通りである．

	H_2O	D_2O
凝固点/℃	0.00	3.81
沸点/℃	100.00	101.42
最大密度となる温度/℃	4.0	11.6
25 ℃ での密度/g cm^{-3}	0.997	1.104

1.4 分　　子

この世には，ほかの原子と結びつかず，単独の原子として存在している希ガスと呼ばれる元素もあるが，それはむしろ例外で，多くの原子は同じ元素の原子とあるいは違う元素の原子と結びついて存在する．ほかの原子との結びつき方にはいくつかあるが，そのひとつが電子を 2 つの原子で共有する**共有結合**であり，共有結合で結びついた原子の集まりが**分子**である．たとえば，窒素原子は 2 個集まって 1 つの分子をつくるが，その場合 6 個の電子を共有している．水分子では，2 個の水素原子が酸素原子 1 個とそれぞれ 2 個の電子を共有して結合をつくっている．分子がどの元素の原子いくつからできているかを表す式は**分子式**と呼ばれ，元素記号とその右下に書かれた原子の数からなる．窒素分子は N_2，水分子は H_2O と書く．分子を構成する原子の原子量の和を**相対分子質量**，略して**分子量**，という．たとえば二酸化炭素 CO_2 の分子量は $12.01+16.00\times2=44.01$ である．

化合物を表すのに元素記号をどの順番に書くかは，規則によって定められている[5]．したがって，水分子を一般的に示すときには OH_2 とは書かない．

化合物は**無機化合物**と**有機化合物**に分けて考えられることが多い．無機化合物と有機化合物は厳密に分類できるものではないが，有機化合物とは炭素原子と水素原子を主な構成成分とするもので，メタン CH_4 やエタノール C_2H_5OH がその例である．エタノールは C_2H_6O と書いてもよいのだが，そのアルコールとしての特徴は酸素原子と水素原子からなる原子団―OH によって発揮されているので，アルコールであることがひと目でわかるように C_2H_5OH と書か

---

[5] たとえば 2 種類の元素からなる化合物では，次のリストの順に元素記号を書く．
　Rn, Xe, Kr, B, Si, C, Sb, As, P, N, H, Te, Se, S, At, I, Br, Cl, O, F
H_2O, NO_2, SO_3 などはこの規則に従っている．

れることが多い．このように，特徴的な原子団をあらわに表現した分子式を特に**示性式**ということがある．一方，無機化合物は，炭素原子を含まない水やアンモニア NH_3 のようなものであるが，二酸化炭素 CO_2 など炭素を含む簡単な化合物も無機化合物に分類されることが多い．

1.5 イオン

原子や分子は電気的に中性であるが，電子を得たり失ったりして正や負の電荷をもった状態になることもある．そのようなものを**イオン**と呼んでいる．正の電荷をもつイオンを**陽イオン**または**カチオン**，負の電荷をもつイオンを**陰イオン**または**アニオン**と呼ぶ．原子はその構造によって陽イオンになりやすいものと陰イオンになりやすいものがある．原子の場合についていくつかの例を以下に示す．

陽イオンになりやすい原子とそのイオン

$H \rightarrow H^+ + e^-$, $Na \rightarrow Na^+ + e^-$, $Fe \rightarrow Fe^{3+} + 3e^-$

陰イオンになりやすい原子とそのイオン

$F + e^- \rightarrow F^-$, $Cl + e^- \rightarrow Cl^-$, $O + 2e^- \rightarrow O^{2-}$

分子が陽イオンと陰イオンに分かれる場合も多い．例を示す．

$H_2O \longrightarrow H^+ + OH^-$, $H_2SO_4 \longrightarrow 2H^+ + SO_4^{2-}$

イオンの呼び方も決められている．陽イオンの多くは原子 1 つからできているが，それらはナトリウムイオンのように元素の名前の後ろに"イオン"をつける．銅イオンのように Cu^+ と Cu^{2+} が可能な場合には，それぞれ銅(I)イオン，銅(II)イオンのように呼ばれる．一方，陰イオンの多くは塩化物イオン Cl^-，水酸化物イオン OH^- のように，△△化物イオンと呼ばれるが，硫酸イオン SO_4^{2-} のように別の規則が適用されるものもある．

イオンは，正負の電荷の間に働く力のために，陽イオンだけまたは陰イオンだけが集まってわれわれの目に見える形で存在することはない．いつも正負の電荷が相殺して，全体から見れば電気的に中性の形で存在している．たとえば硫酸ナトリウムという化合物の中には，Na^+ 2 個に対して SO_4^{2-} が 1 個の割合で存在している．したがって，硫酸ナトリウムは Na_2SO_4 という式で表される[6]．

1.6 物質の量とモル

われわれの日常生活では物質の量を，たとえば日本酒 1.8 l，リンゴ 1 kg のように，体積または重さ（質量）で表すことが多い．化学でも同様に，エタノール 100 cm^3，塩化ナトリウム 1 g のように，体積と質量がよく使われる．しかし，それとは別に**モル**(**mol**)という

[6] 陽イオンと陰イオンからなる化合物の分子式では，「陽イオンを陰イオンの前に書く」と定められている．

単位が使われることが多い．「モル」とはちょうど「ダース」のように，同じものがいくつか集まっていることを表す単位で，鉛筆 1 ダースというのと同様に，あらゆる原子や分子がアボガドロ数（6.02×10^{23}）個集まっているときに，そのものが 1 mol あるという．なぜアボガドロ数という大きな数を単位にしたかというと，原子や分子がアボガドロ数個集まると，その質量が日常使うグラム（g）程度になり便利なためである．言い換えれば，モルとは原子や分子の世界と日常生活をつなぐ懸橋である．**アボガドロ数**の正確な定義は，「質量数 12 の炭素原子 0.012 kg の中に存在する原子の数」で，その値は 1.7 節の表 1.3 に示されている．

なぜモルがグラムに代わって使われるかというと，反応は原子や分子が 1 単位として起こるものなので，たとえば「水素 2 g は酸素 16 g と反応して水 18 g になる」という表現では，単に反応する水素と酸素の質量比がわかるだけであるが，「水素ガス 2 mol と酸素ガス 1 mol が反応して水分子 2 mol になる」という言い方では，酸素分子 1 個に対し水素分子が 2 個反応して水分子が 2 個生成することまで教えてくれる．したがって，化学ではモルという単位を避けて通ることはできない．

1.7　国際単位系（SI）

化学では，モル以外にも，さまざまな量を表すために多くの単位が使われる．たとえば，反応に伴って発生する反応熱には kJ が，濃度を表すには mol dm^{-3} がよく使われる．そこで，これらの単位の意味を正しく理解しておく必要がある．

まず，量は**示量性**のものと**示強性**のものとに分けられる．示量性の量とは，物質を足し合わせると増える量のことで，質量，体積などがその代表である．一方，示強性の量とは，圧力，温度のように，物質を足し合わせても値が変わらない量のことである．50 °C の水 100 g を 50 °C の水 100 g と足し合わせると，質量と体積はそれぞれ 2 倍になるが，温度は 50 °C で変化しない．したがって，温度は示強性である．この例で水の量が 2 倍になっても水の温度は変わらないが，その水を 60 °C まで加熱するのに必要なエネルギーは 2 倍になる．したがって，エネルギーは示量性である．示強性の量は示量性の量の比として得られるものが多い．たとえば心臓の鼓動数と時間は示量性であるが，それらの比である脈拍は示強性である．

次に，単位の成り立ちについて説明しなければならない．単位には，ほかの単位から導くことができない**基本単位**と，それらの積または商としてつくられる**組立単位**とがある．長さの単位であるメー

トル（m）は基本単位であり，体積の単位である立方メートル（m³）は長さの3乗であるから，組立単位である．

古くから国または地方によって異なるさまざまな単位が使われてきた．たとえば，日本固有の長さの単位は尺であり，イギリスのそれはフィートであった．また，重さも日本では貫（かん），イギリスではポンドであった．そのため国際的に統一した単位を取り決める必要性が長年いわれていたが，1960年にメートル法をもとにして**国際単位系**（Le Système international d'unités）が定められ，それらが**SI単位**と呼ばれて科学技術の世界で広く用いられるようになった．この本を学習するために必要なSI基本単位の名称と記号を表1.1に示す．この表で熱力学温度と呼ぶものは絶対温度とも呼ばれ，なぜそのように呼ばれるかは6章で学ぶことになる．

SI組立単位を表1.2に示す．表1.2にはエントロピーのようにこれまでに習っていないものもあるが，この講義でそれらが扱われるためここに記載しておく．組立単位には固有の名称をもつものともたないものがある．セルシウス温度は「水の融点を0℃，沸点を100℃とする」と定義されているが，熱力学温度Kが1℃＝1Kになるように定義され，0℃＝273.15Kなので表の下の注のような換算となる．

物理量は一般に数値と単位の積 [（数値）×（単位）] と考えることができるので，掛け算や割り算をするときには，単位を数値とともに計算すればよい．そのとき，すべての物理量がSI単位で与えられていれば，結果もSI単位で得られる．たとえば，気体の圧力 P，温度 T，体積 V および物質量 n の間の関係を規定する式(1.1)に厳

表 1.1 SI基本単位の名称と記号

物理量	単位の名称	記号
長 さ	メートル	m
質 量	キログラム	kg
電 流	アンペア	A
時 間	秒	s
熱力学温度	ケルビン	K
物質量	モル	mol

表 1.2 SI組立単位

組立物理量	名称	記号	他のSI単位による表現
振動数	ヘルツ	Hz	s^{-1}
力	ニュートン	N	$m\,kg\,s^{-2}$
圧 力	パスカル	Pa	$N\,m^{-2} = m^{-1}\,kg\,s^{-2}$
エネルギー	ジュール	J	$N\,m = m^2\,kg\,s^{-2}$
電 荷	クーロン	C	$A\,s$
電 圧	ボルト	V	$J\,C^{-1} = m^2\,kg\,s^{-3}\,A^{-1}$
セルシウス温度	セルシウス度	℃	K*
面 積			m^2
体 積			m^3
密 度			$kg\,m^{-3}$
濃 度			$mol\,m^{-3}$
エントロピー			$J\,K^{-1} = m^2\,kg\,s^{-2}\,K^{-1}$

* セルシウス温度 ＝ 熱力学温度 − 273.15

密に従う気体を理想気体と呼ぶが，その 1 mol が 273.15 K（= 0 °C），1.013×10^5 Pa（= 1 atm）で占める体積を求めるには，式 (1.2) にそれぞれの値を代入して単位も数値と同様に計算すればよい．

$$PV = nRT \tag{1.1}$$

$$V = \frac{nRT}{P} \tag{1.2}$$

その結果は，式 (1.3) に見るように，mol, kg, s, K はすべて消去されて，体積の SI 単位である m^3 だけが残る．

$$\begin{aligned}
V &= \frac{nRT}{P} \\
&= \frac{(1\,\text{mol}) \times (8.31\,\text{m}^2\,\text{kg}\,\text{s}^{-2}\,\text{K}^{-1}\,\text{mol}^{-1}) \times (273.15\,\text{K})}{1.013 \times 10^5\,\text{m}^{-1}\,\text{kg}\,\text{s}^{-2}} \\
&= 2.24 \times 10^{-2}\,\text{m}^3
\end{aligned} \tag{1.3}$$

式 (1.1) に現れた気体定数 R のように，自然界の仕組みに基づいたもので人間が勝手に変えることができない数値があり，それらは**基礎物理定数**と呼ばれる．必要に応じて使えるように，代表的な基礎物理定数の値と単位を表 1.3 に示しておく．なおこの表にある**アボガドロ定数** N_A とは，アボガドロ数に 1 mol 当たりという意味を表す単位 mol^{-1} を含めたものである．

表 1.3 の値を見てもわかるように，数値にはたいへん大きなものもあればたいへん小さなものもある．そこで，10 の整数乗倍を表す **SI 接頭語**が別に定められている（表 1.4）．SI 接頭語などというと難しく感じるかもしれないが，この表にはセンチやキロのように小学生のときに習ったものもあり，意味と使い方がわかってしまえば便利なものである．

たとえば，水素分子中の 2 つの原子核の間の平均距離（これを結

表 1.3 基礎物理定数の値[1]

物理量	記号	数値	単位
アボガドロ定数[2]	N_A	$6.02214076 \times 10^{23}$	mol^{-1}
真空中の光速度[2]	c_0	299 792 458	$m\,s^{-1}$
真空の誘電率	ε_0	8.85419×10^{-12}	$F\,m^{-1}$
電気素量[2]	e	$1.602176634 \times 10^{-19}$	C
プランク定数[2]	h	$6.62607015 \times 10^{-34}$	J s
ボルツマン定数[2]	k	1.380649×10^{-23}	$J\,K^{-1}$
気体定数	R	8.31446	$J\,K^{-1}\,mol^{-1}$
ファラデー定数	F	9.64853×10^4	$C\,mol^{-1}$
電子の質量	m_e	9.10938×10^{-31}	kg
水の三重点[3]	$T_{tp}(H_2O)$	273.16	K

[1] 定義された量および水の三重点を除き，四捨五入で得られた 6 桁の値を示す．　[2] 定義された量．　[3] 不確かさ 3.7×10^{-7} K の実測値．

表 1.4 SI 接頭語

10^{24}	yotta	ヨタ	Y	10^{-1}	desi	デシ	d
10^{21}	zetta	ゼタ	Z	10^{-2}	centi	センチ	c
10^{18}	exa	エクサ	E	10^{-3}	milli	ミリ	m
10^{15}	peta	ペタ	P	10^{-6}	micro	マイクロ	μ
10^{12}	tera	テラ	T	10^{-9}	nano	ナノ	n
10^{9}	giga	ギガ	G	10^{-12}	pico	ピコ	p
10^{6}	mega	メガ	M	10^{-15}	femto	フェムト	f
10^{3}	kilo	キロ	k	10^{-18}	atto	アト	a
10^{2}	hecto	ヘクト	h	10^{-21}	zepto	ゼプト	z
10^{1}	deca	デカ	da	10^{-24}	yocto	ヨクト	y

合距離という）は 7.41×10^{-11} m であるが，1 pm（ピコメートル）$= 1 \times 10^{-12}$ m であるから，74.1 pm と書けば指数をつける必要がなくて便利である．

$$(7.41 \times 10^{-11}\,\mathrm{m}) \times \left(\frac{10^{12}\,\mathrm{pm}}{1\,\mathrm{m}}\right) = 74.1\,\mathrm{pm}$$

表 1.2 にはないがよく見かける単位があることに気づいた人も多いのではないだろうか．その代表例がカロリー（cal）や気圧（atm）である．古い本や日常生活で見られる**非 SI 単位**と SI 単位の関係を表 1.5 に示す．

体積の換算に使われている dm^3（立方デシメートル）という単位は，1 辺が 1 dm（= 0.1 m = 10 cm）の立方体の体積ということであり，1 cm^3 が 1 辺 1 cm の立方体の体積であることを思い出せば，容易に理解できるであろう．1 dm^3 = 1000 cm^3 = 1 l である．なおリットルは "L" とも書かれる．これまで濃度の単位として mol/l を使ってきた人も多いと思うが，1 mol/l = 1 mol dm^{-3} である．

以下に非 SI 単位で表された物理量の SI 単位への換算例を示すので，各自でその意味を考えてみよう．

表 1.5 非 SI 単位とそれらの SI 単位への換算

物理量	名称	記号	換算
長さ	オングストローム	Å	1 Å $= 1 \times 10^{-10}$ m
体積	リットル	l, L	1 $l = 1 \times 10^{-3}$ m^3 = 1 dm^3
圧力	気圧	atm	1 atm = 101325 Pa
	バール	bar	1 bar $= 1 \times 10^5$ Pa
	ミリメートル水銀柱	mmHg	1 mmHg = 133.322 Pa
エネルギー	カロリー	cal	1 cal = 4.184 J
	電子ボルト	eV	1.602×10^{-19} J

$$1.54\,\text{Å} = (1.54\text{ Å}) \times \left(\frac{1 \times 10^{-10}\text{ m}}{1\text{ Å}}\right) = 1.54 \times 10^{-10}\text{ m}$$

$$= (1.54 \times 10^{-10}\text{ m}) \times \left(\frac{1 \times 10^{12}\text{ pm}}{1\text{ m}}\right) = 154\text{ pm} \quad (1.4)$$

$$2\text{ mol } l^{-1} = (2\text{ mol } l^{-1}) \times \left(\frac{1\,l}{1 \times 10^{-3}\text{ m}^3}\right)$$

$$= 2 \times 10^3\text{ mol m}^{-3}$$

$$= (2 \times 10^3\text{ mol m}^{-3}) \times \left(\frac{1\text{ m}^3}{1 \times 10^3\text{ dm}^3}\right)$$

$$= 2\text{ mol dm}^{-3} \quad (1.5)$$

$$185\text{ atm} = (185\text{ atm}) \times \left(\frac{101325\text{ Pa}}{1\text{ atm}}\right) \approx 1.87 \times 10^7\text{ Pa}$$

$$= (1.87 \times 10^7\text{ Pa}) \times \left(\frac{1 \times 10^{-6}\text{ MPa}}{1\text{ Pa}}\right)$$

$$= 18.7\text{ MPa} \quad (1.6)$$

なお,表の標題やグラフの軸には,たとえば,圧力 P/MPa,のように書かれている.これは「圧力という量を P という記号で表し,MPa(＝ 10^6 Pa)という単位でその数値を示す」ということである.この場合,P だけイタリック(斜字体)になっているのは,物理量を表す記号はイタリックにするという約束に従ったものである.

1.8 測定と有効数字

化学では実験によって多くの量を測定し,その結果を解析して考察を加える.どのような測定であってもそれが仮想ではなく現実の実験である限り,測定結果は不確かなものである.一例をあげよう.10円玉1個の質量を実験室によく見られる上皿天秤で測ると 4.43 g と表示された.これは,正確に 4.43 g という意味ではなく,上皿天秤がこの10円玉の質量は 4.42 g あるいは 4.44 g よりも 4.43 g に近いと判断した,すなわち,この10円玉の質量は 4.43 g であり,この値の不確かさは 0.01 g あるいはそれより小さいということである.これを通常 4.43±0.01 g と書き,この測定の**有効数字**は 3 桁であるという.同じ10円玉を今度は分析用精密天秤で測定すると 4.4283 g と表示された.よって,この10円玉の質量は 4.4283±0.0001 g であった.これらの例でわかるように,測定には常に不確かさがつきまとう.したがって,測定結果を用いて計算するときには,この点に十分な注意を払わなければならない.なお,単に 100 g あるいは 0.1 kg と書いたのでは,有効数字の桁数は明らかでない.その点を特に明らかに示したい場合には,1.00×10^2 g(有効数字 3 桁)あるいは 1.000×10^{-1} kg(有効数字 4 桁)のように

指数表示を用いる．

先の 10 円玉を，上皿天秤で 271.13 g と表示された石の上に置いたときの全体の質量を求めるために，電卓で 271.13 g＋4.4283 g＝275.5583 g と計算したとしよう．確かに答は 275.5583 g と出てくるが，石の質量の不確かさは 0.01 g もあるから，275.5583 の最後の 2 桁は意味がない．したがって，この場合，全質量は 275.56 g と結論しなければならない．測定値の足し算，引き算では，最も大きな不確かさをもつ値が計算結果の不確かさを決める．

もうひとつ別の例として，質量 m と体積 V とから密度 $d(= m/V)$ を求める測定をとりあげよう．セラミックの棒の質量を上皿天秤で測定したところ 130.62 g であった．次に，その棒を 1 cm^3 ごとに目盛線がついたメスシリンダーに入れたときの水面の上昇から体積を測定した．水面の高さは最小目盛の 1/10 まで目分量で読めるので，体積は 51.9 cm^3 と推定できた．これらの結果からこのセラミック棒の密度を求めよう．電卓は $d = \dfrac{130.62 \text{ g}}{51.9 \text{ cm}^3} = 2.51676 \text{ g cm}^{-3}$ と計算する．しかし，それぞれの値の不確かさを考慮すると，この値は，

$$\text{最大 } d = \frac{130.63 \text{ g}}{51.8 \text{ cm}^3} = 2.52181 \text{ g cm}^{-3},$$

$$\text{最小 } d = \frac{130.61 \text{ g}}{52.0 \text{ cm}^3} = 2.51173 \text{ g cm}^{-3}$$

であると考えられる．よって，密度は 2.51 g cm^{-3} よりも大きく，2.53 g cm^{-3} よりも小さく，2.52 g cm^{-3} に近いと考えられる．よって，2.51676 g cm^{-3} の小数点以下第 3 位を四捨五入して 2.52 g cm^{-3} とするのが正しい．この例からわかるように，測定値を用いて掛け算や割り算をする場合，その答の有効数字の桁数は用いた数値の中で最も小さい桁数に合わせなくてはならない．ただし，いくつかの掛け算，割り算を連続して行う場合には，それぞれの段階で四捨五入していくと最終結果が正しくなくなることがある．計算は電卓またはコンピュータで行うことが多いので，実際には計算を最後まで機械的に行い，得られた結果について有効数字を考えて四捨五入をすればよい．

対数の場合，有効数字の扱いにはとりわけ注意が必要である．たとえば，ある数値 x の常用対数が 2.54 であるとしよう．

$$\log_{10} x = 2.54 \pm 0.01$$

この場合，有効数字は 3 桁であろうか．また真数 x の有効数字はどうなるであろうか．電卓で計算すると，

$$x = 10^{2.54} = 10^2 \times 10^{0.54} = 3.4673\cdots \times 10^2$$

と答えが出てくる．

しかし

$$10^{2.53} = 3.3884\cdots \times 10^2 < x < 10^{2.55} = 3.5481\cdots \times 10^2$$

であるから $3.4673\cdots$ の 73 は全く意味がない数字であることは明白である．小数第 2 位の 6 は第 1 位の値が 4 に近いか 5 に近いかを決めるという意味をもつに過ぎない．よって，x の有効数字は 2 桁で，この場合は小数第 2 位を四捨五入して

$$x = 3.5 \times 10^2$$

としなければならない．対数 2.54 の整数部分 2 は 10^2 に対応する厳密な数値であって，この対数の有効数字は 2 桁である．

この例からわかるように対数の有効数字は小数点以下であって，その桁数が真数の有効桁数になると考えてよい．もう 1 つの例を示すので，各自で確かめて見よう．

$$\log_{10} K = -2.735 \pm 0.001$$
$$K = 10^{-2.735} = 10^{-3} \times 10^{0.265} = 1.8407\cdots \times 10^{-3} = 1.84 \times 10^{-3}$$

なお，自然対数の値は常用対数の $2.303\,(= \log_e 10)$ 倍になるが，有効数字については同様に扱ってよい．また，化学では自然対数 $\log_e$ を簡単に ln として表すことが多い．"l" は logarithm の頭文字 "n" は natural の頭文字である．

問　題

1．自然界に存在する臭素は，相対原子質量が 78.92 の同位体 50.69% と 80.92 の同位体 49.31% からなる．臭素の原子量を求めよ．(79.91)

2．次の量を示強性のものと示量性のものに分類せよ．
　　距離，時間，速度，質量，体積，密度

3．次の物理量を指定された倍数接頭語を用いた単位に換算せよ．
　　1）6.3×10^5 m ＝　　　km　　　2）3.55×10^{-10} g ＝　　　pg
　　3）7.8×10^7 Hz ＝　　　MHz　　4）1.50×10^5 Pa ＝　　　kPa

4．次の物理量の有効数字の数を明らかにせよ．
　　1）0.0152 g　　2）5.800×10^5 m　　3）50600 s
　　4）0.00210 mol

5．次の物理量を指定された SI 単位に換算せよ．
　　1）1.32 Å ＝　　　pm　　　2）2500 l ＝　　　m^3
　　3）150 atm ＝　　　Pa　　　4）180 kcal ＝　　　kJ

6．有効数字に注意して次の計算を行え．
　　1）13.8426 g＋764.08 g＋7.5 g ＝
　　2）(102 m)×(633.5 m) ＝
　　3）$\dfrac{15.823 \text{ g}}{6.78 \text{ cm}^3}$ ＝　　　4）$\log_{10} 710$ ＝

化学の歴史　2

近代科学の1分野としての"化学"は17世紀のヨーロッパにその起源を求めることができる．化学が成立する上で鍵となったいくつかの発見と化学の基礎である原子量が決定された過程を確認しよう．

2.1　近代化学のあけぼの

物質を科学的に研究するきっかけとなった実験は物質が存在しない空間（真空）の発見であった．1643年にトリチェリは図2.1に示した実験を行った．一方の端を閉じた長さが76 cmを越えるガラス管に水銀を満たし，空気が入らないように上部を指で押さえて水銀が入った容器に逆さに立てて指を離した．すると水銀が図の線 a まで下がり上部に何もない空間（**トリチェリの真空**）ができた．この実験は，それまで多くの人が信じていた「物質は連続したもので，自然界に真空は存在しない」という考えが正しくないことを明らかに

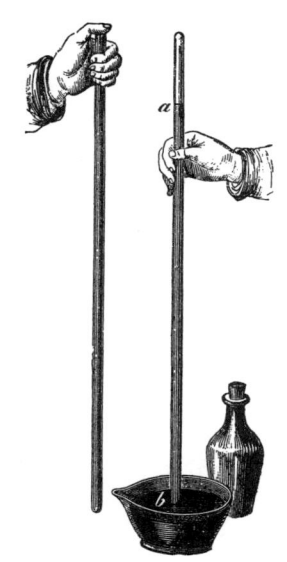

図 2.1　トリチェリの真空[1]
ガラス管に水銀を入れて管をひっくりかえし水銀の入った容器につける．すると水銀は線 a まで下がり上に真空ができる．

図 2.2　ボイルの実験の想像図[2]
水銀をガラス管に加えて気体に圧力をかけているところ．ガラス管はこわれたときの用心のために箱の中に入れてある．

2.1　近代化学のあけぼの　13

Robert Boyle (1627-1691)[(2)]
アイルランドの貴族．ボイルの法則の発見者として知られるとともに，その著書『The Sceptical Chymist』(懐疑的化学者)の中で「私は……，元素を最も初めの基となるような単一の，すなわち全く化合していない物体だといっているのです．元素はなにかほかの物体でつくられているのではなくて，完全な化合物体といわれるものを直接つくりあげている成分であって，化合物体は，究極にはこの元素に分解されるのです」(田中，原田，石橋訳)と記し，元素に対する近代的概念をはじめて与えたことでも知られている．

1) スウェーデンの化学者シェーレは1772年ころ酸素を発見したが，著書の出版(1777年)がプリーストリの発表より遅かったために，酸素の発見者として認められていない．

した．

もう1つの忘れてならないできごとは，気体の体積と圧力の関係に関するボイルの実験(図2.2)であった．1660年にボイルは「一定の温度では，閉じ込められた空気の体積は圧力に反比例する」[**ボイルの法則**，式(2.1)]ことを発見し，それを空気の粒子の運動の結果として説明した．

$$PV = P'V' \tag{2.1}$$

V：圧力 P での気体の体積，V'：圧力 P' での気体の体積

トリチェリやボイルの実験は紀元前4,5世紀の古代ギリシャに存在した，全ての物質がそれ以上は分割できない微粒子「原子」からなるとする，原子説が復活するきっかけとなった．

2.2 フロギストン説

17世紀後半から18世紀にかけて，原子説は多くの科学者によって受け入れられるようになったが，近代化学の成立までにはある誤った理論を克服しなければならなかった．

ドイツの化学者ベッヒャーとその弟子シュタールは，当時の化学者が最も興味を抱いた現象である燃焼(酸化)を統一的に説明できる理論を唱えた．彼らによれば，燃焼とは，フロギストン(燃素)と呼ばれるものが空気によって運び去られることであった．たとえば，金属が加熱されるとフロギストンが空気中に飛び散って金属灰(酸化物)になる．したがって，密閉した容器中で加熱すると，空気がフロギストンで満たされることによって変化は止まる．一方，植物はフロギストンを空気中から吸収できる．よって植物とりわけそれから得られる木炭はフロギストンに富んでいる．そこで，金属酸化物を木炭とともに加熱すると，フロギストンが移動して金属が再生する．

フロギストン説は根本的に誤っていたが，さまざまな現象を定性的に説明できたので当時の化学者の間で支配的な理論となった．この理論には金属が酸化されると(酸素原子が金属原子と結合するため)質量が増加することを説明できないという欠点があったが，当時の化学者はそれを重大なことと思っていなかった．

2.3 化学の父，ラボアジエ

18世紀後半には二酸化炭素，窒素，水素などの気体が次々と発見され，ついに1774年にはプリーストリによって酸素が発見された[1]．彼は酸化水銀を加熱すると気体が発生することを見出した．

$$2\,HgO \longrightarrow 2\,Hg + O_2 \tag{2.2}$$

その気体は普通の空気より燃焼を支える力が強く，動物はこの気体の中でより長く生きていた．また自ら試してこの気体が呼吸を助けることも確認した．正しい燃焼理論を提案する一歩手前まで来たプリーストリであったが，彼は，フロギストン説から逃れることはできず，新しく発見した気体を「脱フロギストン空気」と名づけた．

　1774年10月にパリへ行ったプリーストリはそこでひとりの化学者と会い，酸化水銀を加熱すると気体が得られるという新発見について話した．その化学者が今日化学の父と呼ばれているラボアジエであった．

　1772年ごろから燃焼の前後の質量変化に注目した研究を行っていたラボアジエは，生成物が外へ逃げないようにして燃焼させると，リンも硫黄も燃焼によって質量が増加することを見い出した．燃焼に伴う質量増加は金属に限って見られる現象ではなく，燃焼は空気の一部分が燃焼物と結合するために起こる普遍的現象であると思われた．さらに彼は1774年4月に，かつてボイルが行った密閉容器（口を溶かして封じたガラス製のレトルト）中でのスズの加熱実験を注意深く実行した．4608グレイン（1グレイン ≒ 0.06 g）のスズを3026.50グレインのレトルトに入れ，レトルトをゆるく加熱して空気を少し追い出してからその口を閉じ，全体の質量を測ったところ7628.87グレインであった．それを強く加熱してスズを燃焼させ，冷却後再び質量を測ったところ7628.60グレインであった．燃焼の前後で全体の質量は変わらないといえる．したがって，火の粒子がガラスの壁を通ってスズと結合したとは考えられない．次にレトルトの口を開くと，中へ空気が吸い込まれ全体の質量は7637.63グレインとなった．口を閉じる前のそれは7634.50グレインであったから，吸い込まれた空気の質量は3.13グレインとなる．そして，スズを取り出してその質量を測ると4611.12グレインで，3.12グレイン増加していた．明らかにスズは空気の一部分と結合したと考えざるをえない．しかし，ラボアジエはその空気の一部分が何なのかはまだわからなかった．そのようなときにプリーストリの実験結果を知ったラボアジエは，プリーストリの得た気体が彼のさがしている気体ではないかと考えて新たな実験にとりかかった．

　彼は水銀の酸化と酸化水銀の分解を研究した．まず，図2.3のようにして水銀をレトルトに入れて密閉状態で加熱した．水銀の表面に赤色の酸化水銀の生成が見られると同時に，ガラス鐘内の水面の上昇が見られた．空気の体積が約1/5減少すると水面の上昇は止まった．次に酸化水銀を集めて皿の上に置き，図2.4のようにして日光で酸化水銀を加熱した．すると水銀が再生し，ガラス鐘内の水銀面

Joseph Priestley（1733-1804）[3]
イギリス非国教派の牧師．化学の教育を受けたことはない．38歳のとき，大量の炭酸ガスを入手できる醸造所の隣に住んでいたことから化学の研究を始め，多数の気体を単離した．化学的には保守的で最後までフロギストン説を捨てなかったが，宗教的，政治的には自由主義者であった．そのため1791年の国教徒による非国教徒に対する暴動でバーミンガムにあった私宅が襲撃破壊され，ロンドンへ逃げた．1794年にはアメリカへ渡りその地で生涯を閉じた．

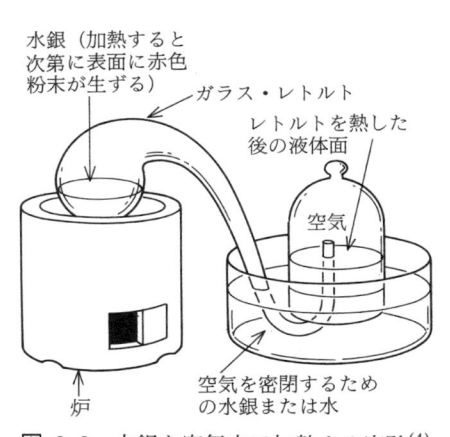

図 2.3 水銀を空気中で加熱する実験[4]

2.3 化学の父，ラボアジエ　15

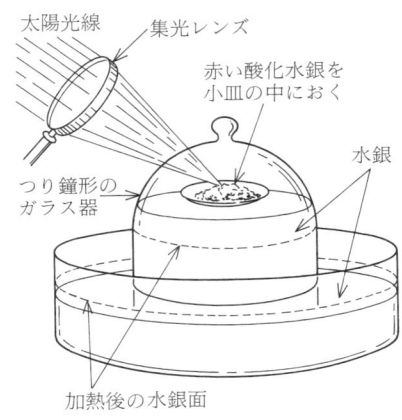

図 2.4 酸化水銀を加熱して分解させる実験[4]

Antoine Laurent Lavoisier（1743-1794）とその妻[2]
パリの弁護士の息子．優れた科学者によって科学の教育を受け，科学アカデミー会員となった．しかし，彼は化学を職業とはせず，徴税請負人の株を手に入れて徴税業務に携わった．彼の妻は同僚の組合員の娘で英語に堪能であったので，彼のためにイギリスの論文を翻訳したばかりでなく，彼の教科書のために挿絵を書いたりした．ラボアジエはフランス革命の恐怖時代に他の組合員たちとともに投獄され，1794年に死刑を執行された．

が低下した．また，この分解で生じた気体を水銀を酸化した際に残った空気に混ぜると，普通の空気と同じものが得られた．これらの実験によってラボアジエは，1780年までに2つの結論を出した．それらは，「燃焼（金属の酸化）過程では，空気の約1/5を占める成分が結合して質量の増加をもたらす」，「この空気の成分は元素である」というものであった．前者は実験的根拠をもって提出されたが，後者は，結果的には正しかったが，この段階では直感的推定にすぎなかった．これらの仮説はフロギストン仮説と真っ向から対立するものであったが，質量の変化も含め当時知られていた実験事実をすべて合理的に説明できたばかりでなく，その後見い出された実験結果にも満足な説明を与えたので，1790年ごろまでには学界で支配的理論となった．

ラボアジエは，燃焼理論の確立のほかに，定量的実験によって，それまでは単なる思想として存在していた**質量保存の法則**（反応物の全質量と生成物の全質量とが等しいという法則）が，実験に基づいた法則として認められるきっかけをつくったことによっても知られている．また，彼は1789年に出版された教科書『化学要論』の中で，元素を「どのような実験的手段でも分解できない物質」と定義

図 2.5 ラボアジエの元素表[3]

16　第 2 章　化学の歴史

し，その一覧表（図2.5）をつくった．その表には33元素が記されているが，いちばん上に光と熱が，3番目にプリーストリが発見しラボアジエによって酸素と命名された元素が記されている．ラボアジエがいかに酸素を重要視していたかがうかがえる．

2.4 ドルトンの原子説

18世紀の化学者たちは，ラボアジエも含めて原子という言葉は使わなかったが，物質を細かく分けていくと最後にもうこれ以上分割できないという基本的粒子があり，それらが結びついたり離れたりすることが物質の変化の背後にあると考えていたと思われる．しかし，その実験的証明には，ラボアジエ以後さらに10数年の時間が必要であった．

近代的な原子説誕生のきっかけとなったのはプルーストの研究であった．彼は純粋な化合物を用いた精密な分析によって，「異なった元素が結合して化合物をつくる場合，それがいつどこでどのようにしてつくられても成分の質量の比は常に一定である」という**定比例の法則**が成り立つことを示した（1799年）．この見解に対しては，当時の有名な化学者ベルトレが，元素どうしを結びつける力は重力と類似の力で量に比例するとの考えから反対したこともあって，両者の間で論争となった．この論争は数年間にわたって激しくしかし礼儀正しく続けられたが，1810年ごろにはプルーストの見解が正しいと認められるに至った．

1803年ドルトンは，一定の質量をもっている原子が一定の簡単な比率で結びついて分子ができると考え，そこから定比例の法則とともに**倍数比例の法則**「2種類の元素が化合して2種類以上の化合物をつくるとき，一方の元素の同一量と化合する他の元素の量は互いに簡単な整数比をなす」が当然成り立たなければならないことに気づいた．たとえば原子AとBが3種の化合物A_2B, AB, AB_2をつくるとすれば，A1原子と結合するBの質量は1:2:4にならねばならない．彼はこの考えを支持する若干の実験データを示し原子の存在を主張した．

ドルトンが目標としたのは，原子や分子1個1個の相対的質量，すなわち原子量と分子量を計算することであった．そのためには分子を構成する原子の数を知らなければならない．しかし，それを知る方法を思いつかなかったドルトンは，適当に仮定して原子量を計算してしまった．彼の原子量と彼が用いた元素記号を図2.6に示す．これらの値を求めるにあたって彼は，水は◉◯，アンモニアは◉◐と仮定した．したがって，当然ながら正しい原子量は得ら

John Dalton (1766–1844)[3]
貧しい織工の息子で正規の学校教育は受けなかった．12歳でいなかの学校の先生となった後，1793年に非国教徒派が設立したマンチェスターニューカレッジの自然科学と数学の教師となった．6年後にその学校が移転してからは，個人教授などで生計を立てつつ，化学の研究や気象観測を生涯にわたって行った．彼はまた，自らが赤緑色盲であることに気づき，はじめて色盲を詳細に研究し，結果を出版した．彼は，この色盲の原因は，眼の内部にある液体がスペクトルの赤色を吸収してしまうことにあると信じていたので，死後，眼の検査をしてほしいと希望していた．ある記事によると，友人の医師ランソムは，ドルトンの眼の1つを取り出して内部から液体を抜いて時計皿へ入れ，それを通して赤と緑の粉を見たが，どちらも自然の色に見えた．そこでランソムは，眼の内部の液体が色盲の原因ではないと結論したという．

図 2.6 ドルトンの元素記号と原子量[5]

れなかった．最終的結論は間違っていたとはいえ，ドルトンの理論はほかの化学者によって発展させられ，化学の形成に大きな影響を及ぼした．

2.5 原子量の決定

ドルトン以降，近代的意味での原子説は，定比例と倍数比例の法則の成立を説明するために不可欠の仮説として認められるようになったが，それぞれの原子がもつ質量の相対値（原子量）の決定にはさらに50年の歳月が必要であった．

1805年ゲイ・リュサックは，後に地理学者として有名になるフンボルトと協力して，酸素と水素が化合して水となるときの体積比を正確に測定した．この実験は以前，水素を発見したキャベンディッシュやラボアジエによって行われ約1:2であることがわかっていたが，ゲイ・リュサックらはもっと正確な値を得ようとしていた．得られた値は1:1.9989で，彼はこれは1:2となるべきものが実験誤差でこのようになったと考えた．ゲイ・リュサックは他の気体反応でも似たような現象がないか自ら実験し，また他の化学者の報告を分析して検討した結果，1809年に「気体間の反応は簡単な体積比で起こる」という**気体反応の法則**を提出した．気体では分子と分子の間の距離が大きいので，分子どうしの相互作用がない．そのため，同温同圧では同数個の気体分子が種類に関係なく同体積を占めるために気体反応の法則が成り立つと考えれば，この法則の発見は原子量の決定にたいへん有利なものとゲイ・リュサックには思われた．しかし，ドルトンは気体反応の法則を死ぬまで認めなかった．それにはいくつかの理由があったが，そのひとつは窒素と酸素から酸化窒素を生じる反応で全体積が変わらないことであった．この反応は次のように表される．

$$N_2 + O_2 \longrightarrow 2NO \tag{2.3}$$

われわれは，窒素も酸素も2原子分子なので1容の窒素と1容の酸素から2容の酸化窒素ができることに何の疑問も抱かないが，当時はまだ2つの同じ原子が結合して安定な分子をつくるなどとは誰も考えていなかった．そこで，同温同圧では同数個の分子からなる気体の体積が気体の種類に関係なく等しいために気体反応の法則が成立するのであれば，窒素原子と酸素原子が半分に割れなければ2容の酸化窒素はできない．これでは原子説に反するので，ドルトンは気体反応の法則の成立を認めなかったのである．原子説と気体反応の法則の矛盾の解決策は1811年にアボガドロによって提出されたが，それは当時の化学者に認められず約半世紀の間，顧みられなか

った.

　アボガドロは，次の2つの仮定をおいて原子説と気体反応の法則の矛盾を解決した．

① すべての気体は，同一の条件下では同体積中に同数個の気体分子を含む．

② 単体気体の分子は2原子からなる．

　①の仮定は，**ボイル-シャルルの法則**が（シャルルの法則[2]）は18世紀後半に発見されていた）気体の種類に関係なく成り立つことなどから化学者の多くがその成立を内心信じていたので抵抗なかったが，②は当時の常識に反するもので誰も信じなかった．この優れた仮説の正しさを半世紀のち実験データによって証明したのが，アボガドロと同じイタリア人のカニッツァーロであった．彼は，水素を含む気体化合物の密度とその化合物中の水素の重量%を使って，単位体積中に含まれる水素の質量の相対値を 水素ガス＝2として計算し，表2.1のような結果を得た．もし仮定①が正しければ，気体化合物の密度は 水素＝2という基準で表した気体化合物の分子量であり，水素の質量は気体化合物1分子中の水素の質量である．表を見るとすぐわかるように，いくつかの化合物中の水素の質量は水素ガスの質量の1/2や3/2になっている．仮定①を認めるなら，水素ガスが2原子（またはその倍数個の原子）からできていると考えなければならないのである．カニッツァーロはそこで，水素を含む単体気体は2原子からなると結論した．この結果は1860年にカールスルーエで開かれたはじめての化学者の国際会議で発表され，たちまち多くの化学者の賛同が得られた．このようにして，ついに正しい原子量を計算する途がひらかれた．ボイルの法則の発見からちょうど200年後のことであった．ドルトンは水素を1として原子量を表したが，水素よりも酸素と化合する元素が多いので，まもなく酸素を16とする基準が選ばれ，これが1961年まで使われた．しかし，1961年に炭素の質量数12の同位体 ^{12}C（1.3節参照）の原子量

[2] 一定圧力下での気体の体積は，気体の種類に関係なく，1℃の温度の上昇で0℃の体積の1/273だけ増加する，という法則．1787年にシャルルが発見したが公表せず，1802-08年にゲイ・リュサックが精密な実験を行って発表したので，ゲイ・リュサックの法則とも呼ばれる（6.6節参照）．

表 2.1 気体水素化合物の密度，水素含有率，1分子中の水素の質量

化合物	相対密度 水素＝2	水素の 重量%	1分子中の水素の質量 水素＝2
塩化水素	36.5	2.7	1
臭化水素	81	1.2	1
ヨウ化水素	128	0.78	1
水蒸気	18	11	2
硫化水素	34	5.9	2
アンモニア	17	18	3

を厳密に 12 とすることが国際的に決定されて今日に至っている．

今日われわれは，アボガドロの功績をたたえて，原子量の基準になっている質量数 12 の炭素原子 0.012 kg（＝12 g）中の原子の数，6.0221×10^{23}，を**アボガドロ数**と呼んでいる．1.6 節で述べたようにアボガドロ数は原子，分子などの量を表すための単位として用いられ，アボガドロ数個の集団を 1 モル（mol）とする．また，1 モル当たりという意味を表す単位 mol^{-1} を含めた $6.0221 \times 10^{23}\,\text{mol}^{-1}$ を**アボガドロ定数**と呼び N_A で表す．

問　題

1. トリチェリによる真空の発見が，古代ギリシャで唱えられていた原子説復活のきっかけになった理由を考えよ．
2. プリーストリが酸素を「脱フロギストン空気」と名づけた理由を述べよ．
3. ドルトンは過酸化水素 H_2O_2 の存在を知らなかった．もし彼がその存在を知り，それを分析していたならば，彼は水の分子式をどのように考えたであろうか．
4. 窒素は酸素と 5 種類の化合物をつくるが，窒素 1.00 g と化合する酸素の質量はそれぞれ，0.572，1.14，1.73，2.29，2.86 g である．このデータから倍数比例の法則が成立していることを示せ．
5. 以下の実験値から，カニッツアーロが用いたのと同じ論理によって，酸素分子が 2 原子分子であると推定できることを示せ．

酸素を含む気体分子の相対密度（水素 ＝ 2）と酸素の質量 ％

物質名	相対密度	酸素の質量 ％
酸素	32	100
オゾン	48	100
一酸化炭素	28	57
二酸化炭素	44	73
一酸化二窒素	44	36
一酸化窒素	30	53

原子の構造

原子の存在が確からしいと認められ，正しい原子量が求められるようになっても，原子の構造については何もわからない状態が数10年間続いた．

3.1 原子構造の発見

19世紀後半，物理学者は，低圧力の気体中に置いた2つの電極に高圧電源をつなぐと，放電が起こり発光する現象に注目し，研究を重ねた．その結果，陰極からは負の電荷をもった放射線が出ていることがわかり，陰極線と名づけられた．1897年トムソンは，この陰極線が陰極の材料や気体の種類に関係なく同じ電荷と質量の比をもつ粒子，すなわち**電子**であることを明らかにした．電子の電荷と質量の比は $e/m_e = 1.7588 \times 10^{11}$ C kg^{-1} であった．電子がもつ電荷はミリカンによって 1.6022×10^{-19} C と定められ，その結果，電子の質量は陽子のおよそ1/1840，9.109×10^{-31} kg であることが明らかになった．同じ電子が異なる物質から発生することから，トムソンはひとつの考えに導かれた．彼は，図3.1のように，原子は正電荷をもつ球の中にその正電荷とつり合うだけの電子が埋め込まれた構造をしていると考えた．この考えは1899年に生まれたが，間もなくその構造に疑問を投げかける現象が見つかった．

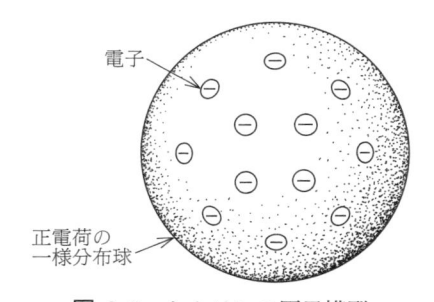

図 3.1 トムソンの原子模型

ラザフォードは，放射性物質から出てくる α 粒子（非常に大きい速度で飛行しているヘリウムの原子核）のビームが薄い金属箔を通過するとき，進路がどのように変化するかを研究する **α 粒子散乱実験**を行った．金属箔がないと鮮明なビームの写真がとれるが，金属箔を入れると縁がぼんやりした写真になった．α 粒子が箔を通過す

Joseph John Thomson (1859-1940)[2]
イギリスの物理学者．キャベンディッシュ研究所長を務めたが，彼の在任中，世界各地から優れた研究者が集まり，同研究所は原子物理学の端緒をひらいた．

Robert Andrew Millikan (1868-1953)[6]
アメリカの物理学者．電気素量の発見以外に，光電効果の精密な測定によってアインシュタインの理論を確認したことでも知られる．電気素量発見の論文に記された数値は彼の主張を支持する選ばれたもので，都合の悪いデータは捨てられていたことが今ではわかっている．当時，微小な電荷をもつ副電子の存在を主張していたオーストリアのエーレンハフトはミリカンよりも厳密な測定を行い，得られたデータすべてを発表して自らの意見の正当性を主張した．しかし，彼の意見は認められず，エーレンハフトは幻滅のあまり精神病になってしまった．

Ernest Rutherford（1871-1937）[6]
ニュージーランド生まれのイギリスの物理学者．α粒子散乱実験は最初にカナダのモントリオールで，後にイギリスのマンチェスターで行われた．原子崩壊の理論，α粒子がヘリウム原子核であることの発見，元素の人工転換など多大の業績をあげた．植民地出身者としてはじめてウエストミンスター寺院に葬られた．

るとき粒子の進路がわずかに曲げられるためである．これは，α粒子と原子の中に埋め込まれている電子の相互作用が幾度か起こったため，と説明できそうであった．しかし，さらに詳しく調べたところ，α粒子の一部が図 3.2 のように大きな角度で散乱していることがわかった．ラザフォードは，この結果も小さな角度の散乱の積み重ね（多重散乱）として説明しようとしたが，それは不可能であった．そこで，1911 年にまったく新しい原子構造を考えて，実験結果の説明に成功した．彼は次のように考えた．

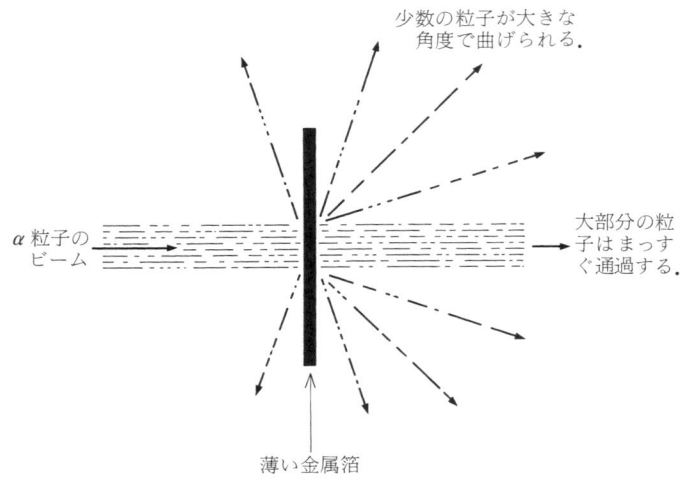

図 3.2　ラザフォードの α 粒子散乱実験

原子の質量の大部分を占める正電荷をもつ物質（後に原子核と呼ばれるようになった）は，非常に小さな空間領域に集中して存在している．電子は原子核の周囲に存在し，原子の体積の大部分は真空である[1]．

この考えに従うと実験結果は以下のように解釈できる．

α粒子は大きな運動エネルギーをもっているから，電子と衝突してもそれをはねとばしてしまう．そのため，大部分の α 粒子はわずかに散乱されるだけで金属箔を通過する．しかし，数は少ないが，原子核に接近する α 粒子もある．それらは，原子核の正電荷と α 粒子の正電荷の間に起こる強い反発で大きく散乱される（図 3.3）．

ラザフォードは，散乱の角度と散乱が起こる確率との関係を，原子核の正電荷，箔の厚さと密度，および α 粒子の速度を変数として含む式で表し，その式が実験結果と一致することを示した．このようにして原子の基本的構造が明らかになった．

1）核をもつ原子構造はラザフォードの提案が最初のものではない．1904 年にイギリスの『Philosophical Magazine』に掲載された論文で，長岡半太郎は，電子の総電気量と等しい正電荷をもつ原子核の周囲を，土星の輪のように電子が幾重にも配列されて運動しているという「土星モデル」を提案した．

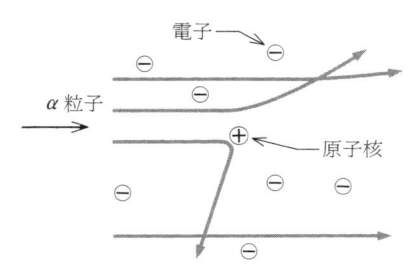

図 3.3　原子核による α 粒子の散乱

3.2　ボーアの原子

原子が原子核とそれをとりまく電子からできていることは，ラザ

フォードの実験から見て間違いないことであった．しかし，この構造だけでは，当時知られていた原子スペクトルを説明できなかった．

すでに述べたように，低圧の気体を入れたガラス管で放電を行うと発光が見られるが，その光の波長は封入した気体の種類によりみな異なる．発光の原理は次のようである．陰極から出た電子は気体分子と衝突する．分子は電子がもつ運動エネルギーのために分解し，高いエネルギーをもつ原子となる．この原子は余分のエネルギーを光として放射する．したがって，放射された光は原子から出たものなので原子スペクトルと呼ばれる．原子スペクトルを分光して写真にとると，ふしぎなことに，太陽光線のように波長 λ の連続した光が出ているのではなく，数多くの線スペクトルからなっていることがわかる．たとえば，水素原子の可視部のスペクトルは図 3.4 のとおりであった．このような線スペクトルは紫外部および赤外部でも見つかり，それらの振動数 ν ($/\mathrm{s}^{-1}$) は式 (3.1) で与えられることが 1890 年にリュードベリによって明らかにされた．

$$\nu = 3.29 \times 10^{15}\left(\frac{1}{n_2^2} - \frac{1}{n_1^2}\right) \quad n_1, n_2：整数，n_1 > n_2 \quad (3.1)$$

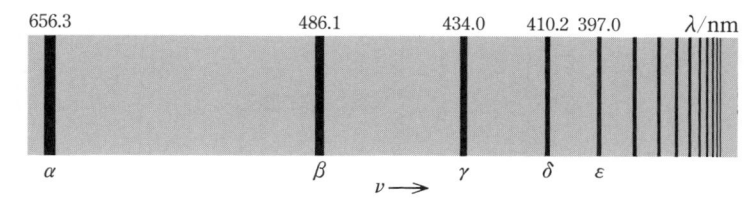

図 3.4 水素原子のスペクトル[7]

ラザフォードは，負電荷をもつ電子が正電荷をもつ原子核に合体しないのは，電子が原子核の周囲を高速度で回転しているためと考えた．回転している電子には外向きの遠心力が生じ，原子核との間に働く電気的引力とつり合うであろう．しかし，太陽と惑星のようなこの関係は荷電粒子では正しくない．マクスウェルによって 1864 年に提出された電磁理論によると，軌道を回る電子はたえず光を放射していなければならない．もしそうなら，エネルギー保存の法則（7.2 節参照）から電子の運動エネルギーは減少し，電子は次第に原子核へ接近するであろう．そこで，放射される光のエネルギーも次第に減少すると期待されるから，原子スペクトルは波長がある範囲内で連続して変化する連続スペクトルになると予想される．しかし，実際には線スペクトルしか観測されない．この難問を，不完全な形ではあるが解決したのがボーアであった．

ボーアは 1911 年に，以下の仮定をおけば水素原子のスペクトル

を説明できることを示した．

① 電子は原子核の周囲を一定半径の円軌道（定常軌道）に従って運動する．
② 電子の円運動に伴うエネルギーの損失はない．
③ それぞれの円軌道間を電子が移動するとき（これを電子遷移という）に光の吸収，放射が起こる．
④ 電子のもつ角運動量は $h/2\pi$（h はプランクの定数）の整数倍に限られる．

以上の仮定に基づいて電子の円軌道半径とエネルギーを計算することができる．

電子の円運動の遠心力と電子と原子核との間の電気的引力（クーロン力）とがつり合わねばならない．

$$\frac{m_e v^2}{r} = \frac{e^2}{4\pi\varepsilon_0 r^2} \tag{3.2}$$

m_e：電子の質量，v：電子の速度，r：円軌道の半径，
e：電子の電荷，ε_0：真空の誘電率

よって

$$m_e v^2 = \frac{e^2}{4\pi\varepsilon_0 r} \tag{3.3}$$

仮定 ④ より

$$m_e v r = \frac{nh}{2\pi} \qquad n：正の整数 \tag{3.4}$$

よって

$$v = \frac{nh}{2\pi m_e r} \tag{3.5}$$

式(3.3)へ式(3.5)を代入し整理すると

$$r = \frac{\varepsilon_0 n^2 h^2}{\pi m_e e^2} \tag{3.6}$$

これが許される円軌道の半径である．

電子のもつ全エネルギー E は運動エネルギーと電気的位置エネルギーの和であるから，電子と原子核の距離が無限大のときの位置エネルギーを0とすると

$$E = \frac{m_e v^2}{2} - \frac{e^2}{4\pi\varepsilon_0 r} \tag{3.7}$$

式(3.3),(3.6),(3.7)より

$$E = -\frac{e^2}{8\pi\varepsilon_0 r} = -\frac{m_e e^4}{8\varepsilon_0^2 n^2 h^2} \tag{3.8}$$

これが水素原子中の電子がとることを許されたエネルギーである．

エネルギー値は n が大きいほど小さい負の値になるので，$n = 1$

Niels Henrik Bohr (1885-1962)[6]
デンマークの物理学者．コペンハーゲン大学の生理学教授の子として生まれ，少年時代，父の研究室で多くの時間を過ごした．学生時代は弟の Harald とともにフットボールの選手として有名であった．第二次大戦中はイギリスへ逃れ，さらにアメリカへ渡って核兵器の開発に携わった．戦後コペンハーゲンへ帰り，原子力の国際管理樹立をめざして努力した．

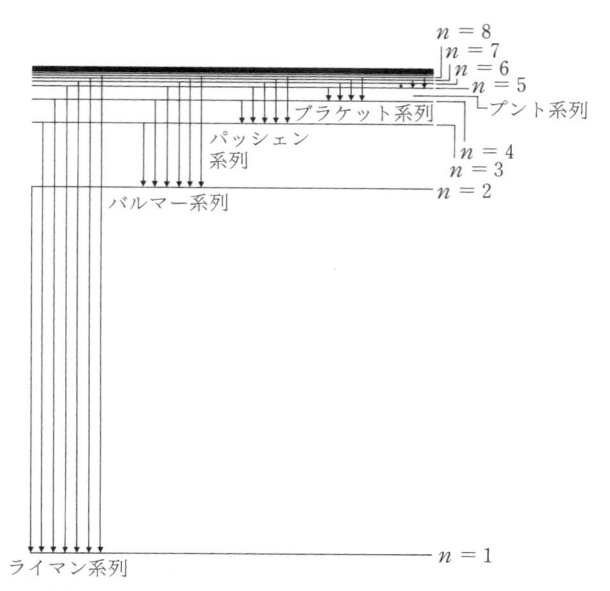

図 3.5 水素原子のエネルギー準位とスペクトル系列に伴う電子遷移

の軌道にある電子が最も安定で，n が大きくなるにつれて電子は不安定な状態にあることになる．$n = n_1$ の軌道から $n = n_2$ の軌道（$n_2 < n_1$）へ電子が遷移すると，2つの軌道のエネルギー差 ΔE と等しいエネルギーをもつ光子が1個放出される．

$$\Delta E = h\nu = \frac{m_e e^4}{8\varepsilon_0^2 h^2}\left(\frac{1}{n_2^2} - \frac{1}{n_1^2}\right) \tag{3.9}$$

そこで，発光スペクトルの振動数 ν は次のように与えられる．

$$\nu = \frac{m_e e^4}{8\varepsilon_0^2 h^3}\left(\frac{1}{n_2^2} - \frac{1}{n_1^2}\right) \quad c_0 : 真空中の光速度 \tag{3.10}$$

式（3.10）は式（3.1）とまったく同じ形をもち，比例定数は実験で求められた値と一致する．

水素原子に関して観測された5種のスペクトル系列に対応する電子遷移は図 3.5 に示すとおりである．

このように，ボーアの理論は水素原子のスペクトルをみごとに説明したが，その最も革新的な部分は，電子がエネルギーの値を自由に選べない，すなわちエネルギーが量子化[2]されている点であった．エネルギー値を規定する整数 n は**量子数**と呼ばれる．

水素原子に対してめざましい成功を収めたボーアの理論であったが，仮定④に必然性がなく，説得力に乏しかった．さらに，ヘリウムなど電子が2つ以上の原子のスペクトルを説明できなかった．

3.3 波動としての電子

前節末の難問解決の鍵は，1924年にド・ブロイが提出した「光が

[2] 物理量がある量の整数倍の値しかとらないときに，その単位量を量子という．たとえば，振動数 ν の光のエネルギーは $h\nu$ の整数倍の値しかとらないから，$h\nu$ がその光のエネルギー量子である．

Louis Victor de Broglie (1892-1987)[6] フランスの物理学者．貴族の家系で，パリ大学に学んだ．X線の研究を進めていた兄に触発されて，波動と粒子の特性は結びつけられなければならないと考えた．

（光電効果などに見られるように）粒子としての性質を波動としての性質とともにあわせもつのなら，電子やほかの粒子もまた波動としての性質を示すに違いない」という考えであった．

アインシュタインの相対性理論によると，エネルギーと質量は本質的に同じもので，両者の関係は次の式で表される．

$$E = mc_0^2 \qquad m：粒子の質量, c_0：光の速度 \qquad (3.11)$$

もし粒子が光子だとすると，そのエネルギーはプランクの式（3.12）で表される．

$$E = h\nu \qquad (3.12)$$

したがって $mc_0^2 = h\nu$ となり，両辺を c_0 で割ると

$$mc_0 = \frac{h\nu}{c_0} = \frac{h}{\lambda} \qquad (3.13)$$

を得る．mc_0 は光子の運動量であるから，同じ考えがほかの粒子でも成り立つなら

$$mv = \frac{h}{\lambda} \qquad (3.14)$$

となり，質量 m，速度 v の粒子は

$$\lambda = \frac{h}{mv} \qquad (3.15)$$

の波長をもつ波動（これを**ド・ブロイ波**または**物質波**と呼ぶ）でもある，ということになる．この大胆な仮説に従って電子の波長を計算してみよう．

たとえば，図 3.6 (a) の装置で，陰極と陽極の間の電圧を 10 kV にすると陰極から出た電子は次第に速度を速め，陽極の中央の穴を通過するときには $(1.6 \times 10^{-19} \text{C}) \times (10^4 \text{V}) = 1.6 \times 10^{-15}$ J の運動エネルギーをもつ[3]．したがって，その速度は

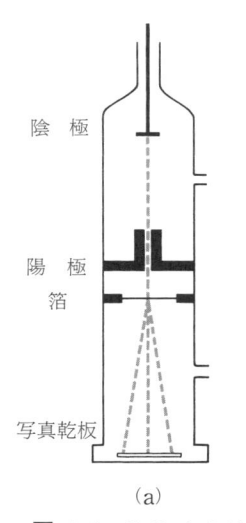

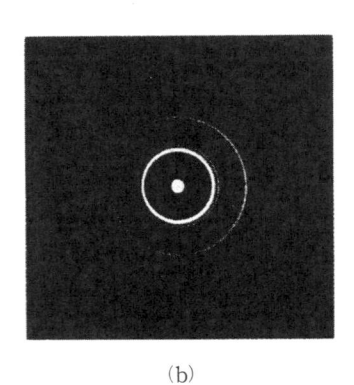

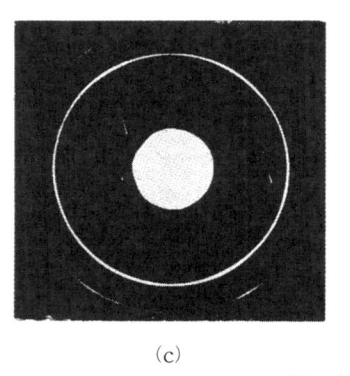

3) 1.6×10^{-19} C は電子の電荷 e を表す．電荷の単位はクーロンで，記号 C が用いられ，$1 \text{C} \times 1 \text{V} = 1 \text{J}$ である．

図 3.6 G.P.トムソンの実験装置（ a ）と得られた電子線（ b ）および X 線（ c ）回折図[7]

$$v = \left(\frac{2 \times 1.6 \times 10^{-15}\,\text{J}}{9.1 \times 10^{-31}\,\text{kg}}\right)^{1/2} = 5.9 \times 10^7\,\text{m s}^{-1}$$

波長は

$$\lambda = \frac{6.63 \times 10^{-34}\,\text{J s}}{(9.1 \times 10^{-31}\,\text{kg}) \times (5.9 \times 10^7\,\text{m s}^{-1})} = 1.2 \times 10^{-11}\,\text{m}$$

である．この程度の波長の波は，結晶による回折という現象を用いて検出できる．その実験は1927年にデビッソンとジャーマーによって，翌年にはJ. J. トムソンの息子G. P. トムソンによって行われ，電子の波動性が確かめられた．図3.6にトムソンが用いた装置の略図と，電子線とX線によって得られた回折模様を示す．

電子が波動性をもつことから，水素原子中の電子の定常軌道の意味が明らかになった．電子の波の位相が図3.7（a）のようになっていると，終局的にはその波は消えてしまう．波が安定に存在する（定常波である）ためには，（b）のように円軌道の1周の長さは波長の整数倍でなければならない．

$$\frac{2\pi r}{\lambda} = n \qquad (3.16)$$

この式の λ に式（3.15）を代入すると，$m_e v r = nh/2\pi$ ［式（3.4）］が得られる．ボーアが根拠なしに導入した量子化の仮定は，実は電子が定常状態であるための必要条件であった．

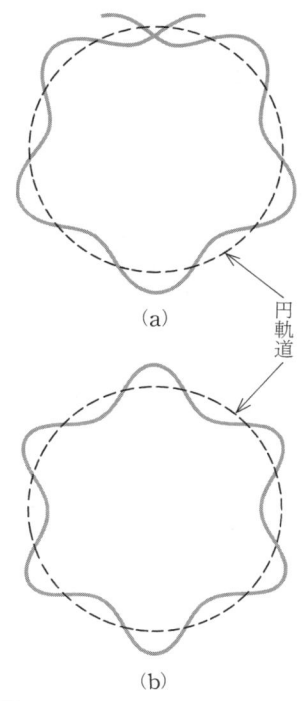

図3.7 円運動をする物質波
（a） 許されない軌道
（b） 許される軌道

3.4 量子論と軌道関数

電子の波動性が発見されたころハイゼンベルクは，「電子のような小さい質量をもつものでは，位置と運動量を同時に決定することはできない」という**不確定性原理**を明らかにした．原子の中の電子の位置を正確に知ることは不可能で，われわれが知りうるのは，電子がある場所で発見される統計的確率のみである．これらの理論的発展をうけて新しい原子像を描いたのがシュレーディンガーであった．彼は，電子の状態は，波の性質を記すのに用いる式とよく似た方程式（これを**波動方程式**と呼ぶ）の解 ψ（**波動関数**）で表すことができ，電子が存在する確率は ψ^2 で与えられる，とした．波動方程式を原子中の電子に適用して得られる波動関数（これは特に**軌道関数**または単に**軌道**と呼ばれる）には，記号 n, m, l によって表される3種類の整数（**量子数**）が入ってくる．これらの量子数の意味と得られた軌道（関数）の特徴は，原子の性質を理解するうえできわめて有用であることがわかった．以下でそれらについて少し詳しく見よう．

主量子数（$n = 1, 2, 3, \cdots$）　　主量子数はボーア量子数 n に対

Werner Karl Heisenberg (1901-1976)[8]
ドイツの物理学者．マトリックス力学を創始し，シュレーディンガーとともに量子力学の基礎を築いた．不確定性原理の発見は哲学思想にも影響を与えた．第二次大戦中もドイツにとどまり，核開発に携わった．

Erwin Schrödinger (1887-1961)[6]
オーストリアの物理学者．波動力学の創始者．ナチスの政権奪取後オックスフォード大学，グラーツ大学（オーストリア）を経てダブリン高等研究所へ移った．

4) 7 章で学ぶように，原子のエネルギーの絶対値を知ることは不可能である．しかし，原子のエネルギーの変化量を知ることはできる．原子のエネルギー変化は主として原子がもつ電子のエネルギー変化であり，水素原子のエネルギーは電子が入っている軌道の n によって決まるといえる．

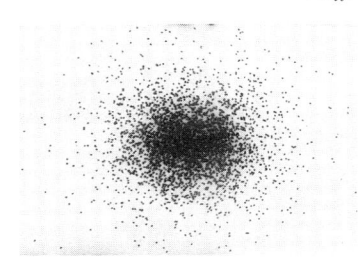

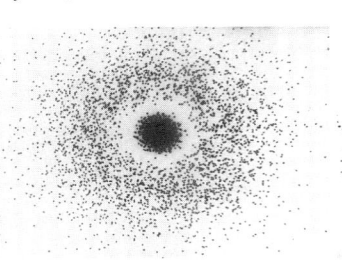

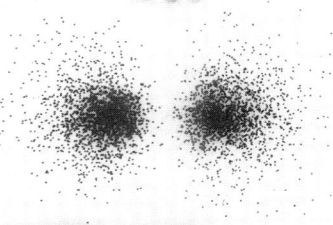

応するもので，軌道の空間的広がりを規定する．主量子数が小さい軌道ほど電子が原子核の近くに存在する確率が高く，したがって電子のエネルギー準位は低い．同じ主量子数をもつ電子の集団を**電子殻**といい，$n=1$ のものは K 殻，$n=2$ は L 殻，$n=3$ は M 殻，…のように呼ばれる．水素原子のように電子を 1 個だけもつ原子では，電子のエネルギーは n のみの関数である[4]．

方位量子数（$l = 0, 1, 2, \cdots, n-1$）　1 つの主量子数 n に対して n 個の方位量子数が可能である．方位量子数は電子の角運動量に関するもので，軌道の形を決める．$l=0$ の軌道は s 軌道，$l=1$ の軌道は p 軌道，$l=2$ は d 軌道，$l=3$ は f 軌道と呼ばれる．2 個以上の電子をもつ（多電子）原子では，軌道のエネルギーは主量子数とともに方位量子数にも依存する．そこで，各軌道はその主量子数の値と s, p, d などを組み合わせて 1s 軌道，2s 軌道，2p 軌道などと呼ばれることが多い．

磁気量子数（$m = -l, -l+1, \cdots, 0, \cdots, l-1, l$）　1 つの方位量子数 l に対して $2l+1$ 個の磁気量子数が存在する．磁気量子数は，原子中の電子の動きによって生じる磁石と外部磁場との相互作用に関するもので，電子分布の方向を規定する．

3 種類の量子数 n, l, m で規定される軌道にある電子について，われわれはその存在位置を惑星の運動を表すように 1 つの軌道として表すことはできない．しかし，電子が原子核からある距離はなれた単位体積中に発見される確率を求めて，それを点の密度で表すことができる．そのようにして得られた図では，電子の存在確率が雲のように示されるので，**電子雲**と呼ばれる．1s 軌道，2s 軌道，2p 軌道の電子雲の形は図 3.8 に示すとおりである．1s 軌道の電子（1s 電子）と 2s 軌道の電子（2s 電子）は核に対し球対称に分布しているが，2p 電子は亜鈴型であり，3 つの 2p 軌道は図 3.9 に示すように，x 軸，y 軸，z 軸の方向に延びている（これを互いに直交するという）．そのため，3 つの軌道を区別する必要があるときはそれぞれ $2p_x, 2p_y, 2p_z$ と表す．

（a）1s 軌道　　　（b）2s 軌道　　　（c）2p 軌道

図 3.8　水素原子の電子雲の形（相対的大きさは実際と異なる）

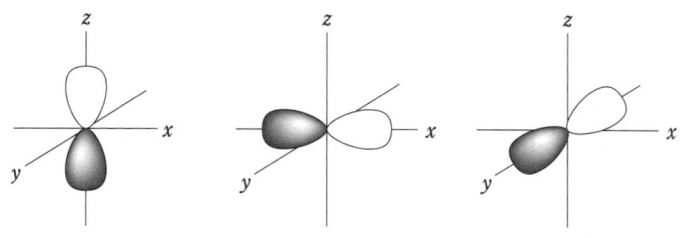

図 3.9 3つの2p軌道の方向．色の違いは波動関数の位相が異なることを示す．

スピン量子数　原子の中にある電子の状態を表すには，これまでに述べた3種類の量子数以外に，電子の自転（スピン）の方向を示すスピン量子数 s が必要であることが実験から明らかにされた．電子のスピン量子数としては $+1/2$ と $-1/2$ だけが許される．

主量子数 n の状態は，方位量子数 l の異なる n 個の状態に分かれる．それぞれの状態は，さらに磁気量子数 m によって $2l+1$ 個の状態に分けられる．そして，それぞれの状態にスピンが異なる2つの状態があるので，全部で $2n^2$ 個の状態に分かれることになる．

3.5　原子の電子配置

1925年パウリは，原子中の電子について「原子内で2個以上の電子が同じ4つの量子数 n, l, m, s の値をとることはできない」という**パウリの排他原理**を明らかにした．この原理の結果，原子中の各軌道が受け入れられる電子数は表3.1のようになる．

原子の化学的性質は，最もエネルギーの低い状態（**基底状態**）で電子がどの軌道に入っているか（これを**電子配置**と呼ぶ）によって決まる．電子はおおむね図3.10に示した矢印の順に各軌道を満たす．水素原子から順に基底状態の電子配置を見ていこう．

H：ただ1つの電子は1s軌道に入る．したがって，電子配置は

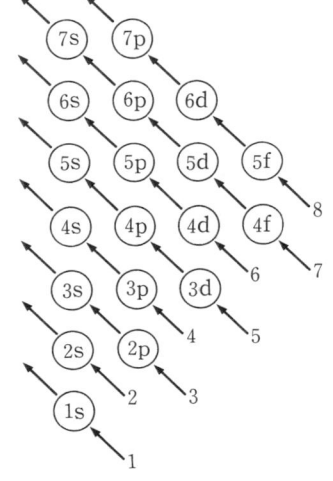

図 3.10　電子が軌道を満たしていく順番

表 3.1　電子がとりうる量子数の組み合わせ

n	電子殻	l	軌道	m	s	収容しうる電子数
1	K	0	1s	0	$\pm 1/2$	2
2	L	0	2s	0	$\pm 1/2$	2
		1	2p	$-1, 0, +1$	$\pm 1/2$	6
3	M	0	3s	0	$\pm 1/2$	2
		1	3p	$-1, 0, +1$	$\pm 1/2$	6
		2	3d	$-2, -1, 0, +1, +2$	$\pm 1/2$	10
4	N	0	4s	0	$\pm 1/2$	2
		1	4p	$-1, 0, +1$	$\pm 1/2$	6
		2	4d	$-2, -1, 0, +1, +2$	$\pm 1/2$	10
		3	4f	$-3, -2, -1, 0, +1, +2, +3$	$\pm 1/2$	14

$1s^1$ である．

He：1s 軌道にはスピン量子数が $\pm 1/2$ の 2 個の電子が入れるので，電子配置は $1s^2$ である．

Li：3 番目の電子は 2s 軌道に入るので電子配置は $1s^2 2s^1$ である．これはしばしば $[\text{He}] 2s^1$ と書かれる．

Be：2s 軌道にもう 1 つ電子が入り，$[\text{He}] 2s^2$ となる．

B：2s の次にエネルギーの低い軌道は 2p 軌道であるから，$[\text{He}] 2s^2 2p^1$ となる．

C：電子配置は $[\text{He}] 2s^2 2p^2$ であるが，2p 軌道には互いに直交する 3 つの軌道 $2p_x, 2p_y, 2p_z$ があるので，電子の配置には，同じ軌道に電子が 2 つ入る $2p_x^2$ と異なる軌道に 1 個ずつ入る $2p_x^1 2p_y^1$ の可能性がある．このような場合「電子相互の反発を避けるため，まだ電子が入っていない同じエネルギーの軌道に入り，しかもスピン量子数が同じ値をとるように，言い換えると電子が同じ向きのスピンをもつように配置される」という**フントの規則**に従う．よって，電

表 3.2 中性原子の電子配置

Z	元素	電子配置	Z	元素	電子配置	Z	元素	電子配置
1	H	$1s^1$	30	Zn	$[\text{Ar}] 3d^{10} 4s^2$	59	Pr	$[\text{Xe}] 4f^3 6s^2$
2	He	$1s^2$	31	Ga	$[\text{Ar}] 3d^{10} 4s^2 4p^1$	60	Nd	$[\text{Xe}] 4f^4 6s^2$
3	Li	$[\text{He}] 2s^1$	32	Ge	$[\text{Ar}] 3d^{10} 4s^2 4p^2$	61	Pm	$[\text{Xe}] 4f^5 6s^2$
4	Be	$[\text{He}] 2s^2$	33	As	$[\text{Ar}] 3d^{10} 4s^2 4p^3$	62	Sm	$[\text{Xe}] 4f^6 6s^2$
5	B	$[\text{He}] 2s^2 2p^1$	34	Se	$[\text{Ar}] 3d^{10} 4s^2 4p^4$	63	Eu	$[\text{Xe}] 4f^7 6s^2$
6	C	$[\text{He}] 2s^2 2p^2$	35	Br	$[\text{Ar}] 3d^{10} 4s^2 4p^5$	64	Gd	$[\text{Xe}] 4f^7 5d^1 6s^2$
7	N	$[\text{He}] 2s^2 2p^3$	36	Kr	$[\text{Ar}] 3d^{10} 4s^2 4p^6$	65	Tb	$[\text{Xe}] 4f^9 6s^2$
8	O	$[\text{He}] 2s^2 2p^4$	37	Rb	$[\text{Kr}] 5s^1$	66	Dy	$[\text{Xe}] 4f^{10} 6s^2$
9	F	$[\text{He}] 2s^2 2p^5$	38	Sr	$[\text{Kr}] 5s^2$	67	Ho	$[\text{Xe}] 4f^{11} 6s^2$
10	Ne	$[\text{He}] 2s^2 2p^6$	39	Y	$[\text{Kr}] 4d^1 5s^2$	68	Er	$[\text{Xe}] 4f^{12} 6s^2$
11	Na	$[\text{Ne}] 3s^1$	40	Zr	$[\text{Kr}] 4d^2 5s^2$	69	Tm	$[\text{Xe}] 4f^{13} 6s^2$
12	Mg	$[\text{Ne}] 3s^2$	41	Nb	$[\text{Kr}] 4d^4 5s^1$	70	Yb	$[\text{Xe}] 4f^{14} 6s^2$
13	Al	$[\text{Ne}] 3s^2 3p^1$	42	Mo	$[\text{Kr}] 4d^5 5s^1$	71	Lu	$[\text{Xe}] 4f^{14} 5d^1 6s^2$
14	Si	$[\text{Ne}] 3s^2 3p^2$	43	Tc	$[\text{Kr}] 4d^5 5s^2$	72	Hf	$[\text{Xe}] 4f^{14} 5d^2 6s^2$
15	P	$[\text{Ne}] 3s^2 3p^3$	44	Ru	$[\text{Kr}] 4d^7 5s^1$	73	Ta	$[\text{Xe}] 4f^{14} 5d^3 6s^2$
16	S	$[\text{Ne}] 3s^2 3p^4$	45	Rh	$[\text{Kr}] 4d^8 5s^1$	74	W	$[\text{Xe}] 4f^{14} 5d^4 6s^2$
17	Cl	$[\text{Ne}] 3s^2 3p^5$	46	Pd	$[\text{Kr}] 4d^{10}$	75	Re	$[\text{Xe}] 4f^{14} 5d^5 6s^2$
18	Ar	$[\text{Ne}] 3s^2 3p^6$	47	Ag	$[\text{Kr}] 4d^{10} 5s^1$	76	Os	$[\text{Xe}] 4f^{14} 5d^6 6s^2$
19	K	$[\text{Ar}] 4s^1$	48	Cd	$[\text{Kr}] 4d^{10} 5s^2$	77	Ir	$[\text{Xe}] 4f^{14} 5d^7 6s^2$
20	Ca	$[\text{Ar}] 4s^2$	49	In	$[\text{Kr}] 4d^{10} 5s^2 5p^1$	78	Pt	$[\text{Xe}] 4f^{14} 5d^9 6s^1$
21	Sc	$[\text{Ar}] 3d^1 4s^2$	50	Sn	$[\text{Kr}] 4d^{10} 5s^2 5p^2$	79	Au	$[\text{Xe}] 4f^{14} 5d^{10} 6s^1$
22	Ti	$[\text{Ar}] 3d^2 4s^2$	51	Sb	$[\text{Kr}] 4d^{10} 5s^2 5p^3$	80	Hg	$[\text{Xe}] 4f^{14} 5d^{10} 6s^2$
23	V	$[\text{Ar}] 3d^3 4s^2$	52	Te	$[\text{Kr}] 4d^{10} 5s^2 5p^4$	81	Tl	$[\text{Xe}] 4f^{14} 5d^{10} 6s^2 6p^1$
24	Cr	$[\text{Ar}] 3d^5 4s^1$	53	I	$[\text{Kr}] 4d^{10} 5s^2 5p^5$	82	Pb	$[\text{Xe}] 4f^{14} 5d^{10} 6s^2 6p^2$
25	Mn	$[\text{Ar}] 3d^5 4s^2$	54	Xe	$[\text{Kr}] 4d^{10} 5s^2 5p^6$	83	Bi	$[\text{Xe}] 4f^{14} 5d^{10} 6s^2 6p^3$
26	Fe	$[\text{Ar}] 3d^6 4s^2$	55	Cs	$[\text{Xe}] 6s^1$	84	Po	$[\text{Xe}] 4f^{14} 5d^{10} 6s^2 6p^4$
27	Co	$[\text{Ar}] 3d^7 4s^2$	56	Ba	$[\text{Xe}] 6s^2$	85	At	$[\text{Xe}] 4f^{14} 5d^{10} 6s^2 6p^5$
28	Ni	$[\text{Ar}] 3d^8 4s^2$	57	La	$[\text{Xe}] 5d^1 6s^2$	86	Rn	$[\text{Xe}] 4f^{14} 5d^{10} 6s^2 6p^6$
29	Cu	$[\text{Ar}] 3d^{10} 4s^1$	58	Ce	$[\text{Xe}] 4f^1 5d^1 6s^2$			

子配置を詳しく書くと [He] $2s^2 2p_x^1 2p_y^1$ であり，基底状態の炭素原子はスピンが対になっていない電子（**不対電子**）を2つもっている．

N：電子配置は [He] $2s^2 2p^3$ である．3つの 2p 軌道には1つずつ電子が入っている．よって不対電子は3個ある．

酸素からラドン（Rn, $Z = 86$）までの原子の電子配置は表 3.2 に示すとおりである．この表をよく見ると，原子番号 23 の V までは図 3.10 から予想されるとおりに電子が入っていくが，Cr 以降ではところどころで少し予想からはずれていることがわかる．これは多電子原子とりわけ d 軌道や f 軌道の電子が増えていく過程で現れる遷移元素の原子では，軌道のエネルギーが接近しているため，異なる電子配置のエネルギー差が小さく，ときには安定性が逆転するためである．たとえば Cr では，[Ar] $3d^4 4s^2$ より 3d 軌道が半分満たされた [Ar] $3d^5 4s^1$ のほうがわずかに安定となる．

試験管で見る炎色反応

電子の軌道のエネルギーは原子によって異なる値をもつ．そこで，電子が励起されるとそれぞれの原子に特有の波長（色）の光を発する．それが原子の炎色反応である．

試験管に塩素酸カリウム 5g と塩化ナトリウム，炭酸ストロンチウム，炭酸カルシウム，塩化バリウムのいずれか 1g の混合物を入れ，ガスバーナーで加熱し融解する．試験管を炎から離したのち細かく砕いた硫黄を少しずつ加える．硫黄の燃焼とともに試験管全体が加えた塩に特有の色に輝く．

原子と原子の結びつきの変化を化学反応と呼んでいるが，化学反応に関係する電子は，n が最も大きい**最外殻**と呼ばれる軌道にあるものに限られることが多い．そこで，それらの電子を**価電子**，価電子の属する電子殻を**原子価殻**と呼んで，より n が小さい**内殻**（電子）と区別している．表 3.2 を見ればわかるように，原子番号が増加するにつれて価電子の数は周期的に変化する．元素記号に価電子を点で書き加えたものを**ルイス構造（電子式）**という．原子番号 3 から 9 までの元素のルイス構造は次のとおりである[5]．

$$\text{Li}\cdot \quad \cdot\text{Be}\colon \quad \cdot\overset{\cdot}{\text{B}}\colon \quad \cdot\overset{\cdot}{\text{C}}\colon \quad \cdot\overset{\cdot\cdot}{\text{N}}\colon \quad \cdot\overset{\cdot\cdot}{\underset{\cdot\cdot}{\text{O}}}\colon \quad \cdot\overset{\cdot\cdot}{\underset{\cdot\cdot}{\text{F}}}\colon$$

すでに述べたように，価電子には同じ軌道に2つの電子が入って電子対をつくっているものと，対をつくっていない不対電子とがある．ルイス構造ではそれらが区別されている．

[5] Gilbert Newton Lewis は 5 章で述べる共有結合の理論を含むさまざまな分野で化学の発展に貢献したアメリカ人化学者である．

3.6 イオンの電子配置

原子は，最もエネルギーの高い電子を失って陽イオン（カチオン）になることもあれば，最もエネルギーの低い空の軌道に電子を受け入れて陰イオン（アニオン）になることもある．ネオンやアルゴンなどの希ガスと呼ばれる元素は反応性に乏しいが，それは最外殻の電子配置が安定なためである（4.4 節参照）．イオンの電子配置は希ガスと同じ s^2p^6 となっているものが多い．

O^{2-} : [He] $2s^22p^6$ Mg^{2+} : [He] $2s^22p^6$

Cl^- : [Ne] $3s^23p^6$ K^+ : [Ne] $3s^23p^6$

Se^{2-} : [Ar] $3d^{10}4s^24p^6$ Y^{3+} : [Ar] $3d^{10}4s^24p^6$

図 3.10 は電子が軌道を埋める順番の目安であって，実際の原子における各軌道のエネルギーの上下関係とは一致しない．たとえば鉄やニッケルなどの遷移元素では，4s 軌道のエネルギーが 3d 軌道のエネルギーより高いので，4s 軌道の電子からまず失われる．

Cr^{3+} : [Ar] $3d^3$ Fe^{3+} : [Ar] $3d^5$ Ni^{2+} : [Ar] $3d^8$

問 題

1. 赤色レーザーポインターでは 632.8 nm の光が，緑色ポインターでは 543.5 nm の光が用いられている．それぞれの光子 1 mol のエネルギーを求めよ． （赤色 1.89×10^5 J，緑色 2.20×10^5 J）
2. 300 K で He ガスは平均速度 1400 m s^{-1} で飛行している．He 粒子のド・ブロイ波長を求めよ． （7.12×10^{-11} m）
3. 式 (3.10) の比例定数の値を計算し，リュードベリによる実測値と比較せよ．
4. 以下の原子およびイオンの基底状態における電子配置を書き，不対電子の数を明らかにせよ．
    1) Si   2) Zn   3) S^{2-} 4) Ca^{2+} 5) Hg^{2+}
5. もし水素原子中の電子のエネルギー準位が左図に示されている 6 種類に限られるとしたら，水素原子のスペクトルには何本の線が観測されるか． （15 本）

―― $n = 6$
―― $n = 5$
―― $n = 4$
―― $n = 3$
―― $n = 2$
―― $n = 1$

元素の周期律

元素の物理的・化学的性質は実にさまざまで，一見まとまりがないように見える．しかし，原子の電子配置に注目すると，それらはある規則に従って変化していることがわかる．この章ではその規則性が見い出された歴史的経過から始め，現代の化学者がどのように元素を整理しているかを見よう．

4.1 周期律の発見

2.5節で述べたように，カールスルーエの国際会議（1860年）以降，基本的にはいまわれわれが用いているのと同じ原子量が利用できるようになった．最初に原子量による元素の分類を試みたのはド・シャンクールトアとニューランズであった．2人とも，元素を原子量の順に配列するとある一定の間隔で類似した元素が現れることに気づき，そこに不完全ながら周期性を認めた．ド・シャンクールトアは1862年に論文を発表したが，注目されなかった．ニューランズは1866年に図4.1の表を学会で発表し，元素を原子量の順に並べると8番目ごとに類似した元素がくると主張した．彼はその規則性を**オクターブの法則**と名づけた．しかし，彼の表では未知元素が考慮されず，クロムとニッケルが離して置かれるなど不自然な点があったので好意的には受け取られず，正式に学会誌へ投稿したところ掲載を拒否されてしまった．

No.		No.		No.		No.		No.		No.		No.		No.	
H	1	F	8	Cl	15	Co & Ni	22	Br	29	Pd	36	I	42	Pt & Ir	50
Li	2	Na	9	K	16	Cu	23	Rb	30	Ag	37	Cs	44	Os	51
G	3	Mg	10	Ca	17	Zn	24	Sr	31	Cd	38	Ba & V	45	Hg	52
Bo	4	Al	11	Cr	19	Y	25	Ce & La	33	U	40	Ta	46	Tl	53
C	5	Si	12	Ti	18	In	26	Zr	32	Sn	39	W	47	Pb	54
N	6	P	13	Mn	20	As	27	Di & Mo	34	Sb	41	Nb	48	Bi	55
O	7	S	14	Fe	21	Se	28	Ro & Ru	35	Te	43	Au	49	Th	56

図4.1 ニューランズのオクターブの法則[3]

元素の性質に見られる周期性（**元素の周期律**）は，1869年にメンデレーエフとマイヤーの2人によってまったく独立に発見された．メンデレーエフは元素の化学的性質に注目し，マイヤーは物理的性質に注目して，ほとんど同時期にほぼ同じ**周期表**を完成させた．図4.2は，マイヤーが発表したグラフをもとに書き直した原子容（原子

Dmitrij Ivanovich Mendeleev
（1834-1907）[3]
ロシアの化学者．シベリアのトボリスク中学の校長の第14子として生まれた．夫の死後，彼の才能を見抜いた母マリアが彼をペテルスブルグへ連れて行きそこの高等師範学校へ，入学者の募集が行われない年であったにもかかわらず特別の計らいで願書を受け付けてもらい，入学させた．マリアは彼の入学を見届けるとまもなく亡くなった．周期律の発見について後年彼は次のように記している．「1871年，周期律を適用して未発見の元素の性質を決定する論文を書いたとき，生きながらえてこの法則の結末が証明されることが見られるとは思わなかったが，実際そうなったのである．3つの元素を予言したわけであるが20年後の今日，新しく発見された3つの元素に出会えたことは，私にとってまことに大きな喜びである．」

量を密度で割った値：原子 1 mol の体積に相当する）と原子量の関係を表したものである．明らかに周期性が認められる．

メンデレーエフが 1871 年につくった周期表を図 4.3 に示す．メンデレーエフは周期律を発見したばかりでなく，それを積極的に化学の問題解決に用いて，周期律の有用性を一般の化学者に認めさせるうえで大きな功績があった．たとえば，当時インジウムの酸化物の式は InO であると思われていた．インジウム 37.8 g が酸素 8 g と化合するのでその原子量は 75.6 となって，ヒ素とセレンの間に入らねばならない．だが，それらは 15 族と 16 族に属しており，これらの間にインジウムが入る余地はなかった．しかしながら，もし酸化物の組成が In_2O_3 ならば原子量は 113 となり，カドミウムとスズの間の空所に入れることができる．そこでメンデレーエフは，インジウム化合物の性質をカドミウム，スズ，アルミニウム，タリウムの化合物と比較して，インジウムがこの位置をとると主張した．しかし，

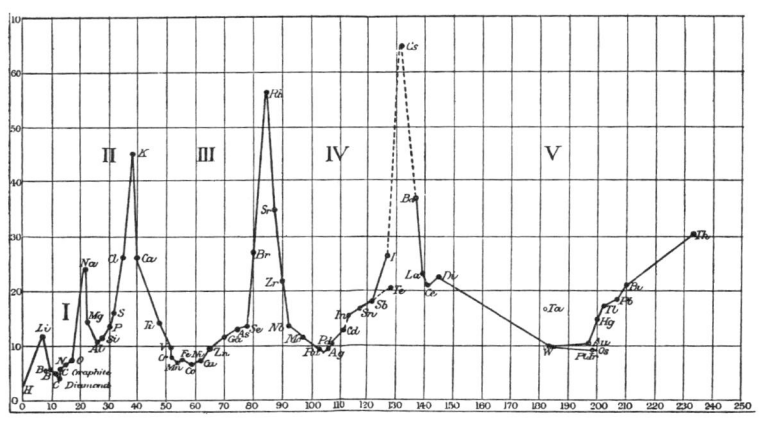

図 4.2 原子容と原子量の関係を示すグラフ[3]

Reihen	Gruppe I. — R^2O	Gruppe II. — RO	Gruppe III. — R^2O^3	Gruppe IV. RH^4 RO^2	Gruppe V. RH^3 R^2O^5	Gruppe VI. RH^2 RO^3	Gruppe VII. RH R^2O^7	Gruppe VIII. — RO^4
1	H=1							
2	Li=7	Be=9,4	B=11	C=12	N=14	O=16	F=19	
3	Na=23	Mg=24	Al=27,3	Si=28	P=31	S=32	Cl=35,5	
4	K=39	Ca=40	—=44	Ti=48	V=51	Cr=52	Mn=55	Fe=56, Co=59, Ni=59, Cu=63.
5	(Cu=63)	Zn=65	—=68	—=72	As=75	Se=78	Br=80	
6	Rb=85	Sr=87	?Yt=88	Zr=90	Nb=94	Mo=96	—=100	Ru=104, Rh=104, Pd=106, Ag=108.
7	(Ag=108)	Cd=112	In=113	Sn=118	Sb=122	Te=125	J=127	
8	Cs=133	Ba=137	?Di=138	?Ce=140	—	—	—	
9	(—)							
10	—	—	?Er=178	?La=180	Ta=182	W=184	—	Os=195, Ir=197, Pt=198, Au=199.
11	(Au=199)	Hg=200	Tl=204	Pb=207	Bi=208			
12				Th=231		U=240		

図 4.3 メンデレーエフの 1871 年の周期表[3]

何といってもメンデレーエフの名声を決定づけたのは，彼が行った未知元素の性質の予言であった．図4.3を見ると，原子量44，68，72，100の欄は元素記号が書かれていない．彼はそこには未発見元素がこなければならないと考えて，それらの元素の性質を予言した．原子量100とされた元素（これは天然には存在しない放射性元素テクネチウムで，1937年にはじめて合成された）以外の3元素は1886年までにすべて発見され，予言がかなり正確であることが立証された．たとえば原子量72のものは，メンデレーエフによってエカケイ素（エカとはサンスクリット語で"1"の意味で，接頭語として"の次"を表した）と名づけられたが，彼の予言と後にビンクラーによって発見されたゲルマニウムについてのデータとを比較すると，表4.1のようであった．

メンデレーエフとマイヤーの周期律は，その有用性の認識とともに問題点も浮かび上がってきた．その最たるものは，原子量の順番に元素を並べたのに，化学的類似性を優先させると原子量の順番を逆転させなければならない場合があることであった．たとえば図4.3ではTe = 125, J = 127[1]となっているが，これはメンデレーエフが当時知られていた原子量を無視してテルルの原子量を125としたものである．彼は，テルルの原子量は，より精密な実験が行われるならば125になると考えた．しかし，その後の実験によってもテルルの原子量は127.6で，ヨウ素の原子量より大きいままであった．1890年代に希ガスが発見されたときには，希ガスはすべて反応性に乏しいのでまとめて周期表の右端に0族として追加して問題を解決したが，カリウムとアルゴンは原子量の順が逆転していた．また，互いに性質がきわめてよく似ている希土類元素[2]が存在する意味も理解できなかった．このような問題はすべて20世紀になって原子と原子核の構造がわかってやっと理由が明らかにされた．

[1] 図4.3はドイツの雑誌に発表されたので，ドイツ式にヨウ素の元素記号はJとなっている．

[2] スカンジウム（$Z = 21$），イットリウム（$Z = 39$），およびランタン（$Z = 57$）～ルテチウム（$Z = 71$）に与えられた呼び名．これらの元素が，比較的希少な鉱物から得られる酸化物（希土）中に発見されたためこのように呼ばれたが，地殻中の存在率は金や白金の数100～数万倍である．

表 4.1 メンデレーエフの予言と実測の比較[3]

	エカケイ素	ゲルマニウム
原子量	72	72.32（現在の値 72.64）
比重*	5.5	5.47
原子容/cm^3	13	13.22
原子価	4	4
比熱**/J	0.31	0.32
酸化物の比重	4.7	4.703
塩化物の沸点	100 °C 以下	86 °C

* 4 °C の水との密度の比
** 物質1gの温度を1 °C 上昇させるのに必要な熱量．

4.2 モーズリーの実験

メンデレーエフらの努力によって，元素を原子量の順番に並べると周期的に性質のよく似た元素が現れることが広く認識され，周期表が化学の教科書にとりあげられるようになった．その際，原子量が増加する順に番号がつけられ，その番号が原子番号と呼ばれるようになった．しかし，原子番号はあくまで周期表に元素が現れる順番にすぎず，原子番号が物理的に何を意味するかは不明であった．ラザフォードは α 粒子散乱実験の結果，原子核の上の正電荷の数は電子のもつ電荷 e を単位としておよそ原子量の半分であると結論したが，それ以上のことはわからなかった．この問題をわずか26歳で解決したのがモーズリーであった．

1895年にレントゲンは，高速の電子が物質にぶつかると波長の短かい電磁波，X線，が発生することを発見した．発生するX線には，広い波長領域にまたがる連続した波長をもつ連続X線と，陽極物質に固有な線スペクトルをもつ特性X線とがあった．1913年，ラザフォードのもとで研究していたモーズリーは，用いることができるすべての元素を陽極として用い，特性X線の波長を調べた．彼が得た歴史的写真を図4.4（a）に示す．このスペクトルの振動数 ν は図4.4（b）に示すように次の式に従った．

$$\sqrt{\nu} = a(Z-b) \qquad Z：陽極物質の原子番号，a, b：定数$$
(4.1)

当時すでに発表されていたボーアの理論から，X線は，陰極線によって陽極を構成する原子から内殻電子がたたき出されてできた空所に，外殻電子が遷移することによって発生すると考えたモーズリー

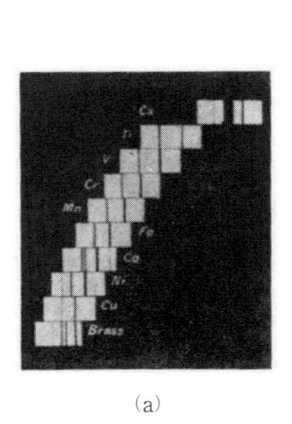

Henry Gwyne Jeffreys Moseley
（1887-1915）[6]

イギリスの物理学者．祖父はキングズカレッジの数学，物理学などの教授，父はオックスフォードの解剖学の教授．特性X線による方法で，フランスの化学者ユルバンが20年かかって分析した希土類元素を多数含む鉱石をわずか3日で分析してしまった．彼の戦死に憤ったミリカンはいった．「もし欧州大戦がこの若い生命をつみとる以外になにもしなかったとしても，それだけでこの戦争を歴史上最大の憎むべき，かつ取り返しのつかない罪悪のひとつとするのに十分である」．

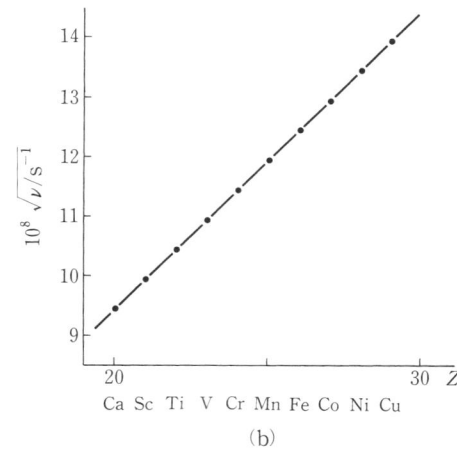

図 4.4 （a）各種金属の特性X線スペクトル[6]
（b）特性X線（K_α 線）の振動数と原子番号

は，原子番号は原子核の上に存在する正電荷の数に等しいと結論した．この結論は1920年から1925年にかけて行われた正確な α 粒子散乱実験から正しいことが確認されたが，そのときすでにモーズリーは志願して参戦した第一次大戦で死亡していた．

このようにして原子番号のもつ物理的意味がはっきりした．原子番号は単なる周期表に現れる順番ではなく，原子の性質を決定する基本的数値であった．周期表に見られる3カ所の原子量逆転，すなわちコバルトとニッケル，アルゴンとカリウム，テルルとヨウ素も，その順番こそが正しいことが立証された．原子量が比較的接近していながら性質がきわめて類似している希土類元素も，それぞれ独立した元素であることが明らかになった．また，モーズリーの研究は未知元素の数をも確定した．元素の化学的・物理的性質と原子量のみに頼っていた段階では，1つの族または周期が抜け落ちている可能性を否定しきれなかったが，「そのようなことはない」と断言できるようになった．

4.3 現代の周期表

われわれがいま用いている周期表は，元素を電子配置に従って分類し，最外殻電子配置が同じ元素が同一の**族**（縦列）にくるようにつくられている．最後に入ると考えられる電子の軌道によって分類すると，周期表は模式的に図4.5のように書ける．

最初の周期はH：$1s^1$とHe：$1s^2$の2元素で終わる．HとHeは，それぞれ最外殻に1個の電子をもつ原子と最外殻が満たされた原子として周期表の両端に配置され，1族と18族に分類される．

第2周期はLi：[He]$2s^1$からNe：[He]$2s^22p^6$の8元素からなる．最外殻電子が2s軌道のみにあるLiとBeは周期表左端の2列に入れられる．残りの6元素は2p電子をもつが，それらは13族から18族として右端に詰めて配置される．それは，d電子をもつ元素のために中央をあけておくためである．

第3周期のNa：[Ne]$3s^1$からAr：[Ne]$3s^23p^6$もまったく同様に配置される．

図3.10から，3p軌道が満たされると次に電子は3dではなく4s軌道へ入ることがわかる．そこで，KとCaは第4周期で，それぞれNaとMgの下にくる．4s軌道の次に電子は3d軌道に入る．Sc：[Ar]$3d^14s^2$からZn：[Ar]$3d^{10}4s^2$までの10元素は3族から12族となる．これらの族の元素は最外殻電子配置が似ているので化学的性質に類似点が多く，第5周期以降のものも含め**遷移元素**[3]と呼ばれる．Ga：[Ar]$3d^{10}4s^24p^1$からKr：[Ar]$3d^{10}4s^24p^6$までは，最外

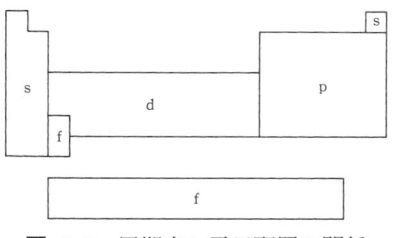

図4.5 周期表と電子配置の関係

3) 12族元素を遷移元素に含めない場合もある．

殻はN殻で，電子配置がAlからArまでの元素と同じであるから13〜18族に入る．

同様にして第5周期のRbからXeは1〜18族になる．

5p軌道の次には6s軌道が埋められる．よって，CsとBaはそれぞれ1, 2族に入る．図3.10に従えば，電子は6s軌道の次に4f軌道そして5d軌道に入るはずであるが，4f軌道と5d軌道のエネルギーは接近しているためにLa：[Xe]$5d^16s^2$からLu：[Xe]$4f^{14}5d^16s^2$の電子配置は必ずしもこの原則に従わない．しかし最外殻電子配置はすべて$6s^2$で化学的性質はよく似ている．しかもそれらを第6周期に入れると1周期が長くなりすぎて周期表が見づらくなる．そこでLaからLuは**ランタノイド**として周期表の下に独立した枠を設けて示されている．Hf：[Xe]$4f^{14}5d^26s^2$からRn：[Xe]$4f^{14}5d^{10}6s^26p^6$までは4〜18族で問題ない．

第7周期に属する元素に関しても，電子配置はほぼ図3.10に従っていると考えられ，原子番号118オガネソンOgの電子配置は[Rn]$5f^{14}6d^{10}7s^27p^6$と推定されている．なお，Ac：[Rn]$6d^17s^2$からLr：[Rn]$5f^{14}7s^27p^1$までは**アクチノイド**としてランタノイドの下に示される．ランタノイドとアクチノイドは，概ね，最外殻から数えて2つ内側の電子殻の電子配置が異なるだけなので**内部遷移元素**と呼ばれる．

なお，原子番号43のテクネチウムTc, 61のプロメチウムPmおよび84のポロニウムPo以降のすべての元素は，放射線を発して他の元素に変わっていく放射性元素であり，95のアメリシウムAm以降の元素は地球上では発見されず，人工的に創り出されたものである．

2016年現在，$Z=118$のOgで周期表は終わっているが，それは第8周期以降の元素が未発見であるという意味であって，存在しないことを意味してはいない．現在も世界各国で第8周期以降の元素の合成を目指して研究が続けられている．

ニホニウムの合成

周期表第7周期の4元素Nh, Mc, Ts, Ogが正式に命名されたのは2016年のことである．中でも原子番号113のニホニウムNhは歴史上初めて日本人が命名権を与えられた元素として特筆に値する．

この元素は理化学研究所の仁科加速器研究センターにおいて原子番号83, 質量数209のビスマスBiに，光速の10%まで加速した原子番号30, 質量数70の亜鉛Znのビームを照射して合成された．9年間に亘って，総数1.4×10^{20}個のZnビームをBiに照射して4×10^{14}回の衝突を起こすことに成功し，新しい元素の原子3個が確認された．その半減期は0.0014 sで，2004年7月と2005年4月に創られた2個は最終的に核分

裂を起こして分解してしまったが，2012年8月に成功したものは6回のα崩壊（ヘリウムの原子核の放出）の後に質量数254のメンデレビウムMd（半減期10 min）になったことが確認された．この3個目の合成を報告する論文は研究に関与した39名の研究者の連名で日本物理学会の学会誌に発表されたが，この報告が，国際機関によるニホニウム合成認定の決め手となった．

4.4 原子の性質に見られる規則性

原子の性質の周期的変化を具体的に調べて，周期的変化がどのように電子配置と関係しているかをここで見てみよう．

4.4.1 原子の大きさ

マイヤーは原子容の原子番号依存性を用いて，周期表をつくるための重要な手がかりとした（図4.2）．確かに原子にはある大きさがあって，それは周期的に変化しているらしい．しかし実際には，単純な実験ですべての原子について原子の大きさを決めることはできない．なぜなら，原子の大きさといってもそれを定義することが困難だからである．しかし，同じような状態にある元素について原子間距離を比較すれば，ある程度客観的な原子の大きさの比較ができるであろう．たとえば周期表の1族と17族の原子は後に述べる共有結合によって結合して2原子分子X_2をつくるが，その結合距離は多くの実験で求められている．その値の1/2，**共有結合半径**，は表4.2に示す通りである．

同じ族の原子について見ると，周期表の下へ行くほど半径が大きくなることがわかる．これは下の原子ほど最外殻電子の主量子数が大きく，原子核からの平均距離が大きいことを反映している．これに対して最外殻電子の主量子数が同じである同一周期の1族と17族の原子を比較すると17族原子の半径が1族より小さい．これは，原子核の上の正電荷が増えると原子核による電子への引力が強まり，それが電子間の反発の増大を上回ることを示している．

原子核の上の電荷の効果は，イオン結晶（5.1節および6.2節参

表 4.2 1族と17族の原子の共有結合半径 r/pm

周期	1族		17族	
1	H	37		
2	Li	134	F	71
3	Na	154	Cl	99
4	K	195	Br	114
5			I	133

照）における原子間距離から求められる**イオン半径**を比較するといっそうはっきりする．たとえば，Ar と同じ電子配置をもつ 7 種のイオンの半径は次のように変化する．

S^{2-}	Cl^-	K^+	Ca^{2+}	Sc^{3+}	Ti^{4+}	V^{5+}	
185	181	133	99	81	68	59	/pm

この場合，電子間の反発は一定で，原子核と電子の引力のみが増大するのでイオン半径が著しく収縮する．もちろん，同じ族のイオンを比べれば原子番号が大きいものほどイオン半径は大きくなる．

Be^{2+}	Mg^{2+}	Ca^{2+}	Sr^{2+}	Ba^{2+}	
33	66	99	116	136	/pm

4.4.2 イオン化エネルギー

気体状の原子から電子を 1 個取り出して，1 価のイオンと自由電子にする反応（4.2）に要する最低のエネルギーを，第 1 イオン化エネルギーと呼び，I_1 で表す．

$$M(g) \longrightarrow M^+(g) + e^- \tag{4.2}$$

同様にして反応（4.3），（4.4）に要する最低のエネルギーを第 2 イオン化エネルギー I_2，第 3 イオン化エネルギー I_3 と呼ぶ．

$$M^+(g) \longrightarrow M^{2+}(g) + e^- \tag{4.3}$$
$$M^{2+}(g) \longrightarrow M^{3+}(g) + e^- \tag{4.4}$$

電子配置が安定であればそこから電子を奪うのは困難になると思われるので，第 1 イオン化エネルギーは中性原子の電子配置の安定性を比較するのに好都合である．図 4.6 は第 1 イオン化エネルギーと原子番号との関係を示している．周期表の周期に従って"サメ"の歯のようになっていることがよくわかる．特徴をまとめると次のようになる．

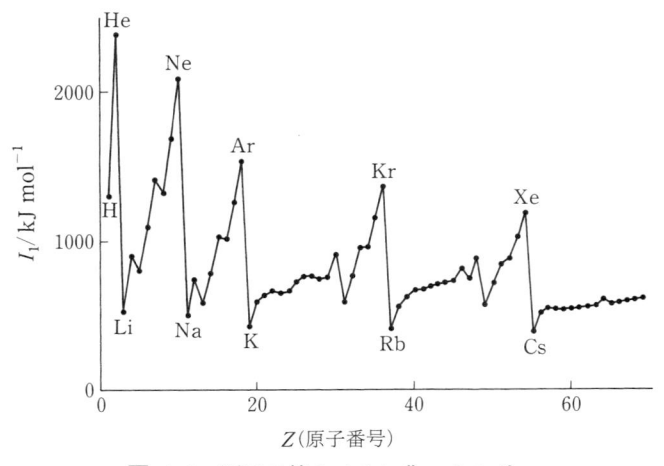

図 4.6 原子の第 1 イオン化エネルギー

同じ族の元素を比較すると，原子番号が大きいものほど I_1 は小さくなる．これは，主量子数が大きい電子ほど原子核との平均距離が大きく，原子核の引力が弱いことの反映である．したがって，グラフは全体として右下がりになっている．

同じ周期の元素では途中で逆転しているところもあるが，全体としては原子番号とともに I_1 は増大する．これは，主量子数が同じであれば，原子核と電子との吸引的相互作用の増大が電子間の反発的相互作用の増大を上回るためで，共有結合半径で見られた減少と表裏一体のものである．希ガスと呼ばれる 18 族の元素が極大値を与えることは，その電子配置，ns^2np^6 の安定性を示し，希ガスが反応性に乏しいことと一致している．ただ Be → B，P → S などでは逆に少し I_1 が下がっている．これは ns^2，ns^2np^3 という電子配置が，希ガスの電子配置ほどではないが，それに似た安定性をもっていることを示唆する．

I_1, I_2, I_3 の値を比較すると常に $I_1 < I_2 < I_3$ となっている．これは電子間の反発が $M > M^+ > M^{2+}$ であるから当然のことである．たとえばアルミニウムでは $I_1 = 578$，$I_2 = 1816$，$I_3 = 2740\,\mathrm{kJ\,mol^{-1}}$ と報告されている．

4.4.3 電子親和力

次の反応に伴って放出されるエネルギーを**電子親和力**という．

$$\mathrm{M(g)} + e^- \longrightarrow \mathrm{M^-(g)} \tag{4.5}$$

イオン化エネルギーに比べると電子親和力 EA は測定が困難で，実験値が得られていない元素も多い．アスタチンを除く 17 族および第 3 周期までの元素の電子親和力を表 4.3 に示す．まず言えることは，希ガスは電子を受け取る傾向がほとんどないらしいということである．これは，先の I_1 値が大きいこととともに，希ガスがきわめて安定な電子配置をもつことの表れといえる．それと対照的に，17

表 4.3 原子の電子親和力 $EA/\mathrm{kJ\,mol^{-1}}$

H							He
72.8							～0
Li	Be	B	C	N	O	F	Ne
59.6	～0	26.7	121.9	～0	141.0	328.0	～0
Na	Mg	Al	Si	P	S	Cl	Ar
52.9	～0	42.5	133.6	72.0	200.4	349.0	～0
						Br	
						324.7	
						I	
						295.2	

族のハロゲン元素はいずれも EA の値が大きい．これは，F^- など 17 族の陰イオンは希ガスと同じ電子配置をもっていることを考えると理解できる．Be と Mg も電子を受け取る傾向がないが，これも ns^2 という電子配置の安定性のためであろう．このようにしてみると，電子親和力も陰イオンの電子配置を考えておおむね説明できることがわかる．

問題

1. メンデレーエフとマイヤーによる周期律の発見より 40 年以上前にデーベライナーは，リチウム，ナトリウム，カリウムの 3 元素は性質が似ていることを指摘した．その理由をこれらの原子の電子配置を用いて説明せよ．
2. 16 族の元素の最外殻電子配置を書け．
3. 第 7 周期 18 族の元素に期待される電子配置を書け．
4. K_{α_1} と呼ばれる特性 X 線の波長は，K が 374.1 pm，Rb が 92.55 pm である．これらの値から Ni の K_{α_1} 線の波長を求めよ．
   （実験値 165.8 pm）
5. 次のイオン半径の変化を説明せよ．

   （1）
Se^{2-}	Br^-	Rb^+	Sr^{2+}	
200	196	152	116	/pm

   （2）
F^-	Cl^-	Br^-	I^-	
136	181	196	220	/pm

6. Li，Be，B，C，N，O，F，Ne，Na の第 1 イオン化エネルギー I_1 と第 2 イオン化エネルギー I_2 を調べ，原子番号を横軸に，エネルギー（単位 kJ mol^{-1}）を縦軸にした折れ線グラフを描き，I_1 と I_2 の原子番号依存性を比較せよ．

   なお，これらの値は図書館にある『化学便覧基礎編』(1 原子についての値が eV 単位で与えられている) などの文献，または http://www.webelements.com のような web site で調べることができる．上記 site の場合，周期表の元素記号をクリックするとその元素のページが現れる．そこで左側の Ionization energies を再びクリックすると，イオン化エネルギーがグラフと表（単位 kJ mol^{-1}）で表示される．

7. 以下の表に示したようにナトリウム，マグネシウム，アルミニウムのイオン化エネルギーの値は線で区切られたところを境に急に増大する．その理由を述べよ．

ナトリウム，マグネシウム，アルミニウムのイオン化エネルギー値
(/kJ mol^{-1})

	I_1	I_2	I_3	I_4
Na	496	4562	6912	9544
Mg	738	1451	7733	10540
Al	578	1817	2745	11577

原子の結合と分子の構造　5

4章までにわれわれは，化学の原子論的基礎が築かれてきた過程を見てきた．この章では，原子がどのようにして結びついて物質を形づくるか見ることにしよう．

5.1 イオン結合

原子のイオン化エネルギーおよび電子親和力と電子配置との関係を見ると，ともに8個の最外殻電子をもつ希ガスの状態が安定であることを示している．1916年コッセルは，この電子配置の安定性に注目して，2種類の原子が電子の授受を行って希ガスの電子配置をもつ陽イオンと陰イオンになり結合するという考えを提出した．このような陽イオンと陰イオンとの電気的引力によって成り立っている結合を**イオン結合**という．静電的相互作用の強さには方向性がないので，数多くのイオンが規則正しく集合して結晶をつくる．その結晶は**イオン結晶**と呼ばれる．代表的なイオン結晶である塩化ナトリウムがナトリウムと塩素からつくられるときには，411 kJ mol^{-1}のエネルギーが放出されることが実験的に確かめられている．このように大きなエネルギーの低下がなぜ起こるのか，もう少し詳しく追求してみよう．その目的には**ボルン–ハーバーサイクル**と呼ばれるサイクル（図5.1）が適している．

ボルン–ハーバーサイクルでは，金属ナトリウムと塩素ガスから塩化ナトリウムの結晶ができる過程を3つに分解して考える．

ステップⅠではナトリウムと塩素がどちらも原子状になる．ここで必要なエネルギーは，1 molのナトリウムの昇華熱 107 kJ と 1/2

```
Na(g) + Cl(g)  ──────Ⅱ──────→  Na⁺(g) + Cl⁻(g)
                +147 kJ mol⁻¹
    ↑                                    │
  Ⅰ │ +229 kJ mol⁻¹         -787 kJ mol⁻¹ │ Ⅲ
    │                                    ↓
Na(s) + (1/2)Cl₂(g) ──── -411 kJ mol⁻¹ ────→ NaCl(s)
```

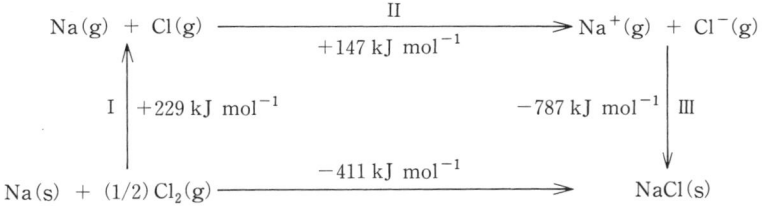

図 5.1 ボルン–ハーバーサイクル
（s）は固体を（g）は気体を表す．数値は各過程での反応エンタルピー（反応熱，7.2節参照）であり，正の値は吸熱を，負の値は発熱を表す．

mol の塩素分子の結合解離エネルギー 122 kJ である．したがって，ステップ I ではエネルギーが 229 kJ mol^{-1} 増大する．

ステップ II では電子の移動が起こっている．ナトリウムの第 1 イオン化エネルギーは 496 kJ mol^{-1}，塩素の電子親和力は 349 kJ mol^{-1} であるから，この段階でもエネルギーは 147 kJ mol^{-1} 増加することがわかる．イオン化エネルギーが小さいナトリウムと電子親和力が強い塩素でも，電子の移動そのものはエネルギー的には不利なのである．したがって，イオン結晶ができる最大の理由は次のステップ III でエネルギーが低下することである．

ステップ III では正負のイオンが集合するので，エネルギーは低下する．このエネルギーは格子エネルギーと呼ばれるが，その値を計算で推定することができる．ここではまず，ナトリウムイオンと塩化物イオンとがイオン対をつくる過程について考えよう．真空中で距離 r を隔てて置かれた点電荷 q_1, q_2 の間に働く力は**クーロン力（静電気力）**と呼ばれ，真空中でその大きさ F は**クーロンの法則**（5.1）に従う．

$$F = \frac{q_1 q_2}{4\pi\varepsilon_0 r^2} \quad (5.1)$$

ここで ε_0 は真空の誘電率と呼ばれる定数（表 1.3 参照）である．実験によれば，塩化ナトリウムを加熱してつくった塩化ナトリウム分子の結合距離は 236 pm である．2 つのイオンが無限に離れた状態（$r = \infty$）からこの間隔（$r = 236 \times 10^{-12}$ m）まで接近する過程でのエネルギー変化は，クーロン力を距離に関して積分することによって求められる（式 5.2）．

$$\begin{aligned}
\int_\infty^r \frac{e^2 \mathrm{d}r}{4\pi\varepsilon_0 r} &= \frac{-e^2}{4\pi\varepsilon_0 r} \\
&= \frac{-(1.602 \times 10^{-19}\,\mathrm{C})^2}{4\pi(8.854 \times 10^{-12}\,\mathrm{F\,m^{-1}}) \times (236 \times 10^{-12}\,\mathrm{m})} \\
&= -9.77 \times 10^{-19}\,\mathrm{J}
\end{aligned}$$
(5.2)

その値は 1 分子当たり -9.77×10^{-19} J で，これを 1 mol 当たりに換算すれば

$$(-9.77 \times 10^{-19}\,\mathrm{J}) \times (6.023 \times 10^{23}\,\mathrm{mol^{-1}}) \times \left(\frac{10^{-3}\,\mathrm{kJ}}{1\,\mathrm{J}}\right)$$
$$= -589\,\mathrm{kJ\,mol^{-1}}$$

となる．この値はステップ I と II のエネルギー増加 376 kJ mol^{-1} より大きい負値であり，イオンが会合するときのエネルギー低下がいかに大きなものかがわかる．ステップ III ではイオン対ではなく 3 次元の結晶ができるので，静電気的相互作用は結晶を構成するすべて

のイオンについて考えなくてはならない．それは陽イオンと陰イオンの相互作用ばかりではなく，同じ電荷をもつイオン間の相互作用をも含んでいる．塩化ナトリウムの結晶構造についてそれらを考慮した計算をすると，値は $1.75e^2/4\pi\varepsilon_0 r$ となる[1]．結晶でのイオン間距離は 280 pm であるから，その値は

$$N_A \times \frac{1.75e^2}{4\pi\varepsilon_0 r} = 868 \text{ kJ mol}^{-1}$$

となる．

一方「反応熱は反応の経路によらず，反応の始めの状態と終わりの状態だけで決まる」という**ヘスの法則**（7.2節参照）が成り立つので

$-411 \text{ kJ mol}^{-1} = 229 \text{ kJ mol}^{-1} + 147 \text{ kJ mol}^{-1} + \text{III の反応熱}$

であり，III の反応熱は -787 kJ mol^{-1} であることがわかる．上の計算値がこの値より大きな負の値になったのは，すべてのイオンの電子雲の間に働いている反発力を計算では無視したためである．イオン結晶の格子エネルギーの値はイオンの電荷，結晶の構造などによって異なるが，一般に数 100〜3000 kJ mol^{-1} であり，イオン結晶の安定性を示している．

5.2 共有結合

希ガスの電子配置に注目したコッセルの考えは，ルイスによって**共有結合**の理論へと拡張された．彼は，2個の原子が電子を共有することによってそれぞれ8個の電子をもつようになり安定化する，として共有結合を説明した．元素記号に価電子を・として書き加えたルイス構造を用いると塩化水素と窒素分子の生成は次のように表される[2]．

$$\text{H}\cdot + \cdot\ddot{\underset{\cdot\cdot}{\text{Cl}}}: \longrightarrow \text{H}:\ddot{\underset{\cdot\cdot}{\text{Cl}}}: \quad (5.3)$$

$$:\overset{\cdot}{\underset{\cdot}{\text{N}}}\cdot + \cdot\overset{\cdot}{\underset{\cdot}{\text{N}}}: \longrightarrow :\text{N}:::\text{N}: \quad (5.4)$$

これらの式で，2つの原子によって共有されている電子対は**共有電子対**，共有結合にあずからない電子対を**非共有電子対**または**孤立電子対**という．電子式は分子構造を表すのにたいへん便利なので，今でも広く使われている．その場合，共有電子対を直線で示すことも多い．その方式に従えば，塩化水素と窒素は次のようになる．

$$\text{H}-\ddot{\underset{\cdot\cdot}{\text{Cl}}}: \qquad :\text{N}\equiv\text{N}:$$

原子が8個の価電子によって取り囲まれると安定化するという考えは，希ガスの安定性との類似から直感的にわかりやすいが，なぜ

---

[1] ここで現れた 1.75 は結晶構造によって決まる定数でマーデルング定数と呼ばれる．

[2] 分子やイオンのルイス構造の書き方：
ルイス構造は次の手順に従って書かれる．
① すべての原子がもつ価電子の数を数える．
② 中心となる原子（たとえばアンモニアでは窒素原子）とそれに結合する原子との間に結合を1つ書く．
③ 水素原子は2個の，それ以外の原子は8個の電子に取り囲まれるように，すべての電子をできるだけ電子対として配置する．そのとき可能な限り共有電子対を多くする．
④ 次の式に従って形式電荷を数え，できる限り形式電荷が0になるようにする．また，電気陰性の元素が正の形式電荷をとらないようにする．
　形式電荷 ＝ 中性原子のもつ価電子数（窒素なら 5）－共有電子対の数－非共有電子対の数×2
このようにして書かれたルイス構造の例を示す．

$$\ddot{\underset{\cdot\cdot}{\text{O}}}=\text{C}=\ddot{\underset{\cdot\cdot}{\text{O}}}$$

$$\begin{array}{cc} :\ddot{\text{Cl}}: & \text{H} \\ \text{C}=\text{C} \\ \text{H} & :\ddot{\text{Cl}}: \end{array}$$

$$\ddot{\underset{\cdot\cdot}{\text{O}}}=\overset{}{\text{N}}-\ddot{\underset{\cdot\cdot}{\text{O}}}:^-$$

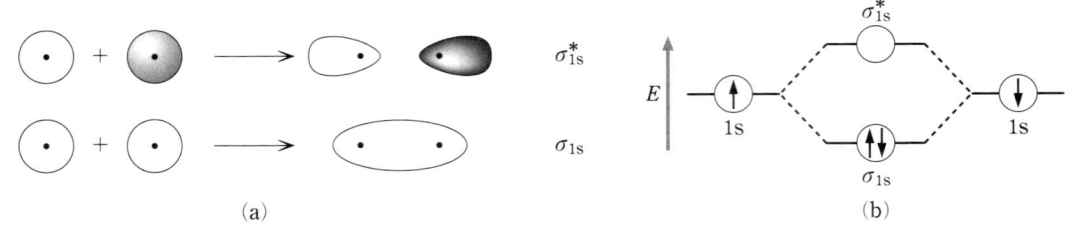

図 5.2　1s 軌道の重なりによる水素分子軌道の形成（a）とそのエネルギー（b）

2つの原子が電子を共有するとエネルギーが下がるのだろうか．最も単純な分子である水素分子を例に**分子軌道法**という考え方に基づいて解説しよう．

2つの水素原子が 200 pm 以上離れている場合，電子はそれぞれの原子核の影響だけを受け原子間距離が変わってもエネルギーは変化しない．しかし，それ以上接近すると 2 つの電子の位相が同じか逆か，言い換えれば軌道関数 ψ の符号が同じであるか異なっているか，に応じて 2 つの新しい**分子軌道**が形作られる[図 5.2（a）]．符号が同じ軌道が重なり合うと互いに波は強めあい，2 つの核を包み込むような形の σ_{1s} 軌道が，符号が逆なら波は互いに反発しあって 2 つの核の中間点で位相が逆になる σ_{1s}^* 軌道ができる．

σ_{1s} では電子が 2 つの核の中間に存在して，2 つの正電荷による引力を受ける時間が長いのに対し，σ_{1s}^* では電子密度が 2 つの核の間では低く，1s 軌道よりも核から離れた空間に存在する時間が長いという特徴をもつ．そのため σ_{1s} のエネルギーは 1s 軌道より低く，σ_{1s}^* は 1s 軌道より高い[図 5.2（b）]．2 つの原子が接近するとそれぞれの原子がもっていた 1s 電子が σ_{1s} に入ることによってエネルギーが下がり，水素分子がつくられる．σ_{1s} は**結合性軌道**，σ_{1s}^* は**反結合性軌道**と呼ばれる．

σ_{1s} 軌道の電子雲は 2 つの核を結ぶ結合軸に関し対称であるという特徴をもつ．このような結合は一般に **σ（シグマ）結合**と呼ばれる．

もう 1 つ例を見よう．フッ素も 2 原子分子 F_2 をつくる．

$$:\!\ddot{F}\!\cdot\; +\; \cdot\ddot{F}\!: \longrightarrow\; :\!\ddot{F}\!-\!\ddot{F}\!: \tag{5.5}$$

フッ素の電子配置は $[He]2s^2 2p_x^2 2p_y^2 2p_z^1$ で不対電子 1 つが 2p 軌道にある．不対電子をもつ 2p 軌道は図 5.3 のように重なり合って結合性と反結合性の分子軌道 σ_{2p} と σ_{2p}^* をつくる．結合性軌道 σ_{2p} の電子雲は 2 つの核の中間で大きいのに対し，反結合性軌道 σ_{2p}^* ではその位相が 2 つの核の中間点で逆転し，2 つの核の中間の

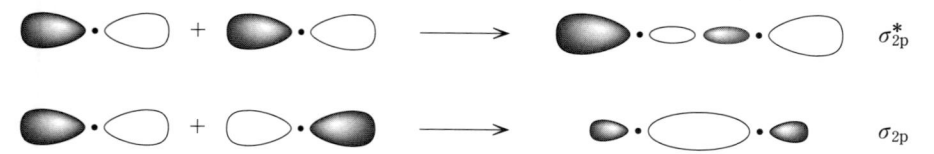

図 5.3　フッ素の結合性分子軌道 σ_{2p} と反結合性分子軌道 σ_{2p}^*

電子雲が小さいことに注意しよう．2つの電子は σ_{2p} に入り安定化する．電子分布は結合軸に関して対称なのでこの結合も σ 結合である．

酸素分子のルイス構造

酸素は6個の最外殻電子をもっているから，ルイスの考えに従えばその電子式は $\ddot{\mathrm{O}}=\ddot{\mathrm{O}}$ のようになるはずである．しかし，この構造は酸素分子の性質を正しく表していない．なぜなら，酸素分子は不対電子を2個もつために，常磁性といって磁場に引きつけられる性質をもつことが実験によって確かめられているからである．

酸素分子に対して不対電子が2個あって，しかもそれぞれの原子が8個の電子をもつ構造を書くことはできない．この例からわかるように，すべての分子についてルイスの考え方が適用できるわけではない．

共有結合の強さはイオン結合と比較してどうであろうか．代表的な結合の結合エネルギーと結合距離を表5.1に示す．N_2 のように強く結合している分子もあるが，多くの結合エネルギーはイオン結晶の格子エネルギーほど大きくない．

多重結合の値を見ると，結合の数が多くなる（共有される電子が増える）と，結合距離は短くなり結合は強くなることがわかる．多重結合では，2つの原子核の間に入って2つの原子核と相互作用する電子が増えるので結合が強まるのである．多重結合の成り立ちについては5.4節で考察する．

表 5.1　共有結合の結合エネルギー（E/kJ mol^{-1}）と結合距離（r/pm）

結　合	E	r	結　合	E	r
H—H	436.0	74.1	H—F	570.3	91.7
F—F	158.8	141.2	H—Cl	431.6	127.5
Cl—Cl	242.6	198.8	H—Br	366.4	141.5
Br—Br	192.8	228.1	H—I	298.4	160.9
I—I	151.1	266.6	Li—Li	106.5	267.3
C—C	346	154	N—N	275.3	140
C=C	602	133	N=N	418	120
C≡C	835	121	N≡N	945.3	109.8

C—C, C=C, C≡C, N=N 結合の値は代表的分子についての平均値．N—N の値は N_2H_4 の値．

また F_2, Cl_2, Br_2, I_2 や H—F, H—Cl, H—Br, H—I の結合距離を比較すると，結合にかかわる電子の主量子数が大きいほど，結合距離が長くなることがわかる．

5.3 共有結合の極性

水素分子のように同じ原子からなる分子では，電子は等しく2つの原子に共有される．しかし，たとえばフッ化水素のように異なる原子が共有結合をつくるときは，電子対がどちらか一方の原子により強く引きつけられる．したがって，電子が偏って存在するので，分子が極性をもつ．このような分子を**極性分子**，結合を**極性結合**と呼ぶ．フッ化水素の場合，電子はフッ素原子のほうに強く引きつけられ，図 5.4 に示すように H が $\delta+$，F が $\delta-$ に分極する（δ は e より小さい電気量を表す）．分子の極性の尺度として双極子モーメントがよく用いられる．

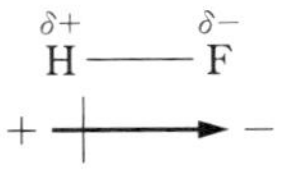

図 5.4 フッ化水素の分極

結合距離 r，電荷 δ をもつ分子の双極子モーメント μ は

$$\mu = (\delta \, \text{C}) \times (r \, \text{m}) \tag{5.6}$$

と定義される．双極子モーメントと結合距離は実験的に求められるので，それらの値から δ を計算することができる．たとえばフッ化水素では

$$\mu = 6.09 \times 10^{-30} \, \text{C m} \qquad r = 91.7 \, \text{pm}$$

なので

$$\delta = \frac{6.09 \times 10^{-30} \, \text{C m}}{9.17 \times 10^{-11} \, \text{m}} = 6.64 \times 10^{-20} \, \text{C}$$

である．これは電子の電荷 1.60×10^{-19} C の 41.5% に相当するので，HF 結合のイオン性は 41.5% であるという．

表 5.2 に比較的単純な構造をもつ分子の双極子モーメントを示

表 5.2 分子の双極子モーメント $\mu/10^{-30}$ C m

分子名	分子式	μ
フッ化水素	HF	6.09
塩化水素	HCl	3.70
臭化水素	HBr	2.76
塩化リチウム	LiCl	23.78
塩化ナトリウム	NaCl	30.02
塩化カリウム	KCl	34.25
塩化ベリリウム	$BeCl_2$	0
水	H_2O	6.19
アンモニア	NH_3	4.91
三フッ化窒素	NF_3	0.78
三フッ化ホウ素	BF_3	0
メタン	CH_4	0
エチレン	$CH_2=CH_2$	0

表 5.3 ポーリングの電気陰性度[10]

H 2.1							
Li 1.0	Be 1.5	B 2.0		C 2.5	N 3.0	O 3.5	F 4.0
Na 0.9	Mg 1.2	Al 1.5		Si 1.8	P 2.1	S 2.5	Cl 3.0
K 0.8	Ca 1.0	Sc 1.3	Ti—Ga 1.7±0.2	Ge 1.8	As 2.0	Se 2.4	Br 2.8
Rb 0.8	Sr 1.0	Y 1.2	Zr—In 1.9±0.3	Sn 1.8	Sb 1.9	Te 2.1	I 2.5
Cs 0.7	Ba 0.9	La—Lu 1.1	Hf—Tl 1.9±0.4	Pb 1.8	Bi 1.9	Po 2.0	At 2.2
Fr 0.7	Ra 0.9	Ac 1.1	Th→ 1.3→				

す．明らかに，同じ 2 原子分子でも双極子モーメントに大きな差異が見られる．これは，原子によって共有電子対を引きつける傾向が異なるためである．

共有電子対を引きつけようとする傾向の尺度として考えられたのが**電気陰性度**である．2 原子分子 AB があるとする．それぞれのイオン化エネルギーを I_A, I_B，電子親和力を EA_A, EA_B とする．電子が A から B へ完全に移動するために必要なエネルギーは $I_A - EA_B$，逆に B から A へ完全に移動するために必要なエネルギーは $I_B - EA_A$ である．もし電子対を引きつけようとする傾向が A のほうが強ければ，$I_A - EA_B > I_B - EA_A$ であろう．よって $I_A + EA_A > I_B + EA_B$ であると考えられる．そこでマリケンは，原子の電気陰性度 χ（カイ）を次式で定義した．

$$\chi = \frac{I + EA}{2} \tag{5.7}$$

ポーリングはもう少し複雑な方法で電気陰性度を定義した．両者の間には比例関係が認められるので，数値が扱いやすい大きさになっているポーリングの値（表 5.3）が広く用いられている．表 5.3 を見ると，電気陰性度もまた，はっきりした周期性をもつことがわかる．同一周期では原子番号とともに増加し，同一族では原子番号とともに減少する．双極子モーメントが 塩化水素 < 塩化リチウム < 塩化ナトリウム と増加するのは，電気陰性度が 水素 > リチウム > ナトリウム の順に減少し，塩素のそれとの差が増加するためである．

Linus C. Pauling（1901-1994）[9]
アメリカの物理化学者．オレゴン農科大学とカリフォルニア工科大学に学び，学位を取得後，ヨーロッパへ渡ってシュレーディンガー，ボーアなどの下で研究した．カリフォルニア工科大学教授，スタンフォード大学教授等を経て 1973 年にはライナス・ポーリング科学医学研究所長となり最晩年まで活動を続けた．電気陰性度，共鳴，混成軌道などの化学結合に関する研究に対して 1954 年にノーベル化学賞を，反核・反戦平和活動に対して 1963 年にノーベル平和賞を与えられた．しかし，彼の社会的活動は周囲との摩擦を生み，1963 年に母校を去る原因ともなった．70 年代からは，ビタミン C を大量に摂取すると風邪やがんの予防になると主張し，多くの議論を引き起こした．

5.4 分子の立体構造と軌道混成

表 5.2 を見ると，4 原子からなる分子でも，三フッ化窒素は双極子モーメントをもつのに，三フッ化ホウ素は無極性分子であることがわかる．その理由を理解するには分子の立体的な形を知らなければならない．ここで，分子の立体構造とそれを可能にしている原子の混成軌道について述べる．

5.4.1 電子対反発則

分子の形は，「中心原子の原子価殻にある電子対が互いに反発して最も高い対称性をとろうとする」という**電子対反発則**[3]によってよく理解できる．表 5.2 にある分子について検討してみよう．

ベリリウムは価電子を 2 個もっている．そこで，それらを 1 個ずつ塩素原子と共有して塩化ベリリウムをつくる．

$$\text{Be}: + 2 \cdot \ddot{\text{Cl}}: \longrightarrow : \ddot{\text{Cl}} - \text{Be} - \ddot{\text{Cl}}: \tag{5.8}$$

この分子ではベリリウム原子のまわりには価電子対が 2 つ存在する．それらは互いにできるだけ遠く離れたほうが安定なので，結合角 ∠ClBeCl は 180° となる（図 5.5）．2 つの塩素-ベリリウム結合はそれぞれ双極子モーメントをもっているが，それらは完全に相殺する．そのために，塩化ベリリウム分子全体としては双極子モーメントをもたないのである．これに対して水分子では，酸素原子は 4 対の電子に取り囲まれている．

$$\cdot \ddot{\text{O}}: + 2\text{H} \cdot \longrightarrow \text{H} - \ddot{\text{O}} - \text{H} \tag{5.9}$$

これら 4 対の電子が互いに 109.5° の角度をなすように配列されるとき反発が最も小さくなる．そこで，水分子は図 5.6 に示すような折れ線構造をとり，双極子モーメントをもつのである．結合角 ∠HOH は 104.5° で 109.5° より少し小さくなっているが，それは，孤立電子対が，2 つの原子核によって共有されている共有電子対より，立体的に大きく広がっているためである（図 5.20 参照）．

同様にして三フッ化ホウ素と三フッ化窒素の違いも理解できる．

$$\text{B} \cdot + 3 \cdot \ddot{\text{F}}: \longrightarrow : \ddot{\text{F}} - \underset{\underset{:\ddot{\text{F}}:}{|}}{\text{B}} - \ddot{\text{F}}: \tag{5.10}$$

$$\cdot \ddot{\text{N}} \cdot + 3 \cdot \ddot{\text{F}}: \longrightarrow : \ddot{\text{F}} - \underset{\underset{:\ddot{\text{F}}:}{|}}{\ddot{\text{N}}} - \ddot{\text{F}}: \tag{5.11}$$

前者では，ホウ素原子を取り囲む 3 対の電子は互いに 120° の角を

---

[3] 原子価殻電子対反発（VSEPR）理論ともいう．1939 年，槌田龍太郎によって提唱され，その後これと独立に Nyholm と Gillespie が発展させた．

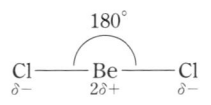

$$\underset{\delta-}{\text{Cl}} - \underset{2\delta+}{\overset{180°}{\text{Be}}} - \underset{\delta-}{\text{Cl}}$$

図 5.5 塩化ベリリウムの分極

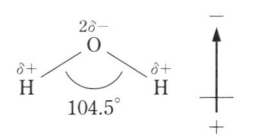

$$\underset{\delta+}{\text{H}} \underset{104.5°}{\overset{\overset{2\delta-}{\text{O}}}{}} \underset{\delta+}{\text{H}}$$

図 5.6 水の分極

表 5.4 電子対反発則によって予想される分子の形

電子対の数	共有電子対の数	非共有電子対の数	分子の形*	例
2	2	0	直線	$BeCl_2$, $HgCl_2$
3	3	0	三方平面	BF_3, BCl_3
3	2	1	折れ線	$SnCl_2$, GeF_2
4	4	0	四面体	CH_4, CCl_4
4	3	1	三角錐	NH_3, PF_3
4	2	2	折れ線	H_2O, H_2S

* 非共有電子対の広がりは考慮に入れないで原子核の位置のみによって決まる幾何学的形のことを"分子の形"と呼んでいる.

なすため，3本のフッ素-ホウ素結合の双極子モーメントは完全に相殺する（図5.7）．それに対して，後者は三角錐形をしているので，フッ素-窒素結合のモーメントは部分的にしか相殺せず，分子は全体として図5.8のように分極している．アンモニアも三角錐形であるが，分極の方向は逆である（図5.9）．（なお図5.8, 5.9などでは，紙面に存在する2つの原子を結ぶ結合は実線 —— で，紙面にある原子と紙面の前方にある原子を結ぶ結合は ▬ で，そして紙面にある原子と紙面の後方にある原子を結ぶ結合は ┉┉ で表されている.）

メタンが無極性である理由も，その電子式を見れば明らかであろう．結合角∠HCHは109.5°であり，予想と一致している（図5.10）．なお炭素原子と水素原子の電気陰性度の違いは小さく，C—H結合はほぼ無極性と考えられる．

$$\cdot \overset{\cdot}{C} : + 4\dot{H} \longrightarrow H-\overset{\overset{H}{|}}{\underset{\underset{H}{|}}{C}}-H \tag{5.12}$$

以上の例から，分子の立体構造は，中心となっている原子がもつ価電子対の数によって決まっていると考えられることがわかるであろう．今までの議論は表5.4のようにまとめることができる[4].

5.4.2 軌道混成

分子は電子対同士の反発によるエネルギーの増加が最小になるような形をとっている．次に，中心原子はどのような軌道を使って電子対をそのように配列するのかを明らかにしよう．

5.2節で述べたように，共有結合をつくるには不対電子が必要である．しかし，塩化ベリリウム$BeCl_2$という分子をつくるベリリウムの電子配置は$[He]2s^2$で不対電子がない．ホウ素原子は三フッ

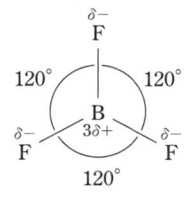

図 5.7 三フッ化ホウ素の分極

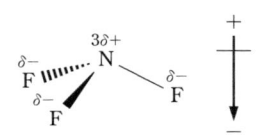

図 5.8 三フッ化窒素の分極

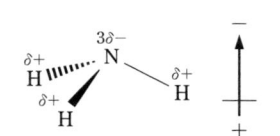

図 5.9 アンモニアの分極

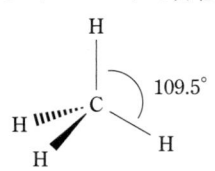

図 5.10 メタンの構造

[4] 周期表の第3周期以降の原子が中心原子である化合物では，中心原子を取り囲む電子対の総数が5〜7と考えなければならないことがある．そのような場合については"VSEPR"または"原子価殻電子対反発則"などで検索すると多くの解説を見ることができる．

化ホウ素 BF_3 をつくるが，電子配置は $[He]2s^22p^1$ であり，不対電子は1個に過ぎない．炭素は $[He]2s^22p^2$ で不対電子は2個であるがメタン CH_4 をつくる．実は，これらの原子は 2s 軌道から電子を1個 2p 軌道へ昇位して不対電子の数を2つ増やした後，軌道の組み替えを行って同じ形，同じ大きさの軌道に不対電子をもつ状態をつくっていると考えられる．電子を昇位するにはエネルギーが必要であるが，安定な分子をつくることによって，最終的にはエネルギーが低下する．この軌道の組み替えは**軌道混成**，その結果できる軌道は**混成軌道**と呼ばれるが，この概念を提出したのもポーリングであった．

sp 混成軌道

ベリリウムは 2s 軌道のすぐ上に空の 2p 軌道をもっている．そこで，2s 電子を1個 2p 軌道へ昇位すると2個の不対電子ができる．その状態で2つの共有結合をつくることもできるであろうが，それではベリリウム原子をとりまく電子対を互いに 180° をなすように配列できない．そこで 2s 軌道と 2p 軌道1個を混成して新しい sp 混成軌道と呼ばれる2つの軌道をつくり，それらに1個ずつ電子を入れる（図 5.11）．

計算によると，sp 混成軌道は図 5.12 のように互いに 180° をなし，混成されなかった2つの 2p 軌道と直交している．

ベリリウムは，sp 混成軌道にある不対電子と，塩素原子の 3p 軌道にある不対電子とから互いに 180° の角度をなす2つの σ 結合をつくるのである（図 5.13）．そのとき，混成軌道の小さい電子雲は結合つくりには使われない．

sp^2 混成軌道

ホウ素原子は 2s 電子1個を 2p 軌道へ昇位して3個の不対電子を

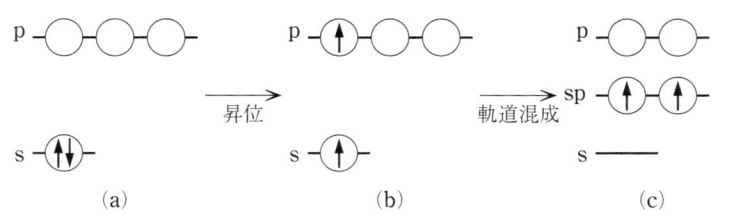

図 5.11 ベリリウム原子の電子状態．（a）基底状態，（b）電子を1つ 2p 軌道へ昇位した状態，（c）sp 混成軌道をつくった状態．

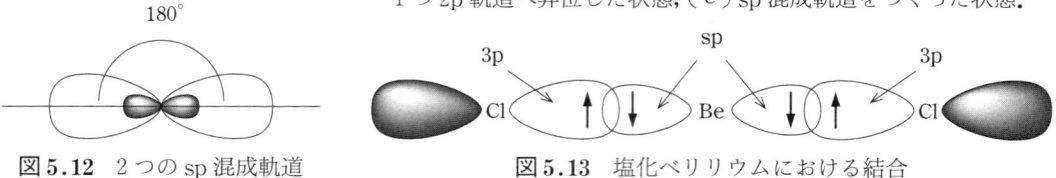

図 5.12 2つの sp 混成軌道

図 5.13 塩化ベリリウムにおける結合

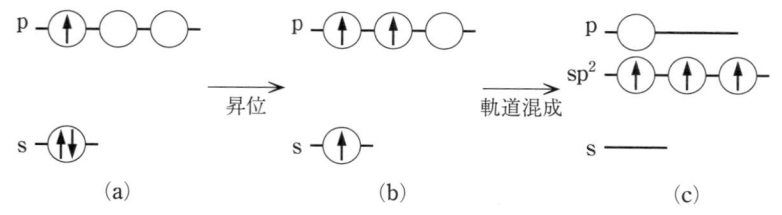

図 5.14 ホウ素原子の電子状態．(a) 基底状態，(b) 電子を1つ2p軌道へ昇位した状態，(c) sp² 混成軌道をつくった状態．

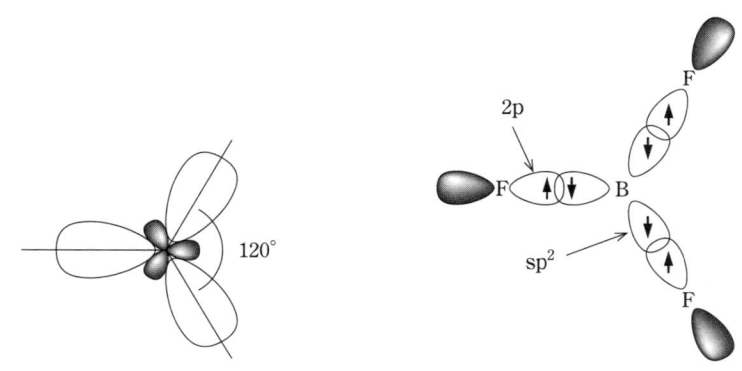

図 5.15 3つのsp²混成軌道　**図 5.16** 三フッ化ホウ素における結合

つくり，それらを混成してsp²混成軌道をつくる（図5.14）．それらは混成に使われなかった2p軌道と直交する平面内にあって互いに120°をなす（図5.15）．これらの不対電子がフッ素の2p軌道にある不対電子と共有結合をつくり，三フッ化ホウ素 BF_3 ができるのである（図5.16）．

sp³混成軌道

炭素原子は基底状態ですでに不対電子を2個もっている．しかし，電子を1つ昇位し，軌道を混成することによってsp³混成軌道に入った不対電子を4つもつ状態をつくることができる（図5.17）．

sp³混成軌道は互いに109.5°の角度で配置されている（図5.18）．したがって，sp³混成軌道の不対電子と水素の1s電子とからσ結合がつくられると正四面体型のメタンとなる（図5.19）．

表5.4で指摘したように，アンモニア分子は三角錐形，水分子は折れ線形であるが，それらの分子中の窒素原子と酸素原子もsp³混成していると考えられる（図5.20）．

炭素原子はエタン CH_3-CH_3，メチルアミン CH_3-NH_2，メタノール CH_3-OH などに見られるように炭素，窒素，酸素などと安定な結合をつくることも知られている．これらの結合は炭素原子のsp³混成軌道にある不対電子と相手原子の不対電子とからつくら

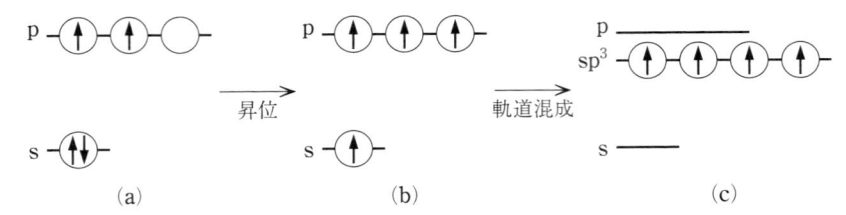

図 5.17 炭素原子の電子状態．(a) 基底状態，(b) 電子を 1 つ 2p 軌道へ昇位した状態，(c) sp³ 混成軌道をつくった状態．

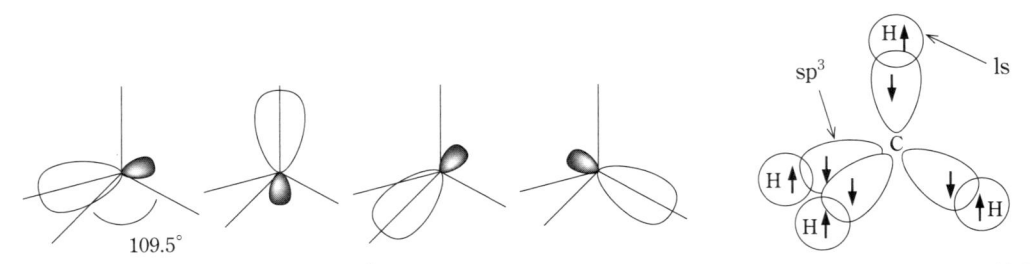

図 5.18 4 つの sp³ 混成軌道の方向

図 5.19 メタンの C—H 結合

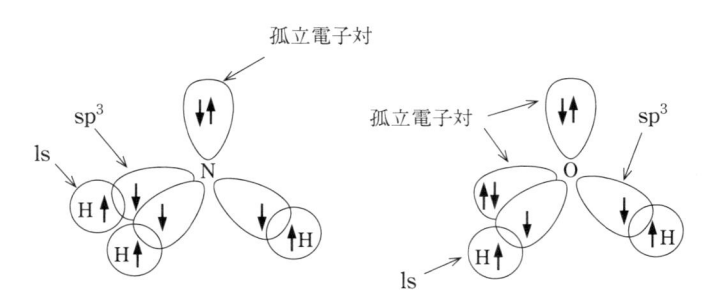

図 5.20 アンモニアと水における結合

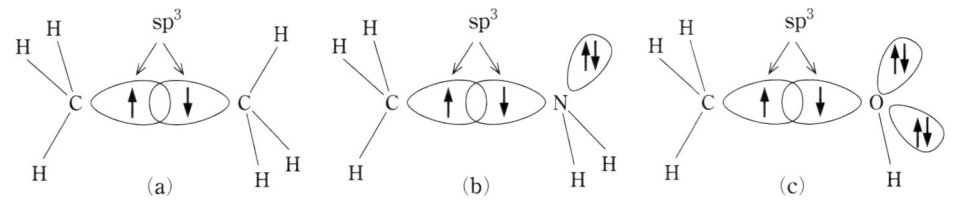

図 5.21 エタンの炭素—炭素 σ 結合 (a)，メチルアミンの炭素—窒素 σ 結合 (b)，メタノールの炭素—酸素 σ 結合 (c) の成り立ち

れた σ 結合と考えられる（図 5.21）．

5.4.3 二重結合と三重結合

これまでに議論の対象とした分子はすべて単結合（一重結合）だけでできていた．しかし，**エテン**（エチレン）$H_2C=CH_2$ や**エチン**

54 | 第 5 章 原子の結合と分子の構造

（アセチレン）HC≡CH などのように**二重結合**や**三重結合**を考えなくてはならない場合もある．それらの分子には σ 結合以外に **π（パイ）結合**と呼ばれる形式の共有結合が存在している．

2p 軌道では 2 つの軌道が平行になっても軌道間に相互作用が起こる．同じ位相で相互作用すれば，2 つの核の間の電子密度が高くエネルギーが 2p 軌道より低い π 軌道が，異なる位相で相互作用すれば 2 つの核の間の電子密度が低く，エネルギーが 2p 軌道より高い π* 軌道ができる（図 5.22）．

エテンの化学結合と分子構造は次のように考えると理解できる．

炭素原子は sp^2 混成軌道をつくり，そのうち 2 つは水素原子との σ 結合の形成に，そして残る 1 つは炭素—炭素 σ 結合の形成に用いられる．混成に使われなかった 2p 軌道が図 5.23 のように平行に配列されてできた π 軌道に電子が 2 個入って π 結合ができる．

2p 軌道を平行に配列しなければ π 結合はできないので，エテンを構成するすべての原子は同じ平面内にあり，結合角 ∠HCH と ∠HCC はともにおよそ 120° である．

三重結合をもつエチンでは 2 つの炭素原子が sp 混成軌道をつくり，2 つの σ 結合と 2 つの π 結合をつくっている（図 5.24）．炭素—炭素結合距離がエタン 154 pm，エテン 133 pm，エチン 120 pm と変化するのは結合が増えると原子を結びつける力が強くなることを反映している．

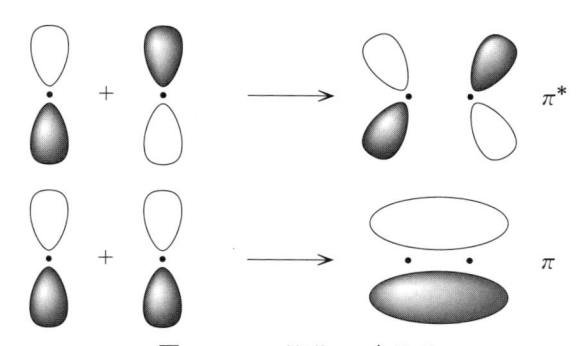

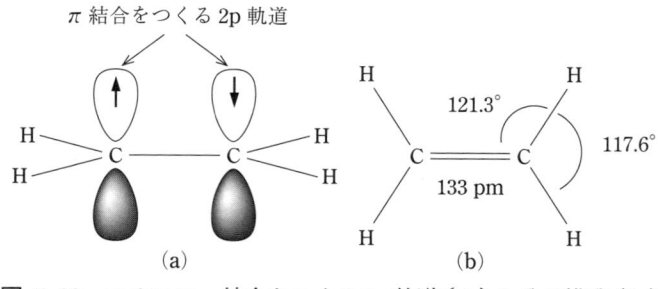

図 5.22　π 軌道と π* 軌道

図 5.23　エテンの π 結合をつくる 2p 軌道（a）と分子構造（b）

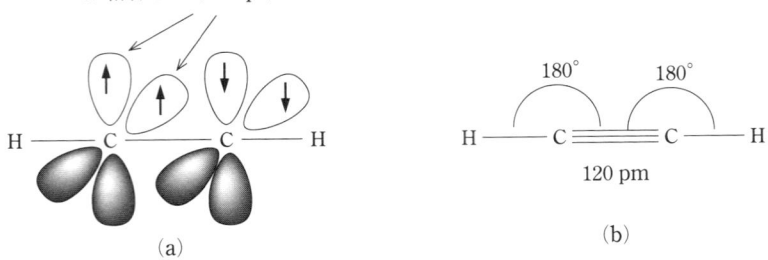

図 5.24 エチンのπ結合をつくる2p軌道（a）と分子構造（b）

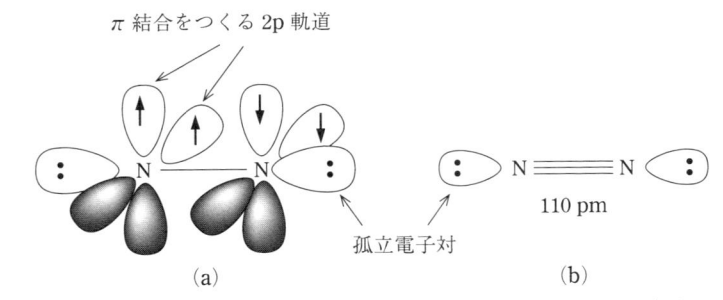

図 5.25 窒素のπ結合をつくる2p軌道（a）と結合距離（b）

表5.1で最も大きい結合エネルギーを示している分子は窒素であるが，窒素分子も三重結合をもち，孤立電子対はsp混成軌道に存在する（図5.25）．

5.4.4　共鳴

これまでに扱った分子は，すべて1種類の電子式で構造を表すことができた．これに対して2つ以上の電子式を用いなければ分子の構造を説明できない場合がある．そのよい例が**ベンゼン** C_6H_6 である．この分子では炭素原子が六角形をつくり，それぞれの炭素に水素原子が1個ずつ結合している．炭素原子が8個の電子に囲まれるようにするには，単結合と二重結合が交互にある構造にしなければならず，その構造は不等辺六角形になるはずである．しかし，ベンゼンは正六角形で，炭素—炭素結合の長さは単結合（154 pm）と二重結合（134 pm）の中間の140 pmである（図5.26）．そのため，図5.27に示すように2つの電子式を両頭の矢印⟷で結んでベンゼンを表し，ベンゼンは2つの極限構造の間に**共鳴**している，または2つの極限構造の**共鳴混成体**であるという．

ベンゼンでは炭素原子が sp^2 混成軌道を用いて2つの炭素—炭素σ結合と1つの炭素—水素σ結合をつくる．残りの2p電子によってπ結合をつくるが，それには2つの極限構造に相当する組み合

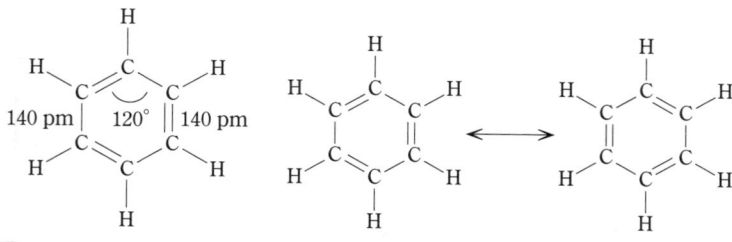

図 5.26 ベンゼンの構造　図 5.27 ベンゼンにおける 2 つの極限構造の共鳴

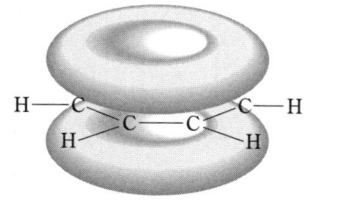

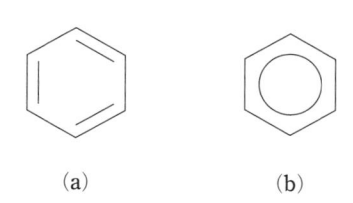

図 5.28 ベンゼンの π 電子雲　図 5.29 ベンゼンを表現する図形

図 5.30 オゾン (a) と炭酸イオン (b) の共鳴構造

わせがあり，それらは区別できない．したがって，π 電子は 6 個の炭素原子に等しく共有され，その電子雲はドーナツ状にベンゼン環全体に広がっている（図 5.28）．なお，ベンゼンを図 5.29 (a) または (b) を用いて表すことが多いが，図 5.29 (b) の円はドーナツ状に分布する π 電子雲を象徴的に表したものである．

ベンゼン以外にもオゾン O_3 や炭酸イオン CO_3^{2-} など複数の極限構造式を用いる必要のあるものは多い（図 5.30）．オゾンの 2 つの O—O 結合，炭酸イオンの 3 つの C—O 結合の長さは等しく，それぞれ 127 pm，128 pm である．

5.5 配位結合

前節で述べたように，共有結合は，電子が 1 個入った 2 つの軌道が重なることによってエネルギーが低下してできる．しかし，どちらか一方の原子が電子を 2 個出しても同じようにエネルギーは下がる．たとえばアンモニアは，水素イオンと結合してアンモニウムイオンになる．

$$NH_3 + H^+ \longrightarrow NH_4^+ \tag{5.13}$$

このイオンでは，4つ目のN—H結合も窒素のsp³混成軌道と水素の1s軌道が重なってできてはいるが，結合に使われる電子はもともと窒素の孤立電子対であったものである．このように，結合に必要な電子対が結合に関与する一方の原子からのみ提供される結合を**配位結合**という．アンモニウムイオンの4つの結合は，3つが普通の共有結合，1つが配位結合と考えられるが，4つのN—H結合はみな同じ長さで区別できない．言い換えれば，共有結合をつくるのに電子は2個あればよいのであって，それらが2個の原子から1つずつ出されても，一方の原子から2つ出されても同じ結合になるということである．

配位結合によって多くの化合物をつくることが知られているものに三フッ化ホウ素 BF_3 がある．この化合物は孤立電子対をもつもの，たとえばアンモニアと反応して付加物をつくる．

$$BF_3 + NH_3 \longrightarrow \begin{array}{c} \ddot{:}\ddot{F}\ddot{:} \quad H \\ | \quad\quad | \\ :\ddot{F}-B^- - N^+ - H \\ | \quad\quad | \\ :\ddot{F}\ddot{:} \quad H \end{array} \quad (5.14)$$

この付加物のホウ素-窒素結合は，窒素原子がもっていた孤立電子対によってつくられた配位結合である．このような反応が起こるのは，三フッ化ホウ素ではホウ素原子が6個の価電子しかもたず，電子が少し不足しているためである．

配位結合は，金属イオンと孤立電子対をもつ分子やイオンとの間によく見られる．たとえば銀イオンの水溶液にアンモニアを加えると，はじめは酸化銀の沈殿が生成するが，さらにアンモニアを加え続けると沈殿は消滅して透明な溶液になる．これはジアンミン銀(I)イオン $[Ag(NH_3)_2]^+$ が生成したためである．

$$2Ag^+ + 2OH^- \longrightarrow Ag_2O\downarrow + H_2O \quad (5.15)$$
$$Ag_2O + 4NH_3 + H_2O \longrightarrow 2[Ag(NH_3)_2]^+ + 2OH^- \quad (5.16)$$

このイオンのように，金属イオンと孤立電子対をもつ分子またはイオンとからできたと考えられるものを**金属錯体**といい，電荷をもつ場合には**錯イオン**とも呼ぶ．また，アンモニアのように電子対を与えて配位結合をつくるものを**配位子**といい，配位子の数をその金属イオンの**配位数**という．配位数は金属イオンによって異なる．配位子として働くイオンと分子には Cl^-, Br^-, OH^-, CN^-, SCN^-, NO_2^-, H_2O, NH_3 などがある．

ジアンミン銀(I)イオンの生成も，銀イオンの軌道を考えて理解できる．銀原子の電子配置は

$$Ag:[Kr]\,4d^{10}5s^1$$

である．イオン化では最外殻の 5s 電子が失われるので，銀イオンの電子配置は

$$\text{Ag}^+ : [\text{Kr}]\, 4d^{10}$$

となる．5s 軌道と 5p 軌道は空であるが，それらを使って sp 混成軌道をつくり，その軌道と，アンモニアの窒素がもつ孤立電子対が入った sp^3 混成軌道とを重ねて配位結合をすると，ジアンミン銀(I)イオンができる（図 5.31）．

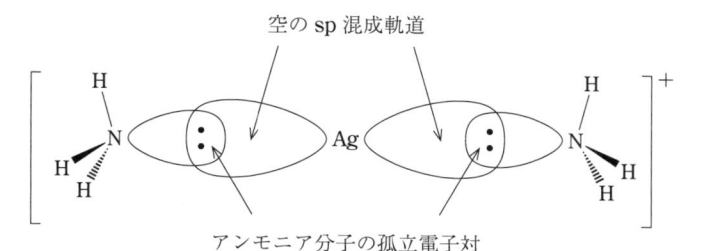

図 5.31 ジアンミン銀(I)イオンにおける配位結合

金属錯体には，配位数が 2 のもの以外に，テトラアンミン銅(II)イオン $[\text{Cu}(\text{NH}_3)_4]^{2+}$ のように 4 のもの，ヘキサシアノ鉄(III)酸イオン $[\text{Fe}(\text{CN})_6]^{3-}$ のように 6 のものなどが多い．それらについても同様の説明ができるが，ここでは省略する．

5.6 水素結合

水素原子が酸素やフッ素など電気陰性度の大きい原子に結合すると，結合電子対が電気陰性度の大きい原子のほうに引き寄せられ分子は分極する．たとえば，水では図 5.6 のようになる．このため，水素原子と隣の水分子の酸素原子との間に静電引力が働き，弱い結合が生じる（図 5.32）．この H⋯O で表された結合を**水素結合**と呼ぶ．水素結合の強さは 13〜30 kJ mol^{-1} であり，共有結合と比べると小さい．しかし，水素結合は水，フッ化水素などの性質に大きな影響を与えている．たとえば，図 5.33 は水素化物の沸点を示している．電気陰性度が大きい N, O, F に水素が結合した分子のみ沸点が異常に高いことが明らかである．これは，水素結合でこれらの分子が互いに結びついて蒸発しにくいためである．また，氷が水より密度が小さいのも水素結合のためである．図 5.34 を見るとわかるように，氷の結晶では水分子の酸素原子が正四面体の中心と頂点を占めるように配置され，水素原子が 1 本の共有結合と 1 本の水素結合とを使って，2 個の酸素原子を 276 pm の間隔でしっかりと固定している．比較的簡単な分子，たとえばメタンが結晶となるとき，

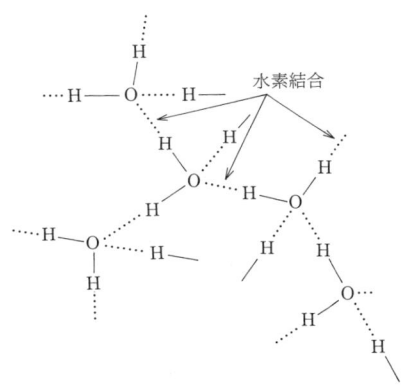

図 5.32 水の水素結合

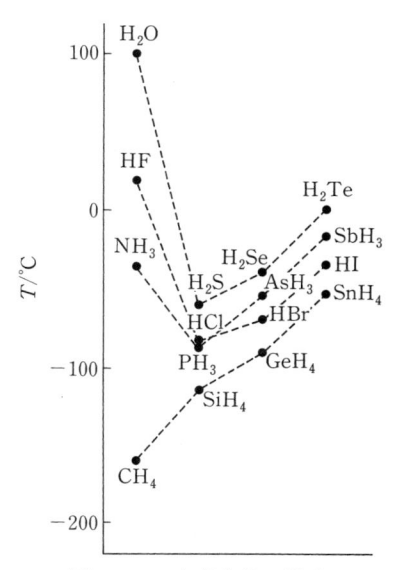

図 5.33 水素化物の沸点

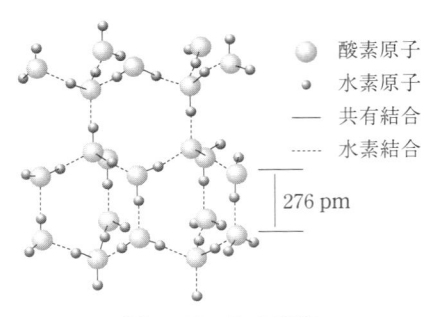

図 5.34 氷の構造

その構造は 6 章で学ぶ面心立方格子をつくり，1 つの分子は他の 12 個の分子でとりまかれている．それにひきかえ，氷では 1 個の分子を 4 個の分子がとりまいているにすぎない．そのために氷には多くの隙間が存在する．一方，水では分子の熱運動によって水素結合が切れたり曲がったりして，部分的に隙間の少なくなった構造になっている．

もしも氷の密度が水より大きかったら

地球上に存在する大部分の物質は，固体状態のほうが液体状態のときより密度が大きい．幸か不幸か，水は例外的に氷より密度が大きい．もし氷の密度が水より大きければ，この地上の様子はどうなるか考えてみよう．冬には大気によって川や湖の表面が凍結する．できた氷はすぐに川底に沈んで新しい水が露出する．その水がまた凍り，沈む．そのようにして，川も湖もすっかり凍りついてしまうだろう．そして，その氷は水の層に守られて，夏もきっと溶けずに残るであろう．そのような環境では大量の魚が成育することは望めない．また氷河が海へ流れ込んでも氷山は海底にとどまり，世界中の海底は氷に覆われるであろう．

水素結合はまた，生命の遺伝情報をつかさどる**デオキシリボ核酸（DNA）**の二重らせん構造を可能にしている．糖とリン酸からつくられた分子の鎖に結合した 4 種類の塩基性のグループ，チミン（T），アデニン（A），シトシン（C），グアニン（G）の間に水素結合がつくられて，図 5.35 に示す構造が維持されている．この構造の特徴は，それぞれの鎖が新しい鎖を合成するための鋳型として働き，まったく同じ塩基の配列をもった別の DNA 分子を複製できるところにある．

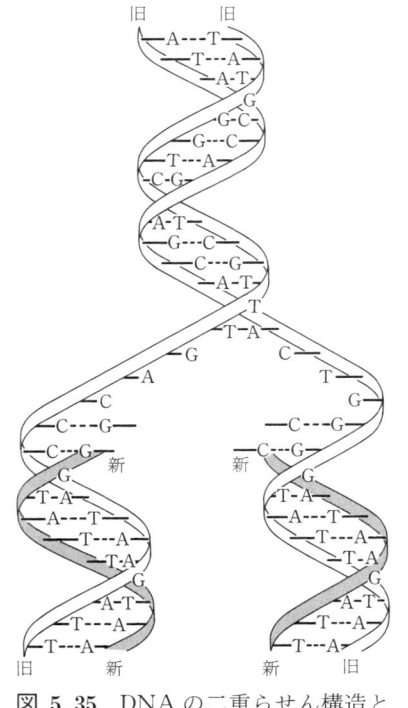

図 5.35 DNA の二重らせん構造とその複製

5.7 ファンデルワールス力

誰でも知っているように，二酸化炭素 CO_2 の分子は集まってドライアイスをつくる．CO_2 分子がなぜ集まるかといえば，分子の間に引力が作用するためである．このような，分子間に働く弱い引力を発見者の名をとって**ファンデルワールス力**と呼ぶ．ファンデルワールス力は双極子-双極子相互作用，双極子-誘起双極子相互作用，分散力の3種類に分けて考えることができる．それらについて順に見ていこう．

双極子-双極子相互作用：5.3節で見たように，電気陰性度が異なる原子間の結合は少し分極しており，双極子モーメントをもっている．そのような結合をもつ極性分子の間には，図5.36（a）に示すような引力が働く．これが双極子-双極子相互作用である．気体や液体では激しく分子が動いているので，同じ符号の電荷が接近して反発力が働く場合もあるが，平均すると引力が働くことが証明されている．

双極子-誘起双極子相互作用：双極子モーメントをもつ極性分子が無極性の分子に近づくと，図5.36（b）のように，無極性分子に双極子モーメントが誘起されて引力を生じる．これを双極子-誘起双極子相互作用と呼ぶ．

分散力：6章で学ぶように，双極子モーメントをもたない窒素やメタンも低温になれば液化し，さらに冷却すると固化する．たとえば1 atm での窒素の融点と沸点はそれぞれ，$-210\,°C$ と $-196\,°C$ である．このような分子ではある時間，電子の分布を観察してその平均をとれば，電子は分子全体に均一に分布している．しかし，瞬間瞬間を見れば電子の分布には偏りがあり，双極子モーメントをもつ．この双極子モーメントは隣の分子を分極させて瞬間的に双極子モーメントを誘起させる［図5.36（c）］．そのため無極性分子同士の間にも弱い引力が作用している．この引力を分散力と呼んでいる[5]．

以上の3種類の力は，いずれも分子間距離 r の6乗に反比例する．そのためきわめて近い距離でのみ有効に作用する．また，その大きさは 双極子-双極子相互作用 > 双極子-誘起双極子相互作用 > 分散力 の順に減少する．分散力は小さいので，分子が激しく熱運動している室温では，分散力だけで2つの気体分子を結合しておくことはできない．しかし，100 K 程度の低温では，分散力によって結ばれた Ar_2 や $(N_2)_2$ といった分子の存在が知られている．このような分子は**ファンデルワールス分子**と呼ばれる．

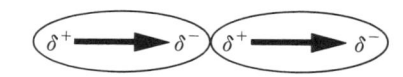

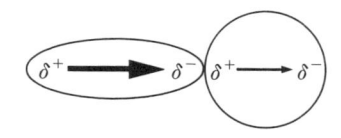

(a) 双極子-双極子相互作用

(b) 双極子-誘起双極子相互作用

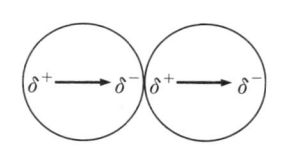

(c) 分散力

図 5.36 ファンデルワールス力
太い矢印は双極子モーメントを，細い矢印は誘起双極子モーメントおよび瞬間的に存在する小さい双極子モーメントを表す．

[5] 狭い意味でファンデルワールス力という場合，この分散力のみを指す．

問 題

1. 次の反応において放出されるエネルギーを求めよ.
$$Na^+(g) + I^-(g) \longrightarrow NaI(g)$$
ただし NaI(g) での原子間距離は 271 pm である. (513 kJ mol^{-1})

2. ボルン-ハーバーサイクルを用いて次の反応において放出されるエネルギーを求めよ.
$$Ca^{2+}(g) + 2F^-(g) \longrightarrow CaF_2(s)$$
ただし, Ca の昇華熱, I_1, I_2 はそれぞれ 178, 590, 1145 kJ mol^{-1}, CaF$_2$ の生成熱は -1220 kJ mol^{-1} である. (2636 kJ mol^{-1})

3. He$_2$ という分子は生成しないと述べた. では, He$^+$ と He とから He$_2^+$ というイオンは生成するであろうか.
(ヒント:分子軌道を考えよ.)

4. 次の分子を結合距離が増加する順に並べ, その理由を述べよ.
$$Li_2, \ Na_2, \ K_2, \ Rb_2$$

5. 塩化水素分子 HCl(g) と塩化カリウム分子 KCl(g) の結合距離は, それぞれ 127.5 pm, 266.7 pm である. これらの結合のイオン性 % を計算し, なぜ塩化水素のほうがイオン性が低いのか説明せよ.
(HCl 18.1%, KCl 80.2%)

6. 塩化スズ(II) SnCl$_2$ と硫化水素 H$_2$S はどちらも折れ線形分子である. これらの分子の電子式を書いて, なぜ折れ線形になるか説明せよ.

7. 三フッ化ホウ素はジエチルエーテル (C$_2$H$_5$)$_2$O と反応して 1:1 の付加物をつくる. この付加物の電子式を書き, なぜこの反応が起こるのか説明せよ.

物質の状態 6

2章から5章までに，化学の原子論的基礎と原子が化学結合を通して物質を形づくる過程を見てきたが，われわれはそのような原子や分子の1個1個を直接目で見たり手でさわったりできるわけではない．現実にわれわれの感覚でとらえられる巨視的な物質は，すべてアボガドロ数程度，すなわち「モル」の単位で測られる原子，分子またはイオンからつくられた集合体である[1]．この章では，これら原子や分子が集まってできた巨視的な系について見ることにしよう．

6.1 状 態 図

いま対象としている空間（物質）のことを**系**という．物質のどの部分をとっても性質が同じであるとき，これを**均一系**といい，そうでないものを**不均一系**という．均一な部分を相という．不均一系もいくつかの均一な部分から成り立っているため，**多相系**とも呼ばれる．相は気体か，液体か，固体であるかによってそれぞれ**気相，液相，固相**と呼ばれる．

水（液体）は冷やせば氷（固体）に，熱すれば水蒸気（気体）になることは日常的に経験することであるが，ふつう固体と考えられる鉄も，1535 ℃で液体となり，2750 ℃で気体となる．また，ふつう気体と考えられる酸素も冷却していくと液体になり，固体にもなる．多くの物質は気体，液体，固体の3つの状態で存在でき，これを**物質の三態**という．この3つの状態（相）は，圧力や温度などの条件を変えると相互に変換する（図 6.1）．

気体（気相）では構成する粒子がそれぞれの運動エネルギーをもって自由に飛び回っており，各粒子間に相互作用がない．液体（液相）と固体（固相）では各粒子間の相互作用（凝集力）が強く，凝集相とも呼ばれる．液体と固体の違いは，かたまりとして流動するかしないかである．すなわち，粒子間の相互作用には大きな違いはないが，固体では長距離の規則性があり，液体ではないことがその特徴を決めている．

6.1.1 相　律

2相以上の相が共存して系が平衡状態にあるとき，この系を完全

1)　水が 1.01×10^5 Pa（= 1 atm）のとき 100 ℃ で沸騰し，0 ℃ で凍結するという性質は，水分子の性質に基礎を置いているが，1分子や2分子で発現する性質ではなく，モルの単位で測られる量が集まってはじめて議論できるわけである．

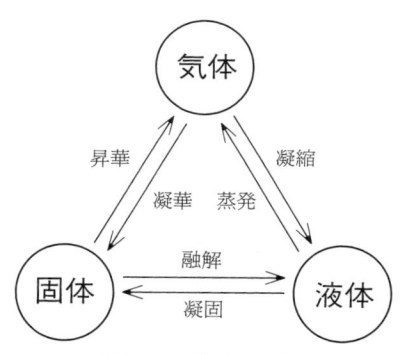

図 6.1　物質の三態
気体，液体，固体の相互変換[2]

Josiah Willard Gibbs (1839-1903)[24]
アメリカの理論物理学者．イエール大学に学び，1866 年渡欧しパリ，ベルリン，ハイデルベルグに留学．1871 年から一生母校の数理物理学教授を務めた．1875〜78 年にかけて『コネチカット・アカデミー紀要』に「不均一物質の平衡」をテーマとする一連の見事な論文を発表した．熱力学関係式，相律などを含むその内容は，熱力学の適用を一挙に化学，電気化学，弾性，表面などの現象に拡大した（ギブズ自由エネルギーの概念も提案されていた）．ただし，その論文は数式が多く難解であったことのほか，当時化学の分野では後進国であったアメリカの地方の学術雑誌に発表されたため，イギリスのマクスウェル以外，彼の論文を読み理解した人はすぐには現れなかった．オストワルドがこの論文の重要性に気づき，1892 年にそのドイツ語訳を出版して，広く知られるようになった．さらに，1902 年「統計力学の基本原理」を発表し，現在使われている統計力学の一般形式を確立した．

に記述するためには，温度，圧力，組成などの変数のいくつかの値を定めなければならない．平衡にある状態を決定するために必要な変数の最少数（あるいは，系に含まれる相に変化を与えることなく任意に値を選ぶことのできる変数の数）を系の**自由度**という．ギブズ（1876 年）は，熱力学に基づいて理論的に，系の自由度 f が次の式で与えられることを示した．

$$f = c - p + 2 \tag{6.1}$$

ここに，c は独立した成分の数，p は相の数である．

この法則を**ギブズの相律**といい，一般性の高い法則である．

6.1.2 状態図

系を記述するために必要な変数を座標軸にとって，相間の平衡関係を図示したものを**状態図**（あるいは**相平衡図，相図**）という．1 成分系（$c=1$）では，$f=3-p$ となり，最大の自由度は 2 であるから，2 つの変数，圧力と温度を座標軸にとることにより，状態図として系を完全に記述することができる．2 成分系以上では，最大の自由度が 3 以上となるため，平面的な状態図の作成は困難であるが，多くの場合 1 つ以上の変数（たとえば圧力など）を一定として状態図を示すことができる．

1 成分系の例として図 6.2 に水の状態図を，図 6.3 に二酸化炭素の状態図を示した．両図において，単一の相（すなわち $p=1$）からなる領域 AOB（気相），AOC（液相）および BOC（固相）内では自由度 2 で，温度と圧力を自由に選ぶことができる．すなわち，この領域内の系の状態を記述するためには，温度と圧力の 2 変数を決定する必要がある．**蒸気圧曲線 OA，昇華曲線 OB，融解曲線 OC** 上では，それぞれ液相と気相，気相と固相，固相と液相が共存している．多

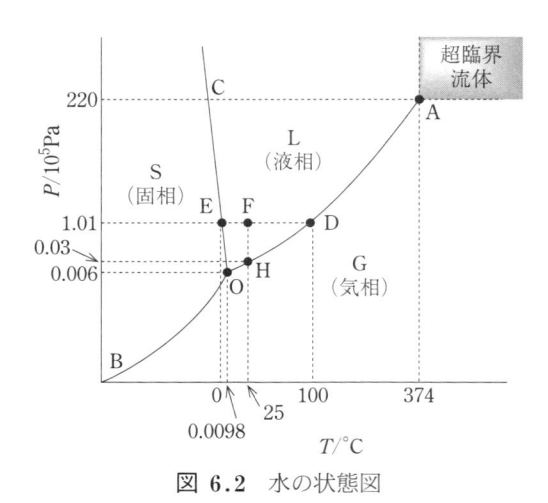

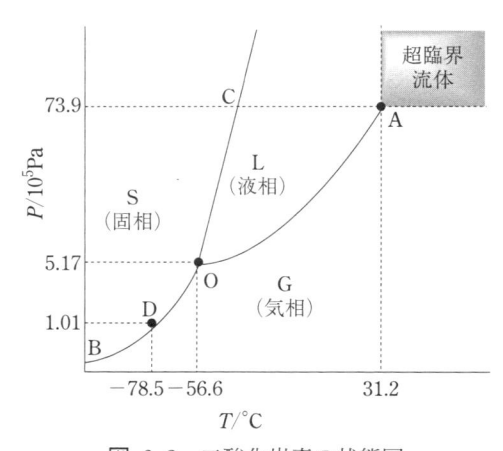

図 6.2　水の状態図

図 6.3　二酸化炭素の状態図

くの物質では融解の過程で体積が増加するため，図 6.3 に見られるように融解曲線は正の傾きをもつが，水の場合は体積が減少するため，図 6.2 にみられるように負の傾きをもち，圧力増加で融点が下がる珍しい例である．これらの曲線の上では $p=2$ で，自由度は 1 となり，選べる変数は 1 つで，温度を選べば圧力が決まり，圧力を選べば温度が決まる．図 6.2 における圧力 1.01×10^5 Pa（$= 1$ atm）の破線と曲線 OA および OC との交点 D, E における温度は，それぞれ 1.01×10^5 Pa における水の**沸点**と**融点**を示している．図 6.3 における $P = 1.01 \times 10^5$ Pa の破線は曲線 OC, OA と交わることはなく，曲線 OB のみと点 D（-78.5 °C）で交わる．よって 1.01×10^5 Pa で固体の二酸化炭素を加熱しても液体にはならない．そのため固体の二酸化炭素はドライアイスと呼ばれる．二酸化炭素の液体が欲しければ圧力 5.17×10^5 Pa 以上，温度 -56.6 °C 以上にしなければならない．このように，固体から液体を経ずにいきなり気体になる過程を**昇華**，その逆の，気体が液体を経ずに固体となる過程を**凝華**[2]という．

曲線 OA は点 A で行き止まりとなっている．この点を**臨界点**といい，そのときの温度を臨界温度，圧力を臨界圧力という．水の場合，それぞれ 374.1 °C，2.211×10^7 Pa（$= 218.3$ atm）である．二酸化炭素の臨界点は 31.2 °C，7.38×10^6 Pa（$= 72.9$ atm）と比較的低温，低圧である．これらの温度以上では気相–液相の平衡はなく，気相は臨界温度以上では液化することはできない．点 O においては，固相，液相，気相の 3 相が共存しており，これを**三重点**という．三重点においては $p=3$ で自由度 0 となり，温度も圧力も決まってしまい，任意に選べる変数はない（**不変系**という）．

[2] 長年に亘って，気体から固体への変化を表す用語としても"昇華"が使われていたが，異なる 2 つの過程に同じ用語を使用することは不必要な混乱を招くことから，「日本化学会用語検討小委員会」が 2015 年に"凝華"という語の使用を提案した．

1 気圧，25 °C で水は液体なのに，なぜ洗濯物が乾く？

図 6.2 を見ると 25 °C，1.01×10^5 Pa を表す点 F は液体の水が安定な領域にある．ではなぜ 25 °C で洗濯物が乾くのだろうか．

いま，乾燥した 1 atm の空気で満たされた室内で図（a）のように水をフラスコに入れたとする．その瞬間，水の上の空間には 1.01×10^5 Pa の空気が存在しているが，水面から水分子が蒸発するにつれて空気は追い出され，フラスコの中は 1.01×10^5 Pa の空気と水蒸気の混合気体で満たされる［図（b）］．水蒸気圧は次第に上がり，室温が 25 °C であればおよそ 3000 Pa に達する．そこで蒸発と凝縮の速度が等しくなってそれ以上水蒸気圧は高まらない．この蒸気圧は 25 °C における**飽和蒸気圧**と呼ばれ，この状態を（相対）湿度 100 % という．そのとき，フラスコに栓をすると［図（c）］いつまでもそのままで液体の水がなくなることはない．これが水と水蒸気が平衡にある点 H の状態である．しかし栓をしな

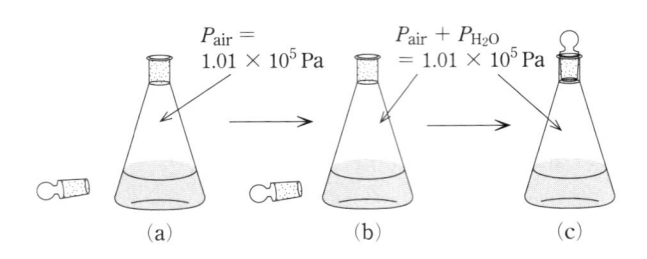

ければ，水蒸気はフラスコの外へ逃げるので，蒸発が続き時間の経過とともに水は減っていく．

同じ原理で洗濯物が乾く．濡れた衣類は水蒸気と空気の混合気体でつつまれているが，水蒸気はつぎつぎと拡散してなくなるので水の蒸発がつづき，ついに衣類は乾燥する．

図6.2を見ると氷と水蒸気が共存することも可能である．たとえば，-5°Cで氷はおよそ400 Paの水蒸気と平衡にある．ということは，洗濯物が凍るような冬でも，水の昇華に必要なエネルギーはまわりの空気や太陽光によって供給されるので，時間はかかるが屋外で衣類を乾かすことができるということである．

6.2 固　体

気体や液体に比べ，固体の最も注目すべき特徴は，構成している原子，分子あるいはイオンが3次元的に規則正しく配列されていることである．このような特徴をもつものを結晶という．結晶は金属結晶，イオン結晶，共有結合結晶，分子結晶に分けられる．また，一定の形を保つという意味では固体の特徴をもつが，内部の構造が液体に似て不規則な非晶質あるいはアモルファスと呼ばれる物質がある．

6.2.1　単位胞と最密充塡

固体の性質は，その凝集力の性質とともに，各粒子が固体の中でどのように配列しているかによって大きく影響を受ける．結晶では構成している粒子が3次元的に規則正しく配列されていることから，繰り返し単位となる最小単位が存在し，これを**単位胞**（**単位格子**）という．単位胞の形が結晶構造を決定し，ひいてはマクロな結晶の性質を決めている[3]．

同種の粒子が配列する場合，粒子間に働く力に方向性がないと，粒子は一定の半径をもった球をなるべく密に充塡した配列をとる．図6.4に示すように各球は同一層において他の6球と接触し，第2層は第1層のくぼみに合うようにのる［図6.4（a），（b）］．第2層のくぼみには，第1層の球の真上にあるくぼみと，そうでないくぼみの2種類があるため，第3層が第1層の球の真上にくるものと，

[3] 単位胞が空間を隙間なく埋めるためには一定の制約があり，自然界には4種類の単位胞と7種類の結晶形からなる14種類の**空間格子**しかなく，**ブラベ格子**と呼ばれる．ブラベ格子の図については，インターネットを利用して"Blavais lattice"で検索すると見ることができる．なお，日本語のページを見たいときは，「ブラベ格子」「空間格子」などで検索すればよい．

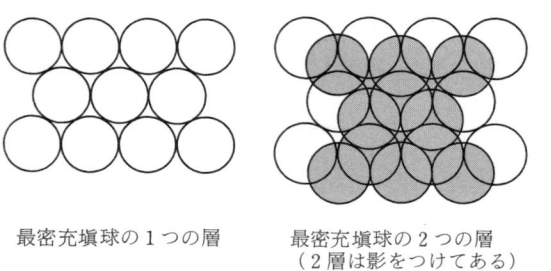

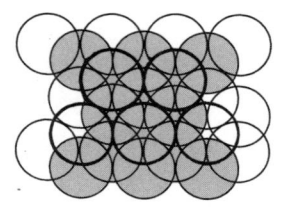

最密充填球の1つの層	最密充填球の2つの層（2層は影をつけてある）	最密充填球の3つの層（第2層は影をつけてあり，第3層は太線の球）．第3層が第1層の真上ではないことに注意．これはABCABC…（立方最密充填）になる．	体心立方配列における球の配列
(a)	(b)	(c)	(d)

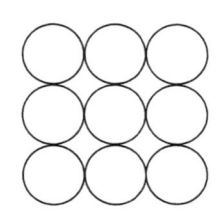

図 6.4 最密充填の形成

そうでないものとの2種類の充填の方法があることになる．前者の場合を**六方最密充填構造**，後者の場合を**立方最密充填構造**と呼び，立方最密充填構造では第4層の球が第1層の球の真上にくることになる．いずれの場合も球の全空間に占める割合は74%であり，それぞれの場合の単位胞の構造は図6.5に示す通りである．なお，立方最密充填構造は立方体の頂点と面の中心に球が存在する**面心立方格子**[図6.5(c)]となるので，図6.5(b)にその関係をわかりやすく示した．図6.5(d)に，最密充填構造ではないが，代表的な構造の1つである**体心立方構造**も示した．この構造では球が全空間に占める割合は68%である．

次に示す金属結晶においては，金属原子間の相互作用に方向性がないために最密充填構造をとりやすく，通常，面心立方格子，**六方最密格子**あるいは**体心立方格子**のいずれかをとる．しかし，イオン

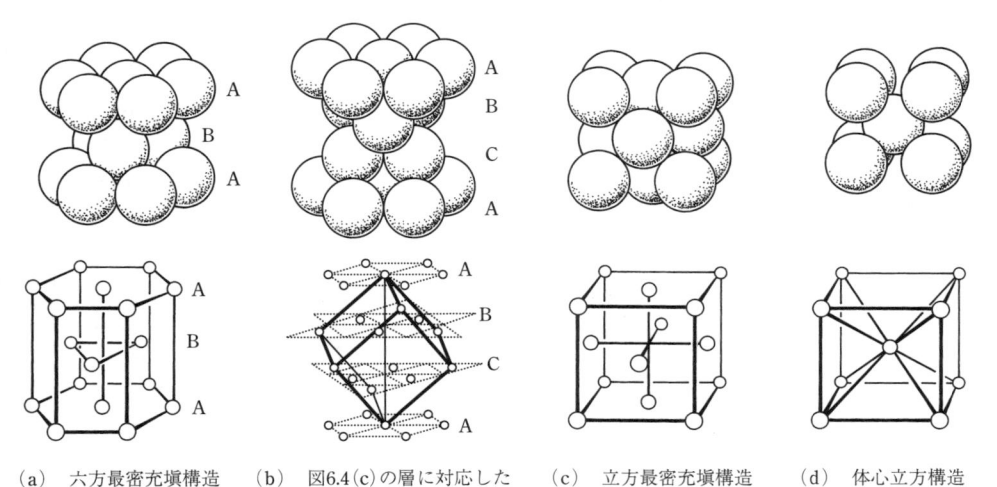

(a) 六方最密充填構造（六方最密格子）　(b) 図6.4(c)の層に対応した立方最密充填構造の形成　(c) 立方最密充填構造（面心立方格子）　(d) 体心立方構造（体心立方格子）

図 6.5　最密充填構造と体心立方構造における粒子の配列

6.2　固体

結晶のように正負の電荷をもった大きさの異なる粒子の集まりや，分子結晶のように粒子間の相互作用に方向性のある場合には，単純な最密充填構造をとらない場合も多い．

6.2.2 金属結晶

5章で学んだ代表的な化学結合であるイオン結合と共有結合では，各原子が互いに**不活性ガス型電子配置**をとろうとする性質が，原子を結びつける原動力になっている．ところが，金属は最外殻電子数が1〜3と少ないために，結合しようとする原子が互いに電子をやりとりしてイオン結合をつくろうとしても，あるいは互いに電子を共有して共有結合をつくろうとしても，不活性ガス型の電子配置をとることができない．このような金属原子を結びつける結合は**金属結合**と呼ばれている．金属結合を理解するためのモデルとして，**自由電子モデル**と**バンド理論**と呼ばれる2つのモデルがある．

自由電子モデルでは，図6.6に示したように，価電子を失った金属イオンがつくる3次元の箱の中を，価電子が自由に動き回っている．つまり，金属の価電子は特定の原子の間に限らず，多数の隣り合っている原子の間を自由に動き回って結合に関与している．このような電子を自由電子という．金属元素の原子間の結合は，この自由電子によって成立している．

一方，**バンド理論**では，共有結合の理論と同じ方法を，結晶格子を形成するアボガドロ数程度の原子の集まりまで拡張したものである．図6.7に示したように，原子が結合するたびにその原子の数に等しい分子軌道が形成される．金属原子がアボガドロ数程度集まったとき，軌道エネルギー準位の数が非常に多くなり近似的に連続とみなせるようになる．これがエネルギーバンドである．金属ナトリウムの場合，図6.7に見られるように，このエネルギーバンドが価

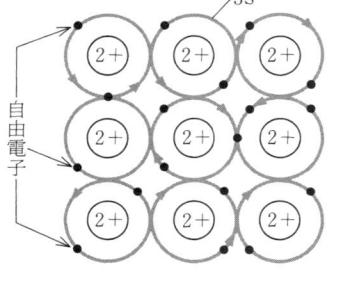

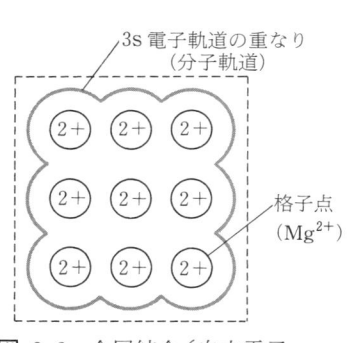

図 6.6 金属結合（自由電子モデル，例 Mg）

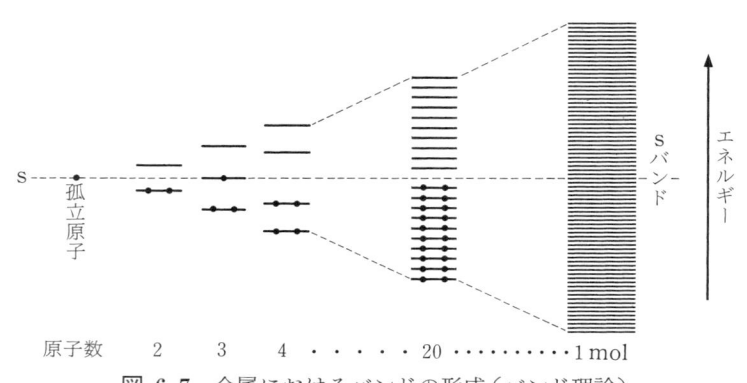

図 6.7 金属におけるバンドの形成（バンド理論）

電子で半分だけ満たされている（価電子帯という）．すなわち，バンド内に電子を励起できる空準位が存在する．

自由電子モデルとバンド理論の2つとも，金属の特徴である，電気や熱の良導体で，光に対し不透明で，光とくに可視光の反射率が高い性質をうまく説明できる[4]．また，これら金属原子間の相互作用に方向性がないことから，金属の**延性**や**展性**に富む性質をうまく説明できる[5]．

6.2.3 合　金

合金とは，2種以上の金属または金属と炭素のような非金属の混合物である．古墳から多くの青銅製の鏡や剣が発見されているように，人類は古くから合金を使用してきた．金属材料として見たとき，材料の数は単一金属では金属元素の数に制限されるが，合金では無限ともいえる組み合わせが可能で，多様な性質をもつ材料の創製が期待できる．

合金の性質を知るうえで，その状態図（とくに固相-液相平衡）を知ることは重要である．最も単純な2成分系においても，状態図の項で述べたように温度，圧力，組成の3つの自由度があり，そのままでは平面図として表せない．3つの自由度のうち圧力を一定（ほとんどは1 atm）としてつくった状態図を**融点図**という．液相と異なり固相では，2成分が（1）溶け合わない，（2）均一に溶け合う（＝**固溶体**），（3）反応して新たな化合物（＝**金属間化合物**[6]）をつくる，という3つの場合がある．また，複数の固溶体や金属間化合物をつくることもあり，融点図はたいへん複雑になる．たとえば，代表的なはんだである鉛とスズの合金は，図6.8に示したように，鉛に富む固溶体αと，スズに富む固溶体βを生成し，互いに溶け合わない．スズが61.9%のとき，183℃で融ける共晶[7]を生成する．

4）空準位があるため，電子が容易に励起され，電圧をかけると多くの電子が流れることになる．また，熱伝導も電子の動きによるものが効果的なため，金属は熱の良導体となる．金属中の電子は光からエネルギーを吸収し励起状態となり，励起状態の電子はもとの準位に戻るときに光を再放射するので，ほとんどの金属は銀白色に輝いて見える．銅や金が赤や金色に見えるのは，ある波長の光を吸収するためである．

5）延性や展性については，イオン結晶の項の図6.12およびその説明を参照のこと．

6）最近，合金をはじめ，金属と各種元素との化合物を含めて非常に広い意味で「金属間化合物」という言葉が用いられつつあるが，ここでは，従来からの狭い意味で用いている．

7）2成分以上を含む液体から同時に晶出する2種以上の結晶の混合物で，共融混合物ともいう．図6.8の鉛が61.9%の点Eを共晶点（eutectic point）といい，固溶体αとβの結晶が同時に晶出する．

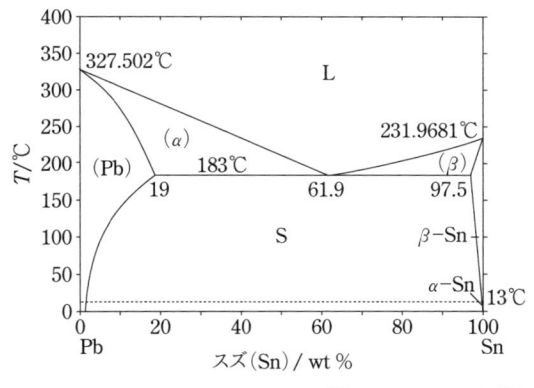

L	：液相
(α)	：α 固溶体
(β)	：β 固溶体
S	：鉛の結晶とスズの結晶の双方が存在している固相
Pb	：鉛の結晶のみからなる固相
α-Sn, β-Sn	：スズの結晶のみからなる固相（αとβは結晶系が異なることを示す）

図 **6.8**　はんだ（鉛-スズ系）の融点図

はんだの中の金属の働き

はんだとは，低融点のろう付け合金（金属の接着剤と考えてよい）のことで，一般的に共晶をつくる場合が多く，共晶はんだと呼ばれる．Sn-Pb 合金が代表的で，Pb-Ag 合金や，環境問題から鉛を含まない Bi-Sn 合金などが知られている．

Sn-Pb 共晶はんだの中で Sn と Pb は次のような働きをしている．

Sn：接合したい金属，鉄や銅と合金をつくり，接着剤としての役割を果たす．

Pb：融点や界面張力を下げて使いやすくするとともに，強度を上げる．

（1） 融点：Sn 232 ℃，Pb 327 ℃，共晶はんだ 183 ℃
（2） 機械的特性の向上
 ・引っ張り強度：Sn 1.5 kg mm^{-2}，Pb 1.4 kg mm^{-2}，はんだ 4〜5 kg mm^{-2}
 ・せん断力：Sn 2 kg mm^{-2}，Pb 1.4 kg mm^{-2}，はんだ 3〜3.5 kg mm^{-2}
（3） 界面張力を低下させ，接合する金属にぬれやすくする．
（4） 酸化防止効果

単一な金属元素からなる金属結晶では，金属原子の大きさが同じで，変形してもその相互作用に大きな変化がなく，軟らかい［図 6.12（a）参照］．

固溶体をつくるとき，2 つの成分が相互に結晶格子の一員となって結晶をつくる場合を置換型といい，一方の結晶の隙間に他方が入り込んだ場合を侵入型という．普通の合金はほとんど置換型であるが，鉄と炭素の固溶体は侵入型の代表例である．いずれにしても構成する金属原子の大きさが異なり，変形に際して相互作用に大きな差がでるため硬くなる．溶け合わない場合にも，個々の成分の微結晶からなるために，一般に硬くなる．純粋な銀や銅は軟らかいが，銀 90%，銅 10% の合金は非常に硬くて耐久力があり，銀貨の材料として使われている．

純粋な鉄はたいへん軟らかく，鉄のシートで折り紙ができるほどであるが，数 % の炭素を含む鉄はたいへん硬い．炭素含量が 2% 以下のものを鋼（鋼鉄）といい，2% 以上のものを鋳鉄と呼ぶ．鋳鉄は融点が低く，融解しやすいが，硬くてもろい．鋼は，融点が高く，粘りがあり，機械的性質が優れている[8]．

合金の性質は，その組成によっても異なり，種々の用途に利用されている．たとえば，銅とスズをもととする青銅では（亜鉛など他の微量成分を含んでいるが），スズ濃度が 35% 前後のものは錆色，

---

[8] 炭素含量が 1 から 1.7% 前後の鋼を高温に加熱した後，水または油につけて急冷すると，著しく硬度が増加する．このような操作を「**焼き入れ**」と呼び，**熱処理**によって鋼の機械的強度を制御することができる理由となっている．これは，鋼が高温では 2.1% の炭素を含む γ 鉄と呼ばれる構造をとるのに対し，室温では 0.02% の炭素しか含むことができないので（α 鉄），急冷で過飽和の炭素が溶けている準安定な固溶体（マルテンサイトと呼ばれる）ができたためである．

音色が好まれて美術工芸品に広く利用され，スズ濃度が10%前後のものは強度，耐食性に優れ，船舶部品や機械部品に使われている（砲金とも呼ばれる）．

アルミニウム95%，銅4%，マグネシウム0.5%，マンガン0.5%の組成物を**容体化処理後，時効硬化**[9]すると，純粋なアルミニウムに比べ強度が大きいジュラルミンが生成する．ジュラルミンは軽くて強度が大きいので，航空機用強力軽合金として広く利用されている．超々ジュラルミンと呼ばれる，アルミニウム87.5%，銅2%，亜鉛8%，マグネシウム1.5%，マンガン0.5%，クロム0.2%の合金も同様にして製造されている．

6.2.4 イオン結晶

イオン結晶においては，イオン間の主要な相互作用はクーロン力によるものである．各イオンは一定の半径と電荷をもった球として近似できる．通常，各イオンは可能な限りの数の反対符号をもつイオンに囲まれており，その数を配位数という．そこでイオン結晶においては，陽イオンと陰イオンの半径比により配位数が決められ，配列が決定されることが多い．可能な限りの反対符号をもつイオンを配位させるのに，反対符号のイオンどうしが接触する場合が極限状態であり，そのときの半径比を極限半径比と呼ぶ（図6.9）．

イオン結晶ではイオン半径の大きなイオンを最密充填型に配置し，小さなイオン半径をもつイオンをその空孔の位置に配置した構造をもつことが多い．立方あるいは六方最密充填型構造のいずれにおいても，図6.10に示したように，小さなイオンが入る空孔としてT印をつけた4個の球で囲まれた**四面体型空孔**と，O印をつけた6個の球で囲まれた**八面体型空孔**の2種類を考えることができる．最密構造の各球（大きいイオン）に対して1個の八面体型空孔と2個の四面体型空孔が生じる．小さいほうのイオンは，イオンの大きさによって八面体型空孔か四面体型空孔のどちらかに入る．八面体型空孔は四面体型空孔より大きく，前者の空孔にはイオン半径比が

[9] 容体化処理と時効硬化：容体化処理とは，合金を固容体の溶解度曲線より高い温度に加熱し，すべての成分を均一に分布させてから急冷する操作で，時効硬化性合金の硬化処理に先立って行われる．時効硬化とは，合金の過飽和固容体が時間の経過によって硬化する現象．過飽和固容体から微細な析出物が生じて硬化する．

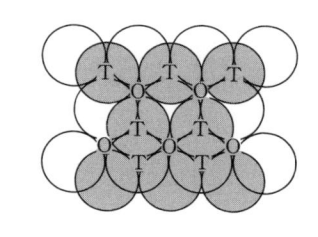

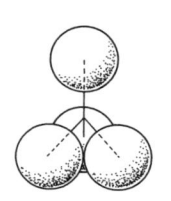

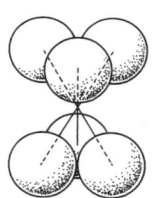

四面体型配置　　八面体型配置

図6.10 最密充填構造における四面体型配置（T）と八面体型配置（O）

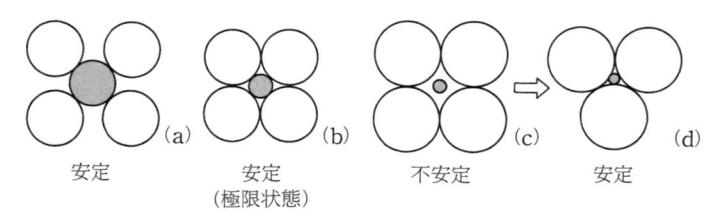

(a) 安定　(b) 安定（極限状態）　(c) 不安定　(d) 安定

図6.9 イオン結晶における配列

(c)のようにイオン半径比が大きくなりすぎて不安定になると，配位数を変化させて，安定な配置となる．

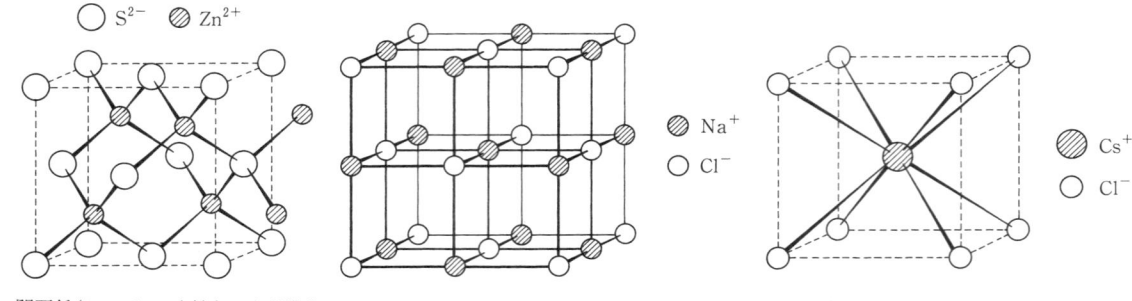

(a) 閃亜鉛(センアエン)鉱(ZnS)型構造　(b) 塩化ナトリウム(NaCl)の構造　(c) 塩化セシウム(CsCl)の構造

図 6.11　代表的なイオン結晶における配列[37]

0.414〜0.732 の場合に入り，後者の空孔にはイオン半径比が 0.225〜0.414 までのイオンの組み合わせの場合に入る．

硫化亜鉛(ZnS)はイオン半径比が 0.40 で，大きなイオンである S^{2-} の最密充塡構造の四面体型空孔に Zn^{2+} が入っている．S^{2-} 球に対して四面体型空孔は 2 倍あるので，Zn^{2+} は四面体型空孔の半分を占めている．図 6.11(a)に S^{2-} 球が立方最密充塡構造をとっている閃亜鉛鉱構造[10]を示した．

図 6.11(b)に結晶構造を示した塩化ナトリウム(NaCl)では，ナトリウムイオンと塩化物イオンのイオン半径比は 0.52 であり，Cl^- イオンが立方最密充塡型構造をとり，Na^+ イオンが八面体型空孔のすべてを占めている．

塩化セシウム(CsCl)は，イオン半径比が 0.93 で 1 に近く最密充塡構造をとれず，図 6.4 に示した体心立方格子の立方体の中心のイオンと端のイオンとが異なる体心立方型格子をとる．すなわち，各 Cs^+ イオンは 8 個の Cl^- イオンに囲まれ，各 Cl^- イオンは 8 個の Cs^+ イオンに囲まれている[図 6.11(c)]．

イオン結合性化合物は，結晶状態ではイオンが移動できないため絶縁体であるが，溶液にすると電気を導くことができる．金属結晶では同符号のイオンが並び，変形しても原子間の相互作用に大きな変化がなく，延性や展性に富むが，イオン結晶では互いに異符号のイオンが並んでいるため，変形することは困難で硬い結晶をつくる

10) 硫化亜鉛には，もう 1 つ S^{2-} 球が六方最密充塡構造をとっているウルツ鉱型構造がある．

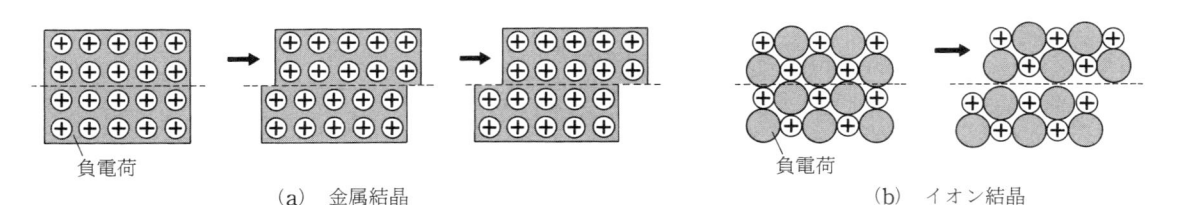

(a) 金属結晶　　　　(b) イオン結晶

図 6.12　金属結晶とイオン結晶の面がずれたときの粒子配列の変化

（図6.12）。しかし，ある限界を越えた力が加わり変形を起こすと，同符号のイオンが近接するため，イオン間の相互作用は急激に弱くなり（場合によっては反発力となる），結晶は破壊される。すなわち，イオン結晶は硬いけれどももろいという特徴をもっている。また，5.1節で学んだように，イオン結晶の格子エネルギーはたいへん大きく，そのため沸点や融点もたいへん高い。

6.2.5 共有結合結晶

結晶を構成する粒子間の相互作用（凝集力）が共有結合からなるものを**共有結合結晶**という。一般に，共有結合は強固な方向性をもつため，その方向性に基づく結晶構造を示す。図6.13(a)に示した**ダイヤモンド**は共有結合結晶の典型である。ダイヤモンドでは炭素がsp^3混成軌道で他の炭素原子とσ結合しているために，各炭素は正四面体の中心の位置を占めている。炭素と同じ14族元素であるケイ素やゲルマニウムでも同じ構造をとる。

5章で学んだように，共有結合半径（表4.2）の小さな炭素は安定なπ結合をつくる。このため，炭素にはσ結合とπ結合で平面的に結合しているもう1つの結晶形である**グラファイト**（黒鉛）が存在する［図6.13(b)］。

ダイヤモンドとグラファイトは同じ共有結合結晶でありながら，それを構成する共有結合の違いからその性質が極端に異なっている。分子全体が強固なσ結合からなるダイヤモンドは全物質中最も硬い。一方，結晶の平面間が単にファンデルワールス力で弱く結合しているグラファイトは滑りやすく柔らかい。ダイヤモンドが無色透明で絶縁体であるのに対し，グラファイトは黒色不透明で金属と非金属の中間的性質を示す半金属であり，電極の材料などに用いられる。金属では**電気伝導性**と**熱伝導性**はおおむね比例する。しかし

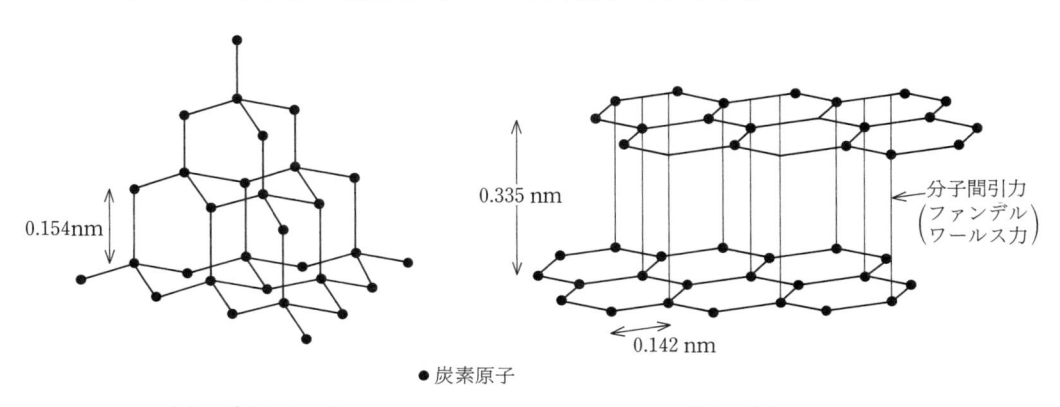

(a) ダイヤモンド　　(b) グラファイト

図 6.13 ダイヤモンドとグラファイトの結晶構造

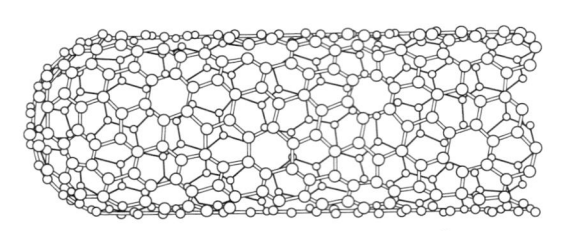

図 6.14 カーボンナノチューブ

ダイヤモンドは絶縁体であるにもかかわらず,単体金属中最高の熱伝導性を示す銀の約5倍の熱伝導率をもつ熱の良導体[11]である(表 6.1).

近年,炭素にはダイヤモンドとグラファイト以外に,多様な**同素体**(1種類の同じ元素からできていながら性質の異なる単体)が存在することが知られるようになった.1991年に発見された**カーボンナノチューブ**(**CNT**)(図6.14)は,グラファイトの1層(**グラフェンシート**)を丸めた円筒構造をもつ自己組織的に形成される**ナノ構造体**[12]である.CNTは共有結合結晶ではあるが,金属触媒に接した成長開始点以外に結合端がない.この結合端がないことが他の共有結合結晶との決定的な違いである.ケイ素などの共有結合結晶では端となる表面に**ダングリングボンド**と呼ばれる結合相手のない結合が存在し,不安定となっている.一方,CNT表面は分子表面であり,ダングリングボンドは存在せず,格子欠陥に相当するものもほとんどないため非常に安定である.

複数のグラフェンシートからなる多層CNTは,高い電流密度(10^9 A cm^{-2})が可能[13]であり,しかも熱伝導率が銀の10倍以上である.そのため微細LSIで発生する熱を配線を通じて逃がすことが可能で,微細化が進むLSI配線への応用が期待されている.すでに,LSI層間配線(ビア配線)に必要な直径100 nm以下のビアホール(LSI層間を繋ぐ穴)に,多層CNTを自己組織的に形成でき,その電気伝導性が現在LSI配線に使用されているタングステン($\rho = 4.9\times10^{-8}\text{ }\Omega\text{ m}$)と同等であることが示されている(表6.1).

11) 自由電子が存在する金属の熱伝導は電子が熱エネルギーを運ぶ主役である.電子の動きが自由であるほど熱伝導率も大きくなるので,電気伝導率の大きい金属ほど熱伝導率も大きくなる.自由電子がない固体では,原子間の結合を通じて熱(原子の振動)が運ばれていく.このため同じ絶縁体でも,全体が強固な共有結合で結ばれているダイヤモンドでは熱伝導率が大きく,分子間の相互作用が弱いポリエチレンの熱伝導率は小さい($k = \sim 0.5 \text{ W m}^{-1}\text{ K}^{-1}$).この場合,格子欠陥や不純物が熱伝導率に大きく影響する.CNTは強固な共有結合をもつだけでなく,格子欠陥や不純物が少ないので熱伝導率はダイヤモンドより大きい.なお熱伝導の機構の違いを反映して,ダイヤモンドやCNTの熱伝導率の温度依存性(300 K → 100 Kで約4〜5倍)は,銀(同1.05倍)に比べ格段に大きい.

12) ナノ構造体とは,ナノメートルサイズ($10^{-9}\sim10^{-7}$ m)の構造体のことである.

13) LSI配線の断線の原因の多くは,配線が微細化されたために単位面積当り大電流が流れて電子が原子をはじき飛ばすエレクトロマイグレーションである.CNTの許容電流密度は,銅のエレクトロマイグレーションが起こる電流密度より2桁大きい.

表 6.1 炭素同素体の性質

	電気抵抗率* $\rho/10^{-8}\text{ }\Omega\text{ m}$	熱伝導率** $k/\text{W m}^{-1}\text{ K}^{-1}$
ダイヤモンド	10^{20}	2310
グラファイト	1.375×10^3	129
CNT	5–20	6600
銀	1.47	427

* 銀は0 °C,他は20 °Cでの値. **CNTは室温他は27 °Cでの値.

また，引っ張り弾性率（変形し難さの指標）は，ダイヤモンド（～1000 GPa）をしのぐ強さ（1000～2000 GPa）をもつが，曲げに対しては柔軟性が高くサブミクロンオーダーの曲率半径で曲げても電気的特性はほとんど変化しない．

1985年に発見されたフラーレン分子と呼ばれる炭素60個からなる32面体のサッカーボール型の分子（図6.15）は，金属を取り込んで超伝導体になるなど興味ある性質を示す．なおフラーレン分子は次項で述べる分子結晶をつくる．

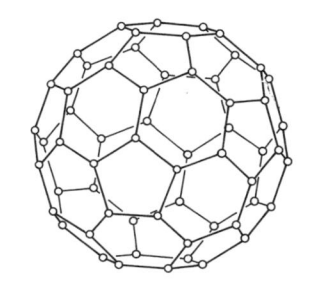

図 6.15　C_{60} フラーレン分子

航空機の構造材料として利用される炭素繊維

共有結合結晶をつくる炭素同素体群は，共有結合によってつくられているため非常に機械的強度が強いばかりでなく，特徴的な熱的，電気・電子的性質を示す．そのために先端材料として注目を集めている．

この機械的強度を生かした材料が**炭素繊維**（CF；carbon fiber）である．CFは，図のようなグラフェンシートが複雑に重なった構造をもち，スチール繊維に比べて軽く（密度 1.58～1.93/7.86），高強度（3.5～6.37/0.5～3.0 GPa），高弾性率（230～588/～200 GPa）で，耐熱性に優れた（＞2000 ℃）材料である．さらに，熱膨張係数がきわめて低いため（－2～＋5×10^{-6} K^{-1}）寸法安定性がよく，化学的にきわめて安定で，ほとんどの酸アルカリおよび溶剤に侵されることはない．

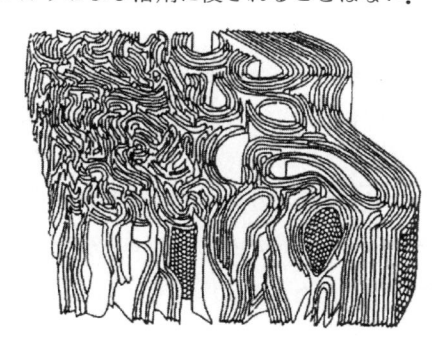

炭素繊維構造の模式図

CFの特徴を生かした**炭素繊維強化プラスチック**（CFRP，carbon fiber reinforced plastics）は，軽くて強い材料への要望が強い航空機への利用が進んでいる．エアバス社のA380とボーイング社のB787では，ともに1次構造材にも採用されている．B787では使用する構造材の実に50％（重量比）がCFRPを中心とする複合材料である．また，三菱重工の子会社三菱航空機が開発し，2015年に初飛行を行った初の国産ジェット旅客機MRJ（Mitsubishi Regional Jet）では，小型ジェット旅客機としては初めて主翼・尾翼を炭素系複合材料で製作することなどによって，他社のリージョナルジェットより大幅に軽量化され，燃費が2割削減された．

6.2.6 分子結晶

分子が弱い分子間力によって集合し結晶をつくったものを分子結晶という．普通の**分子結晶**では，分子間力はファンデルワールス力（5.7節参照）であり，分子間の結合力は弱く，融点，沸点は低く，融解熱，蒸発熱も小さい．最も単純な分子結晶は不活性ガスの結晶で，単原子分子であるとともに，相互作用の方向性がないために最密充填構造をとる．ほとんどの有機化学物は分子結晶をつくるが，分子の形はさまざまであり，最密充填構造はとりえない．しかし，立体構造の制約を受けながら，できるだけ密に結晶を構成する．5章で述べたように，氷の結晶では水素結合が分子間力として働いており，比較的融点が高い．また結合の方向性が存在することは，水が結晶化するとき体積が増加することと関係している（図5.34参照）．

6.2.7 半導体

固体は電気伝導度により**導体，半導体，絶縁体**の3つに分けられる．これらの間に明確な線が引けるわけではないが，電気伝導度の温度依存性は導体と半導体では大きな違いがあり，明確に分けられる．すなわち，導体では温度の上昇とともに電気伝導度が減少し[14]，半導体では増加する．

図6.7に金属のエネルギーバンドの形成を示したが，これを模式的に，絶縁体，半導体の例とともに図6.16に示した．すなわち，図6.16（a）の絶縁体では金属と異なり**価電子帯**が充満しており（**充満帯**という），空の**伝導帯**との間に広い**禁制帯**があって通常与えられるエネルギーでは電子が移れないために，電気を流すことができない．一方，図6.16（c）に見られるように，価電子帯は充満しているが，禁制帯が狭ければ，熱運動のエネルギーをもらって禁制帯

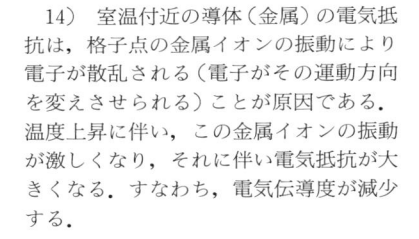

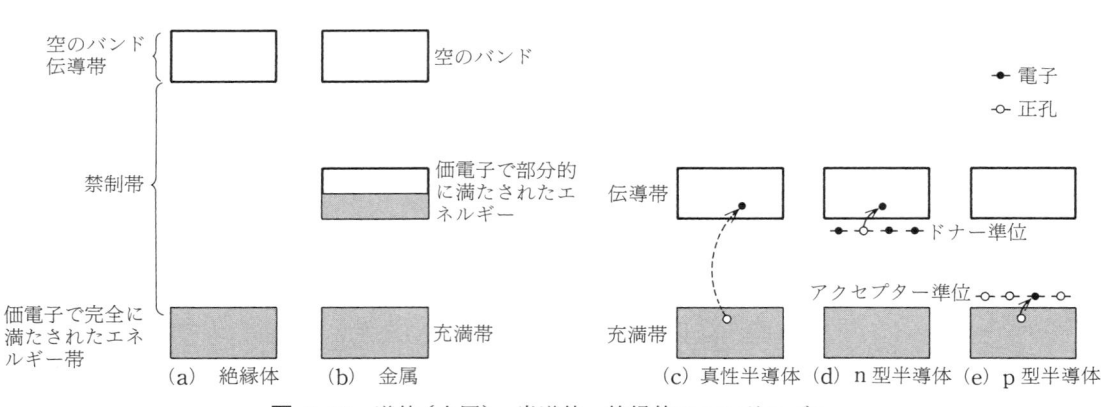

---

[14] 室温付近の導体（金属）の電気抵抗は，格子点の金属イオンの振動により電子が散乱される（電子がその運動方向を変えさせられる）ことが原因である．温度上昇に伴い，この金属イオンの振動が激しくなり，それに伴い電気抵抗が大きくなる．すなわち，電気伝導度が減少する．

図 6.16 導体（金属），半導体，絶縁体のバンドモデル

を飛び越え空の伝導帯に移動できるため，温度が上がるほど電気伝導度が上がる．これが，不純物を含まないケイ素やゲルマニウムなどの**真性半導体**と呼ばれる固体の電気伝導の機構である．

4個の価電子をもつ14族元素であるケイ素やゲルマニウムの結晶に，5個の価電子をもつ15族元素（P，As，Sb：ドナーという）を不純物として入れると[15]，不純物は結晶の格子点に入り4つの原子と共有結合する[16]．すなわち，不純物原子の価電子が1個余ることになる．これは，図6.16（d）に示したように，カチオンとなった不純物原子との相互作用で，伝導帯のすぐ下（約0.01 eV[17]）の不純物準位（**ドナー準位**）にいて，わずかの熱エネルギーで伝導帯へ移ることができ，電圧をかけると電流が流れることになる．このような物質を **n 型半導体** と呼ぶ．

ケイ素やゲルマニウムの結晶に3個の価電子をもつ13族元素（B，Al，Ga：アクセプターという）を不純物として入れると，4つの原子と共有結合するためには電子が1個不足する．これを補うために，内殻電子から1個の電子を出し，見かけ上正の電荷をもつ正孔を生じる．この場合，図6.16（e）に見られるように，不純物準位（**アクセプター準位**）が充満帯のすぐ上にできる．その結果，充満帯すなわち価電子帯にいる電子が容易にアクセプター準位に移り，価電子帯に空席（正孔）ができる．電圧をかけた場合，この正孔が移動して電気を流すことになる．これを **p 型半導体** という．

平均の原子価が4価となるような13族元素と15族元素（あるいは12族元素と16族元素）を組み合わせた，**化合物半導体**と呼ばれるものが注目を集めている．これらの化合物半導体は，古い周期表に基づく族の名前から，一般に，III-V族化合物半導体，II-VI族化合物半導体と呼ばれている．化合物半導体の特徴は，(1)半導体内の電子の移動度が大きく「高速」素子を作製できる可能性があること，(2)発光というケイ素にない特徴をもち，発光ダイオードやレーザーダイオードとして使用できること[18]，および(3)2種の元素に限らず，多種の元素の組み合わせが可能であり，きわめて多様な物性をもつ半導体が期待される，ことである．化合物半導体では，組成が1：1で，結晶の欠陥が少ないものをつくることが重要である．シリコン半導体では微量の13族元素や15族元素を不純物として入れることで，p 型や n 型の半導体を作製するが，化合物半導体では，組成を1：1からわずかにずらすことで，p 型と n 型の半導体を作製することができる．

ケイ素やゲルマニウムと同じ14族元素である炭素からなるダイヤモンドも結晶全体に広がる分子軌道，すなわちバンドを形成して

---

[15] 不純物半導体に入れる不純物の量は，使用目的により非常に広い範囲にわたるが，おおむね 5〜100 ppm 程度である．

[16] シリコンは，同じ14族元素である炭素と同様に，共有結合を形成する．シリコン単結晶ではダイヤモンドと同じく，5章で述べた sp^3 混成軌道により，4つの共有結合を形成する．6.2.5項参照．

[17] eV：電子ボルトまたはエレクトロンボルトと呼び，電荷 e をもつ粒子（電子がこれに相当）が真空中で電位差 1 V の2点間で加速されるときに得られるエネルギーが $1\,\mathrm{eV} = 1.602 \times 10^{-19}$ J である．化学で使用するモル単位のエネルギーを得るにはアボガドロ定数 N_A をかければよい．

[18] 高い輝度をもつ発光ダイオード（LED）の三原色は，いずれも日本の研究者が世界に先駆けて開発し，車のブレーキランプや交通信号のランプに使用されている．すなわち，赤（Ga-As）と緑（Ga-P）は元・東北大学総長西沢潤一博士により，青（Ga-N）は元・日亜化学の技術者で，現在カリフォルニア大学サンタバーバラ校の中村修二教授により発明実用化された．

いる．一般に**禁制帯**の幅が 1 eV（1 eV = 9.648×10^5 J mol^{-1}）程度以下のとき半導体とされるが，純粋なダイヤモンドの 0 K における禁制帯の幅は 5.4 eV と，ケイ素（1.17 eV）やゲルマニウム（0.74 eV）に比べて大きく典型的な**絶縁体**である．しかし，不純物をドープすることによって**半導体**に変えることができ，p 型ダイヤモンドと n 型ダイヤモンドが合成されている．ダイヤモンドは最高の硬度，最高の熱伝導率，高い絶縁耐圧，広い光透過波長帯，高い化学的安定性などの特性をもっている．すでに，波長 235 nm の深紫外線発光素子が試作されるなど，これらの特性を生かした電子デバイスへの応用が期待されている．また，p 型半導体作成に使われるホウ素（B）を 2 ％ 添加したダイヤモンドが 8.7 K で**超伝導**を示すことも報告されている．

6.3　非晶質固体（アモルファス）

非晶質固体（アモルファス）[19] とは固体の顔をした液体といえる．ガラスは代表的な非晶質固体である．ガラスとアモルファスは同じ意味で使うことができるが，ガラス転移点[20]を示すものをガラスといい，区別する場合もある．

一般に，目に見える大きさの結晶性固体のほとんどは微結晶の集まり（多結晶）であって粒界（結晶粒と結晶粒の境界）が存在するうえ，格子欠陥のない結晶[21]はほとんどない．すなわち，ミクロで見ると均質ではない．金属製品の変形や破壊，腐食などはこれらの粒界や格子欠陥からはじまることが多い．一方，非晶質固体はミクロで見ると原子やイオンがランダムに配列し，液体と同じく異方性のない均質な単一相からなっている．このため非晶質固体は次のような特徴をもっている．

1）　組成比などの物理定数を連続的に変えることができる．
2）　アモルファス合金は塑性変形の原因となる欠陥がないため変形しにくい（これは言い換えると成形しにくいという短所でもある）．
3）　アモルファス合金は表面に均一な**不動態**[22]ができるため，錆びにくく酸やアルカリなど腐食性液体による腐食に強い．
4）　アモルファス合金は異方性がなく磁気特性が優れている．
5）　ガラスの多くは可視光線を透過し異方性がないため，光学材料として有用である[23]．
6）　ガラスでは種々の原子やイオンを均一に取り込むことが可能で，新たな機能（性質）をもった物質が期待できる．

19）アモルファス（amorphous）とは，ギリシャ語の「形のないもの」a-morphe からきており，「無定形」と訳される．非晶質固体が non-crystalline solid の訳であり，ニュアンスの違いはあるが「非晶質」と「アモルファス」は同じ意味と考えてよい．

20）非晶質の固体を加熱した場合は，低温では結晶なみに硬く流動性がなかった固体が，ある狭い温度範囲で急速に剛性と粘度が低下し流動性が増す．このような温度がガラス転移点である．ガラス転移点より低温の非晶質状態をガラス状態といい，ガラス転移点より高温では物質は液体またはゴム状態となる．ガラス転移点をもつ代表的な物質には，合成樹脂や天然ゴムなどの高分子，昔から知られたケイ酸塩のガラスがある．

21）もし欠陥のない単結晶（すなわち粒界がない）を得ることができれば，結晶の構造に由来する異方性は存在するけれども，理想的な強度をもち耐食性のすぐれた物質が期待できる．

22）金属表面に腐食作用に抵抗する酸化被膜が生じた状態のこと．この被膜は溶液や酸にさらされても溶け去ることがないため，内部の金属を腐食から保護するために用いられる．ステンレススチールは含有するクロムが空気酸化を受けて不動態をつくる．アルミニウム金属表面に電解酸化で不動態（Al$_2$O$_3$）をつくったものがアルマイトである．

23）結晶は粒界で光を反射するので，単結晶では透明な物質でも多結晶になると不透明になる．また複屈折といって 2 つの屈折光が観察される結晶も知られている．

6.4 液　　晶

巨視的には液体の特徴をもちながら，分子の並び方にある種の規則性をもつものを**液晶**という．すなわち，液晶は液体と固体の特徴をあわせもち，新しい材料として種々の方面で利用されている．また，生物の構成単位である細胞を形づくる細胞膜も，液晶としての性質を示すことが機能の発現に重要である．

液晶には，温度によって液晶状態を実現できる**サーモトロピック液晶**と，水や有機溶媒の存在で液晶となる**リオトロピック液晶**と呼ばれるものがある．生物における生体膜はまさに，リオトロピック液晶の代表例である．生体膜は，生体と外界を分ける役割だけでなく，膜を通して物質やエネルギーのほか情報をやりとりする重要な役割をもっている．そのような機能を発揮するためには，一定の形を保ちながらも，生体膜が液晶性をもつことによって柔軟で流動性を維持することが必要である．たとえば，熱帯植物であるバナナの生体膜は，低温で流動性がなくなる（すなわち，液晶としての機能が失われる）と生体膜としての機能も失われ，細胞が死んでしまう．これが，バナナを冷蔵庫で冷やすと皮が黒くなる原因である．

液晶は分子の配列の仕方で，**ネマチック液晶**，**スメクチック液晶**，**コレステリック液晶**の3つに分類される．これを模式的に図 6.17 に示した．

ネマチック液晶　　等方性液体の棒状分子が単に1方向に配向し

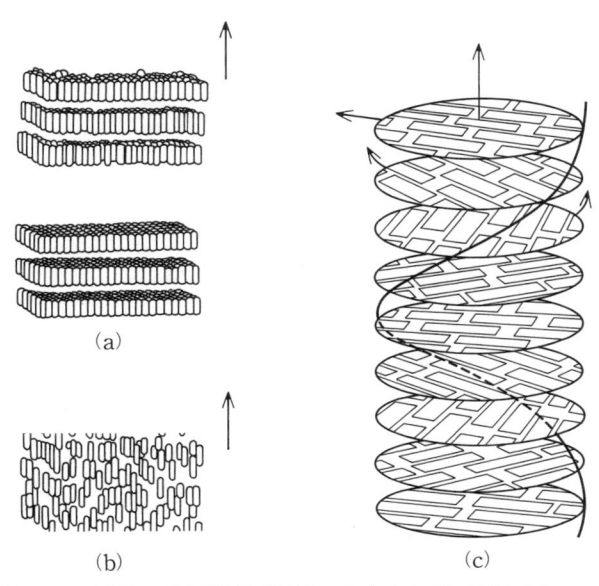

図 **6.17**　液晶の分子配列（配列の方向を矢印で示した）
（a）　スメクチック構造，（b）　ネマチック構造，
（c）　コレステリック構造

24) 不斉炭素原子と光学活性：磁場などをかけない自然状態で，直線偏光状態の光がある物質を透過するとき，透過距離に比例してその偏光面を回転させる物質のことを光学活性であるという。光学活性の原因となる物質の構造にはいくつかあるが，最も普通に見られるものは，不斉炭素原子とよばれる4個の互いに異なる原子または基を結合する炭素原子をもつ分子である。ただし，複数の不斉炭素原子をもつ分子では光学活性でないものもある。

25) コレステロール化合物でなくても光学活性な化合物がコレステリック液晶の特徴を示すことから，最近，**コレステリック相**を**キラルネマチック相**と呼ぶことが多い。

26) CRT が電子銃から発した電子ビームを振って画面の左上から順次走査するのに対し，LCD や PDP では碁盤目状に点（ドット）が配置されているドットマトリックスに特徴があり，ドットごとの明るさや配色を決めることにより画像を表示している。このため発光に時間的なずれがなくなるだけでなく，薄いフラットパネルとすることができる。なお，ドットはピクセルともいう。

27) PDP は，電極を備えた2枚のガラス基板の間にガスを封入し，プラズマ放電による発光を利用したディスプレイである。

28) 配向方向を 90°ずらし（ねじれ：twisted）た2枚の基板（透明電極をつけたポラロイド板）の間（厚さ 10 μm 程度）にネマチック（nematic）液晶を封入しているために，TN（twisted nematic）型セルと呼ぶ。

た状態と考えられる。実用化されている液晶にはこの種のものが最も多い。

スメクチック液晶　分子の配向とともに，分子の長さあるいはその2倍の長さの層状構造をもつものをいう。

コレステリック液晶　歴史的にはライニッツァーとレーマンにより最初に発見された液晶であり，コレステロール化合物が多いことからこの名があるが，不斉炭素原子をもち光学活性[24]の分子でコレステリック構造をとるものがコレステロール以外でも知られている。分子配列が図に示したようにらせん構造をとっている[25]。

液晶が主役のフラットパネルディスプレイ[26]

現在，テレビやコンピュータのディスプレイはブラウン管（CRT：Cathode Ray Tube）からフラットパネルディスプレイに移りつつある。特に**液晶パネル**（LCD：Liquid Crystal Display）は**プラズマディスプレイ**（PDP：Plasma Display Panel[27]）とともにその主役を演じている。

LCD は液晶のもつ配向が電場や磁場などの外力のほか，界面における凹凸によっても容易に変えられる性質を利用している。すなわち，液晶をはさむガラス基板の表面にポリイミドなどの有機物からなる配向膜を印刷塗布し，バフ布を巻いたローラーを回転させながら一方向に擦る（ラビングする）ことで，秩序正しく配向させている。図に示したように，液晶の配向方向に合わせて**偏光フィルター**を付けた2枚の**ポラロイド板**を直交させた **TN 型セル**[28]が LCD の基本構造である。電場 OFF の状態（a）では液晶によって偏光が 90 度回転するため，2枚目のポラロイド板を透過する。一方，電場 ON の状態（b）では液晶が電極（ガラス基

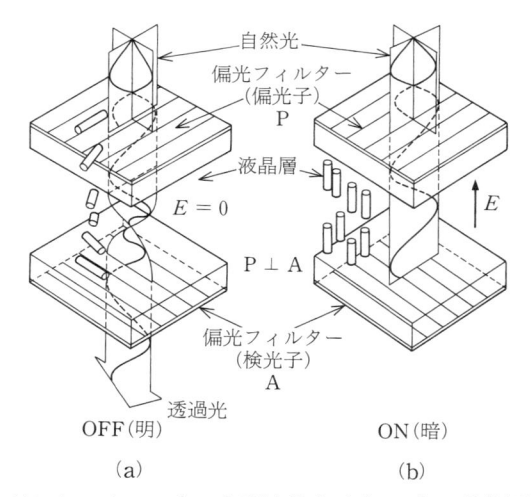

ねじれネマチック（TN）型液晶表示（LCD）の動作原理
（a）　電場 OFF では基盤を 90°ねじっているため，偏光方向が 90°回転し光が透過する。
（b）　電場 ON では電場方向に液晶が配向し，偏光方向が回転せず光が透過しない。

板）に垂直に配向するため偏光は回転せず，2枚目のポラロイド板で遮断される．すなわち液晶はシャッターの役割をしている．

カラー LCD は R（red），G（green），B（blue）のフィルターをつけた 3 つの液晶セルが 1 ドットを構成し，白色光のバックライトと組み合わせている．なお，バックライトのない「反射型」カラー LCD も開発されている．

6.5 液　　体

液体は気体と同様，自由にその形を変えることができるが，分子間の引力は気体に比べ格段に大きく，原子や分子が接触し合うほど近づいている．このため液体は固体と同程度の体積をもち，外力によって圧縮されにくい．液体は圧力をかけられても体積を縮めないで，むしろかけられた圧力を変化させずに容器の壁全体に伝える．これをパスカルの原理と呼び，自動車の油圧ブレーキに応用されている．比熱など物性も固体に似ている．液体の構成粒子は熱運動によりその位置を自由に変える．

しかし，図 5.32 に見られるように，水素結合による強い分子間力が作用する水の場合には，ある程度の規則性をもって集合している．このように液体中の部分的な構造をクラスターと呼んでいる．

6.5.1 溶　　液

溶液とは，2 つ以上の成分が溶け合って均一な液体となったものである．いま，ある液体に他の物質（固体，液体あるいは気体）が溶けて溶液をつくっているとき，溶かしている液体を**溶媒**，溶けている物質を**溶質**という．溶液中の成分の割合を濃度といい，最も重要な因子であるため，種々の表し方があるが，以下に代表的なものを示す．

容量モル濃度　　溶液 $1\,dm^3$ 中に溶けている溶質の物質量（単位は mol）であり，これを $mol\,dm^{-3}$ または M で表す．容量モル濃度を単にモル濃度と呼ぶことも多い．

質量モル濃度　　溶媒 1 kg（溶液でなく溶媒であることに注意）に溶けている溶質の物質量（単位は mol）であり，これを $mol\,kg^{-1}$ または m で表す．

重量パーセント　　溶液 100 g 中の溶質の質量（単位は g）で，wt%，または w/w% あるいは単に % で表される．

百万分率，10 億分率，兆分率　　溶質の量がきわめて微量のときは百万分率（**ppm**：parts per million）や 10 億分率（**ppb**：parts per billion）や兆分率（**ppt**：parts per trillion）が用いられる．この

場合, 溶液の量に容積を用いる場合($1\,\text{ppm} = 1\,\text{mg}/1\,\text{dm}^3$)と質量を用いる場合($1\,\text{ppm} = 1\,\text{mg}/1\,\text{kg}$)がある. 溶質は通常, 質量で表す(気体中の気体成分を表す場合には, ともに体積を用いる).

モル分率　2つの成分 A と B からなる溶液において, それぞれの物質量が n_A mol と n_B mol であるとき, 成分 A と成分 B のモル分率 x_A と x_B は, それぞれ次のように表される.

$$x_A = \frac{n_A}{n_A + n_B} \qquad x_B = \frac{n_B}{n_A + n_B} \qquad (6.2)$$

すなわち, $x_A + x_B = 1$ である. 2成分以上の混合物に対してもこの定義がそのまま拡張できる.

6.5.2 蒸気圧

温度が高くなると, 液体の分子の運動エネルギーが分子間の引力に打ち勝ち分子は外部に飛び出し, 気体分子となる. これを**蒸発**といい, その示す圧力を蒸気圧という. 逆に, 気体分子が液体に戻る場合を**凝縮**という. 蒸発と凝縮がつり合ったときの蒸気の示す圧力を**飽和蒸気圧**というが, 単に**蒸気圧**というときが多い. 状態図で示した蒸気圧曲線は, この蒸気圧と温度との関係を示したものである(図 6.2, 6.3 参照). 液体の基本的物理定数の1つである沸点は, 蒸気圧が外圧と等しくなったときの温度である. すなわち, 沸点は圧力を指定してはじめて意味がある. 多くの場合 1.013×10^5 Pa(1 atm)下での沸点を示し, その場合, 圧力を示さないことが多い.

2成分系の溶液においては, 相律における最大の自由度は3であり, 圧力を一定とした状態図(**沸点図**という)と温度一定の状態図が書ける. 図 6.18(a) に代表的な沸点図を示した. 上の曲線は気相の組成と凝縮温度の関係を示す**気相線**で, 下の曲線は液相の組成と沸点の関係を示す**液相線**である. 液相線上の点 A で沸騰した溶液は, 気相線上の点 A' の組成の蒸気を出す. 沸点図に極小点のある場合は, その点で液相と気相の組成が一致し, この組成の溶液は, 組成の変化なしに蒸留される. このような混合物を**共沸混合物**という[図 6.18(b)].

ラウール (Raoult) の法則[29]　成分 A および B からなる2成分系の溶液において, 溶液と平衡にある蒸気中の成分 A の分圧を P_A, 成分 B の分圧を P_B とし, 純粋な成分 A および B の蒸気圧をそれぞれ, P^0_A, P^0_B とすると, その成分のモル分率が1に近いところ(すなわち希薄溶液)では次の式が成り立つ.

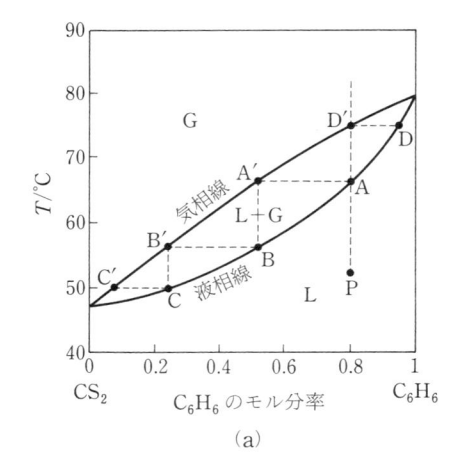

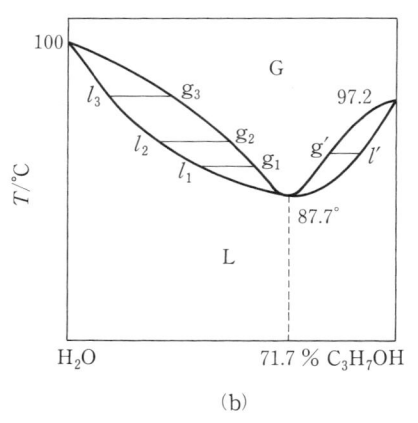

$$P_A = P^0_A x_A \qquad (x_A \to 1) \qquad (6.3)$$
$$P_B = P^0_B x_B \qquad (x_B \to 1) \qquad (6.4)$$

図 6.18　沸点図
(a)　CS_2–C_6H_6 (1.013×10^5 Pa)
(b)　H_2O–C_3H_7OH (1.013×10^5 Pa)

[29] 希薄溶液では, 蒸気圧降下, 沸点上昇, 凝固点降下, 浸透圧などの現象が, 溶質の種類によらずその濃度のみに依存する(これを束一的性質という). これらをまとめて希薄溶液の理論ということがあるが, ラウールの法則はその基礎となる重要な法則である.

これをラウールの法則という．**ラウールの法則**は各成分が影響し合わないときに成り立つ．また，各成分のすべての組成でラウールの法則が成り立つ溶液を理想溶液という．理想溶液の圧力-組成図（温度一定の状態図）を図6.19に示した．ヘキサン-ヘプタン系のように，分子の大きさと分子間相互作用が似ている成分からなる溶液は理想溶液に近い．希薄溶液以外では，ラウールの法則は多くの溶液で成立しない．

沸点上昇 いま液体Aに少量の不揮発性物質Bを溶かした場合，溶質の蒸気圧が無視できるため，式(6.2)より，溶液の蒸気圧P_Aと溶質のモル分率x_Bとの間に次の関係が成立する．

$$\frac{P_A^0 - P_A}{P_A^0} = \frac{\Delta P_A}{P_A^0} = x_B \tag{6.5}$$

ここで，ΔP_Aは溶質を溶かしたことによる溶媒蒸気圧の低下である．すなわち「希薄溶液における蒸気圧降下率は，溶質の種類には関係なく，溶質のモル分率に等しい」[これがラウールが見い出した法則であり，揮発性溶質をも含む式(6.3), (6.4)は後に拡張されたものである]．また，$n_A \gg n_B (x_B \to 0)$，すなわち$x_B = n_B/n_A$と近似できる希薄溶液では，モル分率x_Bと質量モル濃度m_Bとの間に$x_B = (w_B/M_B)(M_A/w_A) = M_A m_B$（$M_A, M_B, w_A, w_B$はそれぞれ溶媒，溶質の分子量と質量）という関係が成立するので，式(6.5)は次のようにも表現できる．「希薄溶液の蒸気圧降下は溶質の質量モル濃度に比例する」．このことは，不揮発性の溶質を含む溶液の蒸気圧は常に溶媒の蒸気圧より低くなる，すなわち，溶液の沸点が溶媒の沸点より高くなることを意味している．これを沸点上昇という．希薄溶液では，沸点上昇ΔT_bは蒸気圧降下ΔPに比例し，溶質の質量モル濃度に比例する．

$$\Delta T_b = K_b m_B \tag{6.6}$$

比例定数K_bは，**モル沸点上昇定数**と呼ばれる溶媒に固有な定数である．

表6.2にモル沸点上昇定数と次に述べるモル凝固点降下定数の値

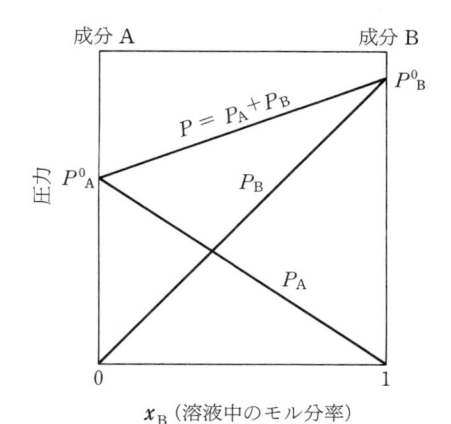

図 **6.19** 理想溶液の圧力図

表 6.2 沸点T_bとモル沸点上昇定数K_b，凝固点T_fとモル凝固点降下定数K_f

溶媒	T_b/°C	K_b/K kg mol^{-1}	T_f/°C	K_f/K kg mol^{-1}
水	100	0.515	0	1.853
ベンゼン	80.1	2.53	5.533	5.12
シクロヘキサン	89.725	2.75	6.544	20.2
ナフタレン	217.955	5.80	80.29	6.94
ショウノウ	207.42	5.611	178.75	37.7

を示した．

凝固点降下　液体 A に，A が凝固するとき一緒に凝固しない（すなわち不析出性の）溶質 B を溶かすと，溶媒の凝固点が低下する（沸点上昇の場合と異なり，揮発性の溶質でもよい）．これを凝固点降下という．希薄溶液の凝固点降下も溶質の質量モル濃度に比例する．

$$\Delta T_f = K_f m_B \tag{6.7}$$

比例定数 K_f は**モル凝固点降下定数**と呼ばれる溶媒に固有な定数である．

6.5.3　浸　透　圧

溶媒は自由に通すが溶質を通さない半透膜[30]をはさんで溶液と純溶媒を接触させると，溶媒の一部は膜を通って溶液に入り，平衡に達する．すなわち，図 6.20 に見られるように，膜をはさんで圧力差が生ずる．これを**浸透圧**という．

浸透圧 (π) は，溶液の濃度を c_m，温度を T，気体定数を R（6.6.1 項参照）とするとき，

$$\pi = RTc_m \tag{6.8}$$

で表すことができる．これをファントホッフの法則という．溶液の体積を V，溶質のモル数を n とするとき $c_m = n/V$ であるので，式 (6.8) は

$$\pi V = nRT \tag{6.9}$$

と表すこともできる．

一般に，2 種類の溶液を比べて浸透圧の高いほうを高張（ハイパートニック）であるといい，低いほうを低張（ハイポトニック）であるという．また 2 液の浸透圧が等しい場合，等張（アイソトニック）であるという．人体組織の細胞内液は組織間液および血漿と等張であり，浸透圧は 6.8×10^5 Pa ($= 6.7$ atm) である．0.9% の食塩水はこれと等張であり，生理食塩水と呼ばれる．人体組織の細胞と等張の水溶液は胃壁からの吸収が速いため，スポーツ飲料にはそのように浸透圧を調整したものが多い．

浸透圧は，沸点上昇や凝固点降下と同様に，物質の種類によらず，物質量だけで決まる**束一的性質**のひとつである．このため，浸透圧も沸点上昇や凝固点降下とともに分子量測定に利用できる．たとえば，分子量 250000 の高分子化合物 5 g をベンゼン 1 dm³ に溶かした溶液のモル濃度は 2×10^{-5} mol dm⁻³ であるが，その浸透圧は

$$\pi = (2\times10^{-5}\ \text{mol dm}^{-3}) \times \left(\frac{1000\ \text{dm}^3}{1\ \text{m}^3}\right) \times (8.31\ \text{J mol}^{-1}\ \text{K}^{-1})$$

---

[30] 植物に塩をかけるとしおれることは，細胞膜が半透膜としての性質をもつことを示している．一般に溶液や分散系中の一部の成分は通すが，ほかの成分は通さない膜を半透膜という．典型的な半透膜としては，ヘキサシアノ鉄(III)酸銅（フェリシアン化銅）を素焼の細孔に沈殿させた沈殿膜や膀胱膜が知られている．前者は水は透過させるが，多くの塩類溶質は透過させず，後者は塩類のような溶質は透過させるが，ゾルのコロイド粒子は透過させない．8 章で述べる逆浸透膜に代表される分離膜も半透膜の一種である．

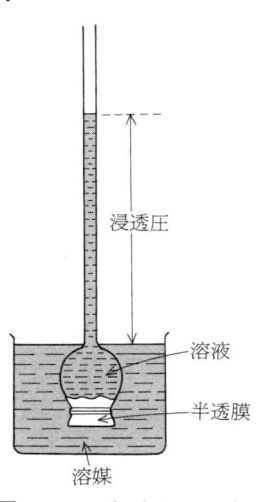

図 6.20　半透膜と浸透圧

$$\times (300\,\mathrm{K}) \approx 50\,\mathrm{Pa} \tag{6.10}$$

である．圧力を液柱の高さで測る原理的に簡単な方法でも，密度が $1\,\mathrm{g\,cm^{-3}}$ の液体を用いた場合，1 Pa で液柱の高さは読み取り可能な 0.1 mm なので，浸透圧法では2桁の精度で分子量を測定できる．

一方，凝固点降下法では，ベンゼンのモル凝固点降下定数が 5.12 なので，その温度変化は，ベンゼンの密度が $0.88\,\mathrm{g\,cm^{-3}}$ であることを考慮すると，

$$\Delta T_\mathrm{f} = (5.12\,\mathrm{K\,kg\,mol^{-1}}) \times (2.3 \times 10^{-5}\,\mathrm{mol\,kg^{-1}}) = 1.2 \times 10^{-4}\,\mathrm{K} \tag{6.11}$$

であり，2桁の精度で分子量を求めるには $10^{-5}\,°\mathrm{C}$ レベルの測定が必要で容易でない．なお，沸点上昇はモル沸点上昇定数が 2.54 と小さいため，さらに小さく約 $5 \times 10^{-5}\,°\mathrm{C}$ である．

6.6 気 体

気体は，構成粒子間の相互作用（引力）をほとんど無視できる点で，液体や固体と際立った違いがある．それだけに，気体の性質の研究は化学の原子および分子論的概念の形成に役立ってきた．

6.6.1 理想気体

ボイルの法則　　1660 年ボイルは実験的に（図2.2）「一定温度のもとでは一定量の気体の体積 V は圧力 P に反比例する」という関係を見い出し，近代化学の発展に大きな影響をもたらした．

$$PV = 一定 \quad (温度一定) \tag{6.12}$$

シャルルの法則　　1787 年シャルルは酸素，窒素，水素，二酸化炭素および空気の膨張に関する実験を行い，「一定圧力下では気体の体積 V と温度 $t\,°\mathrm{C}$ は直線関係にある」ことを見い出した．

$$V = V_0(1+\alpha t) \quad V_0 : 0\,°\mathrm{C} における体積, \alpha : 定数 \tag{6.13}$$

1808 年ゲイ・リュサックはさらに詳細な実験を行い，「温度が $1\,°\mathrm{C}$ 上昇するごとにすべての気体は $0\,°\mathrm{C}$ のときの体積の 1/273 だけ膨張する」ことを見い出した．

$$V = V_0\left(1+\frac{t}{273}\right) \tag{6.14}$$

このため，シャルルの法則を，シャルル-ゲイ・リュサックの法則と呼ぶことがある．式 (6.14) のグラフで，体積が 0 になる点まで外挿したときの温度をゼロ点とする温度目盛を，絶対温度[31] 目盛あるいはケルビン温度目盛という．すなわち，絶対温度 T と摂氏温度との関係は次のようになる．

$$T\,(\mathrm{K}) = t\,(°\mathrm{C}) + 273.15 \tag{6.15}$$

---

[31] 絶対温度：個々の物質の特性に依存しない温度目盛を定義した温度．ケルビンがはじめて導入した（1848 年）のでケルビン温度とも呼ばれ，数値の後に K（ケルビン）をつけて表す．国際度量衡委員会総会で絶対零度を 0 K，水の三重点を 273.16 K と定義している．

この関係を式(6.14)に入れると，シャルルの法則は次のようになる．

$$V = 定数 \times T(\mathrm{K}) \tag{6.16}$$

ボイル-シャルルの法則　ボイルの法則とシャルルの法則を組み合わせると，気体の体積，圧力および温度の関係を表す式を導くことができる．これをボイル-シャルルの法則という．

$$PV = 定数 \times T(\mathrm{K}) \tag{6.17}$$

ボイル-シャルルの法則に厳密に従う仮想的な気体を「理想気体」と呼ぶ．理想気体を満たす条件は，(1)気体を構成する分子の体積が0，(2)気体分子間の引力や斥力が0，というものである．

理想気体の状態方程式　アボガドロの法則「同温同圧の条件で同体積の気体は，気体の種類に関係なく同数の分子を有する」を，ボイル-シャルルの法則と組み合わせると，理想気体の状態方程式が導かれる．

$$PV = nRT \tag{6.18}$$

ここで，P は気体の圧力，V は体積，T は温度，n はモル数，R は気体定数で $8.3145\,\mathrm{J\,K^{-1}\,mol^{-1}}$ の値をもつ．

ボイル-シャルルの法則は経験的に導かれたものであるが，気体の分子論的基礎ができてくると，以下の仮定に基づいた気体分子運動論が生まれてきた．

(1) 気体は，多数の小さな粒子，すなわち分子から成り立っており，これらの分子は，分子間の距離や容器の体積に比べ小さい．
(2) 分子はたえず無秩序な運動をしている．
(3) 分子相互の衝突，分子と器壁との衝突は，完全弾性衝突である．

気体分子運動論によって理想気体の状態方程式が導かれるだけでなく，気体分子の平均2乗速度や速度分布などが求められる．気体分子運動論により，確率と統計といった概念がはじめて科学的思考の中に取り入れられた．

6.6.2 分圧の法則

分圧とは，混合気体において，各成分気体が単独で全体積を占めると仮定したときに示す圧力をいう．

1802年ドルトンは，「混合気体の全圧は，各成分気体の分圧の和に等しい」ことを見い出した．これを，**分圧の法則**または**ドルトンの法則**という．すなわち，混合気体の全圧を P，各成分気体 A, B, $\cdots$ の分圧を $P_\mathrm{A}, P_\mathrm{B}, \cdots$ とすると，

$$P = P_A + P_B + \cdots \quad (6.19)$$

たとえば，空気は，微量成分を無視すれば（表 10.7 参照），窒素と酸素の体積比はおおよそ 4:1 である．1×10^5 Pa の空気を考えると，窒素の分圧は 8×10^4 Pa，酸素の分圧は 2×10^4 Pa となる．

分圧の法則が成立するのは，分子間相互作用が無視できるほど小さい（5.7 節参照）ためである．厳密な意味では，分圧の法則はボイルの法則と同様に理想気体についてのみ成立する．

アボガドロの法則と組み合わせると，分圧の法則から「分圧は全圧にその成分気体のモル分率を掛けたものに等しい」ことが導かれる．

6.6.3 実在気体 —— ファンデルワールスの状態方程式

1 mol の理想気体においては，式(6.18)より，PV と RT の比は 1 となるが，実在気体では一般に 1 とならない．そこで，この比を圧縮係数（または圧縮因子）と呼び，z で表す．図 6.21 に種々の気体の z と圧力の関係を示した．実在気体の理想気体からのずれは，低温，高圧で大きいことがわかる．このようなずれは，分子間の引力と分子の体積を無視したことに由来している．そこで，ファンデルワールスはこの点を補正した状態方程式を導いた．すなわち，分子間の引力は容器内部ではつり合っているが，器壁付近では内部からのみ引力を受ける．**分子間引力**は分子密度の 2 乗に比例するから，$P+a(n/V)^2$（a は比例定数）の圧力を受けているように見える．また，ここでいう分子の体積とは実体積でなく，他分子がそこに入り込めない体積，すなわち**排除体積**あるいは**有効体積**といわれるものである．これは，球形の分子では 1 mol 当たり $b = 4N_A(4/3)\pi r^3$（N_A はアボガドロ定数，r は分子の半径）と計算され，実体積の 4 倍である．以上の補正によってファンデルワールスの状態方程式が導かれる．

$$\left(P+\frac{an^2}{V^2}\right)(V-bn) = nRT \quad (6.20)$$

表 6.3 に代表的な気体のファンデルワールス定数 a, b を示した．分子間力に由来する定数 a は極性の強い水やアンモニアで大きく，分子の大きさに関係した定数 b は二酸化炭素やメタンで大きくなっている．

6.7 臨界点と超臨界流体

沸点がある圧力で液体として存在しうる上限温度を指すのに対し，臨界温度[32]は，それ以上の温度ではいかなる圧力でも液体にな

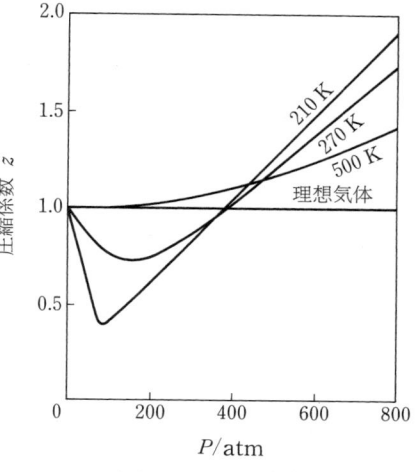

(a) メタンと理想気体

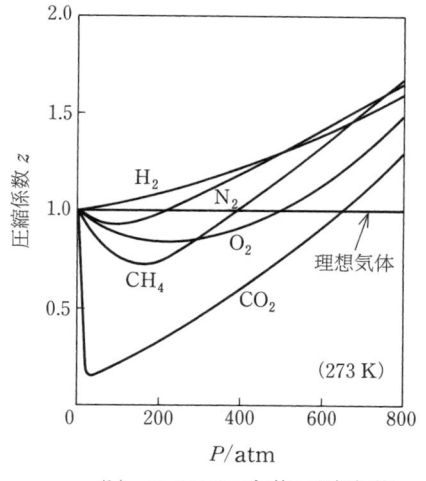

(b) いろいろの気体と理想気体

図 6.21 実在気体の理想気体（$z=1$）からのずれ

[32] 二酸化炭素は室温で加圧・圧縮していくと液化するが，水素や窒素などの気体は室温でいくら圧縮しても液化することはない．これは，物質には液体として存在する上限の温度があるからである．この上限の温度を臨界温度という．

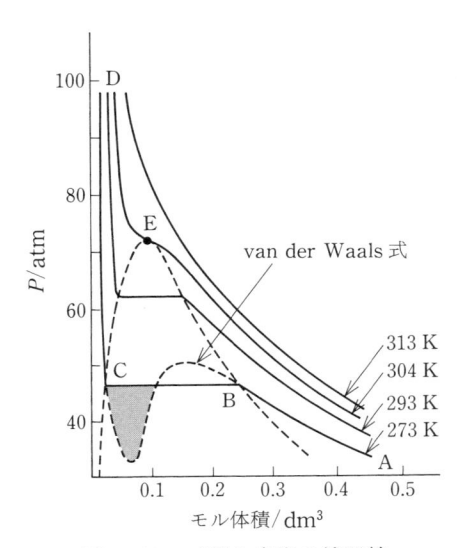

図 6.22 二酸化炭素の等温線
網目部分は気相-液相共存領域，Eは臨界点

らない温度である．図6.2では，蒸気圧曲線OAの行き止まり点Aが臨界点となる．すなわち，水は374℃以上では，いかに圧力をかけようと液化しない．

図6.22に種々の温度で測定した二酸化炭素の圧力と体積の関係（等温線という）を示した．高温，たとえば313Kでは，ほぼボイルの法則に従い双曲線に近いが，低温では双曲線から大きくずれ，水平部分が現れてくる．273Kの等温線を見ると，Aでは気体であるが，圧力を増すと体積は曲線ABに沿って減少する．点Bで気体の液化が始まり，点Cに達するまで液化が続いて体積は減少するが，圧力は一定に保たれる．この圧力はその温度における蒸気圧である．点Cに達すると液化は完了し，圧力は急激に上昇するが，体積はほとんど減少しない．温度が高くなると等温線の水平部分は少なくなり，304Kでは，単なる変曲点（E）となる．この変曲点が臨界点である．臨界点における温度を臨界温度（T_c），圧力を臨界圧力（P_c），モル体積を臨界体積（V_c）という．これら3つを合わせて，気体の臨界定数と呼ぶ．等温線からも，臨界温度より低い温度で圧縮しなければ気体は液化しないことがわかる．

図6.22に示したような実在気体の等温線の実測値は，水平部分を除きファンデルワールスの状態方程式から計算したものとたいへんよく一致する．点Bと点Cの間の水平部分は，破線で示したようになる．これは，ファンデルワールスの状態方程式が体積 V に関して3次式になるためである．

$$V^3 - \left(b + \frac{RT}{P}\right)V^2 + \left(\frac{a}{P}\right)V - \frac{ab}{P} = 0 \quad (6.21)$$

点BとCは，3つの根のうちの2つである[33]．表6.3に各種気体の

33) 臨界点においては，ファンデルワールスの状態方程式は三重根，すなわち臨界体積 V_c をもつから，$(V-V_c)^3 = 0$ が成立する．これと式(6.19)から，ファンデルワールス定数 a, b および気体定数 R と臨界定数との間の次の関係が導かれる．

$$V_c = 3b$$
$$T_c = \frac{8a}{27Rb}$$
$$P_c = \frac{a}{27b^2}$$

このことは，臨界定数を求めることで，ファンデルワールス定数を知ることができることを示している．

表 6.3 気体のファンデルワールス定数* と臨界温度および臨界圧力

気体	a/Pa m^6 mol^{-2}	$10^6 b$/m^3 mol^{-1}	T_c/K	P_c/MPa
He	0.0034689	23.766	5.2014	5.22746
Ar	0.1361	32.19	150.7	4.865
H$_2$	0.0241	26.22	33.2	1.316
N$_2$	0.137	38.6	126.2	3.4
O$_2$	0.1382	31.86	154.58	5.043
CO	0.1476	39.57	132.91	3.491
CO$_2$	0.36559	42.827	304.21	7.3825
NH$_3$	0.4253	37.37	405.6	11.28
H$_2$O	0.5524	30.41	647.3	22.12
CH$_4$	0.2305	43.10	190.555	4.595

* ファンデルワールス定数 a, b は次式から求めた．$a = 27R^2T_c^2/64P_c$, $b = RT_c/8P_c$

ファンデルワールス定数とともに臨界温度と臨界圧力を示した．

臨界温度および臨界圧力を越えた温度および圧力下のガスは，気体とも液体ともつかない性質をもち，**超臨界ガス**または**超臨界流体**と呼ばれる．超臨界流体は化学的親和性のある物質を溶解する性質があり，一般に液体溶媒に比べ粘度が低く，固体中への浸透が速く，また固体と抽出相との分離も容易であるため，物質の抽出分離に用いられている．特に臨界温度，臨界圧力の低い二酸化炭素やエチレンは，熱に敏感な物質や高沸点成分の抽出に応用されている．

また最近では，超臨界二酸化炭素がもつ性質を利用した超臨界流体洗浄法[34]や超臨界流体染色法が実用化されている．

34) この洗浄法は，
・作業者や環境に優しい．
・微細，複雑な構造物の溝や細孔の汚れも容易に除去できる．
・水や熱を使うことがなく，洗浄後の乾燥工程が不要である．
・処理時間が短く，コスト安である．
などの特長がある．

問　題

1． ギブズの相律 $f = c - p + 2$ で c は独立した成分の数である．次の各系における残されている自由度はいくらか．
　（1） 1.01×10^5 Pa の圧力で平衡にある液体の水と水蒸気
　（2） 平衡にある水とメタノールの溶液とその蒸気

2． 分子結晶をつくる物質は，金属結晶，イオン結晶および共有結晶をつくる物質より，一般に融点および沸点が低い．その理由を考えよ．

3． 金属結晶では，純粋な金属より，合金のほうが硬い場合が多い．理由を考えよ．

4． 電気伝導度が温度上昇とともに，導体では下がり，半導体では上がる理由を考えよ．

5． イオン結晶は，固体の状態では絶縁体であるが，水に溶かして溶液とすると，電気を導くのはなぜか．

6． ダイヤモンドが透明で，その同素体であるグラファイトが黒色であるのはなぜか．

7． 炭素の同素体であるダイヤモンドやグラファイトはどのような液体にもほとんど溶けない．しかし，同じ同素体である C_{60} フラーレン分子はベンゼンに容易に溶ける．なぜこのような性質の違いがでてくるのか．

8． 「アイソトニック飲料」と呼ばれるスポーツドリンクがある．この「アイソトニック」とはどのような特徴から命名されているのだろうか．

9． 凝固点降下は束一的性質を示す代表的なものである．次の問に答えよ．
　（1） 水 1000 g にブドウ糖（$C_6H_{12}O_6$）45 g を溶かしたときの凝固点を求めよ．
　（2） 水 1000 g に塩化ナトリウム（NaCl）45 g を溶かしたときの凝固点を求めよ．ただし，この条件で NaCl は完全に解離しているものとして計算せよ．　　　［（1）-0.47 ℃，（2）-2.86 ℃］

10． 表 10.7 を参考にして，標準状態の空気 1 dm³ 中にある，窒素分子と酸素分子の物質量を求めよ．
　　　　　　　　　［窒素 3.48×10^{-2} mol，酸素 9.33×10^{-3} mol］

7 エネルギーとエントロピー

物質の状態変化や化学反応のように原子の配列が変わるとき，熱という形でエネルギーの移動を伴う．エネルギーは種々の形をとり，互いに変換し合う．この章ではこうした分野を取り扱う熱力学の基本法則について勉強しよう．

7.1 エネルギーの種類

エネルギーは"仕事をする能力"という意味をもち，自然界には種々の形態のエネルギーが存在する．それらは次のように分類できる．

（1） 力学的エネルギー（運動エネルギーと位置エネルギー）
（2） 熱エネルギー（原子や分子の運動エネルギー）
（3） 電磁気エネルギー（電場や磁場によってつくり出されるエネルギーと電磁波のエネルギー）
（4） 化学エネルギー（原子間の結合の変化に伴って発生するエネルギー．生物のエネルギーもその一種である）
（5） 核エネルギー（原子核の分裂や融合により生じるエネルギー）

U（ウラニウム）やPu（プルトニウム）の核分裂や核融合反応のエネルギーは，（1）〜（4）のエネルギーより大きい．このエネルギーの大きさ ΔE は Einstein の式によって表される．

$$\Delta E = \Delta m\, c_0^2 \tag{7.1}$$

ここで，c_0 は光の速度（$2.998 \times 10^8\,\mathrm{m\,s^{-1}}$）であり，質量1gが減少するとき（$\Delta m = 1 \times 10^{-3}\,\mathrm{kg}$），$\Delta E = 9 \times 10^{13}\,\mathrm{J}$ のエネルギーが放出されることになる．しかし，通常の化学反応，たとえばメタン1 mol の燃焼反応では ΔE が約 $8 \times 10^5\,\mathrm{J}$ と小さいため，上式による質量欠損 Δm がきわめて小さく，現在の天秤では検出されない．

7.2 熱力学第一法則

われわれは，石炭などの化石燃料のもつ化学エネルギーを燃焼により熱エネルギーとし，それを水蒸気に与えてタービンを回して発電し，電気エネルギーに変えて輸送して，動力や冷暖房・照明などに利用している．このようにエネルギーは相互に形態を変え，物体

から物体へと移動するが，エネルギーの総量は常に一定に保たれている．この**エネルギー保存の法則**は，**熱力学第一法則**ともいわれ，「エネルギーはその形態が変わっても総量は変化しない」と表現できる．これは経験的に確立された自然法則のひとつであるが，マイヤー（1842年），ヘルムホルツ（1847年）は多くの実験事実についての考察からこの法則を確立した．また，ジュール（1849年）は図7.1の実験装置を使って，仕事の熱への変換の正確な測定を行い，772フート・ポンドの仕事が水1ポンドの温度を1°F上げることを確かめた．これは1 cal = 4.154 Jに相当し，現在使われている正しい値 1 cal = 4.184 Jにきわめて近かった．

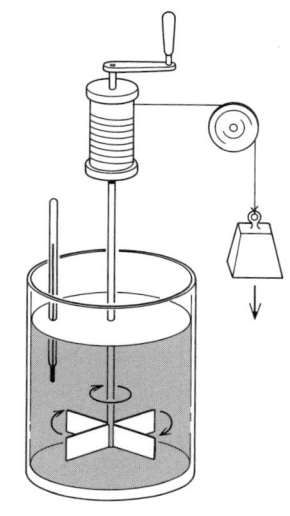

図 7.1 ジュールの実験

7.2.1 系と外界

熱力学では考察の対象とする部分を**系**といい，系以外の部分を**外界**という．系は外界との相互関係により次のように分類される．

閉じた系　外との間でエネルギーの出入りはあるが，物質の出入りはない系．たとえば，高圧容器内に密閉された気体を系と定め，これを外から加熱あるいは冷却した場合，系と外界との間では，熱エネルギーの授受はあるが物質の出入りはまったくなく，この系は明らかに**閉じた系**である（図7.2）．

開いた系　外界との間でエネルギーの出入りがあり，物質の出入りも行われる系．たとえば，フラスコ内の水の蒸発を考えると（図7.3），この水は外界より熱エネルギーをもらい，外界である大気中に蒸発していくため，系と外界の間では物質の移動とエネルギーの出入りが行われたことになる．

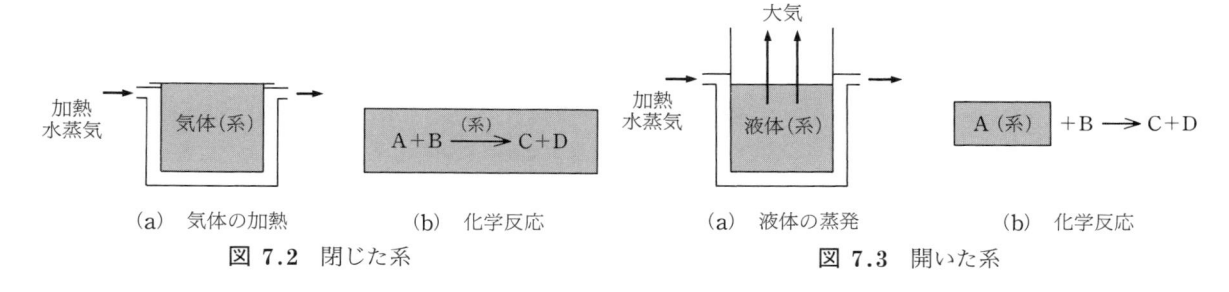

(a) 気体の加熱　　(b) 化学反応
図 7.2 閉じた系

(a) 液体の蒸発　　(b) 化学反応
図 7.3 開いた系

孤立系　外界との間でエネルギーの出入りも物質の移動も行われない系．純粋な**孤立系**は全宇宙以外存在しないが，魔法びんに入れられた湯は孤立系に近いと考えられる．

7.2.2 内部エネルギーの変化

系に**熱**や**仕事**の出入りがあると，系は状態の変化を受ける．熱や

仕事の出入りに対応した系のエネルギーを**内部エネルギー**（U）と呼ぶ．外界から加熱されたり，外界から系が仕事をされると，系の内部エネルギーは増加する．逆に系から外界へ熱が放出されたり，系が外界に仕事をした場合には系の内部エネルギーは減少する．また，実際には系が外界から熱をもらっても，この熱に相当する以上の仕事を系が外界にしたために，系の内部エネルギーが減少することも起こる．このように，系の内部エネルギーの変化量 ΔU は，系が受け取った熱 q と外界が系にした仕事 w の和として求めることができる．

$$\Delta U = q + w \tag{7.2}$$

この式は，きわめて微小なエネルギー変化については式（7.3）となる．

$$dU = dq + dw \tag{7.3}$$

これが熱力学第一法則の数学的表現であり，エネルギーが保存されていることを示している．なお，内部エネルギーは温度・圧力と同様に，系の状態だけに依存し，その状態に至る過程には依存しない物理量，**状態量**[1]，である．

1) 式（7.2）における熱 q と仕事 w は，7.3 節で見るように，状態 1 から状態 2 に至る道筋にその値が依存するので状態量ではない．

7.2.3 エンタルピー

系の状態を変化させる過程には，**定圧過程**（圧力一定のもとで進行する），**定容過程**（容積一定のもとで進行する），**等温過程**（温度一定のもとで進行する），および**断熱過程**（系と外界との間で熱の授受がないように進行する）がある．ところで，定圧過程と定容過程において加熱した場合を考えてみよう（図 7.4）．定容下では加えられた熱量はすべて物質の温度上昇に用いられるが，定圧下では物質の温度上昇のほかに物質の膨張のためにも熱量が必要である．そのため，同じ質量，温度の物質を同一温度に加熱するには，定圧過程のほうが大きい熱量を必要とする．すなわち，定圧過程では容積変化の仕事と内部エネルギー変化とが同時に起こるのが特徴である．これを数式で表現すると次のようになる．式（7.3）に $dw = -P\,dV$ を代入すると，

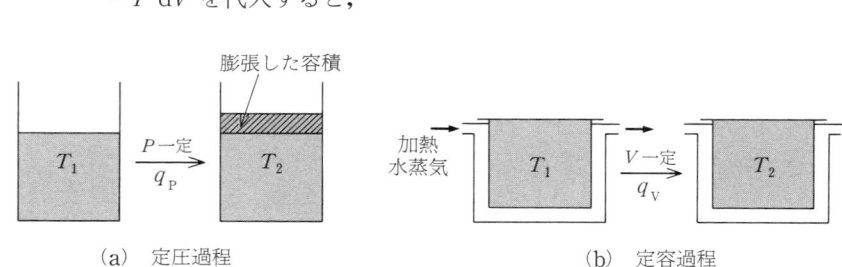

図 7.4 定圧過程と定容過程の熱効果
（a）定圧過程　（b）定容過程

$$dq = dU + P\,dV \tag{7.4}$$

となり，定圧下では P は一定であるから

$$dq = d(U + PV) \tag{7.5}$$

となる．U, P, V は状態量なので $(U+PV)$ も状態量であり，この関数を**エンタルピー** H として定義する．

$$H \equiv U + PV \tag{7.6}$$

よって，式（7.5）は

$$dq = dH \tag{7.7}$$

（あるいは $q = \Delta H$）となる．この式は定圧下の状態変化と熱量との関係を表し，定圧で吸収した熱量はエンタルピーの増加に等しいことを意味する．すなわち，定圧下では内部エネルギー変化よりもエンタルピーが重要であることを示している．ところで，熱力学においては，系が外界から熱をもらう場合を正としているので，ΔH の値は吸熱反応では正であり，発熱反応では負となる．

吸 熱 反 応

100 cm^3 のビーカーに約 20 g の水酸化バリウムの結晶と約 10 g のチオシアン酸アンモニウムを入れてガラス棒でかき混ぜる．そのビーカーを水でぬらした板の上において 1, 2 分待つと板がビーカーに凍りつく．

7.2.4　反応熱の計算

化学変化が起こるとき，系が熱を吸収するか（$\Delta H > 0$），発生するか（$\Delta H < 0$），もし発生するとすればその量はどれほどか，といったことは，実用的にきわめて重要である．定圧過程の反応熱 ΔH は，式（7.6）から $\Delta(U+PV)$ であり，圧力が一定なので $\Delta U + P\,\Delta V$ に等しい．7.2.2項で，内部エネルギーとは「熱や仕事の出入りに対応した系のエネルギー」といったが，考察の対象とする過程によって，熱や仕事の出入りに伴って系内で起こる変化はさまざまである．たとえば，水蒸気の膨張では気体の運動エネルギーが減少する．ガソリンエンジンの中では化学結合が変化し，原子炉の中では原子核が変化する．したがって，内部エネルギーとは ① 原子や分子の運動エネルギー，② 化学結合のエネルギー，③ 原子の中の電子のエネルギー，④ 原子核のエネルギーなど熱や仕事に変わりうるすべてのものを含んでいる．そのため内部エネルギーは，変化量 ΔU を測ることはできても，その絶対値を求めることはできない．そこでエンタルピーも，実験によって変化量を知ることはできても，絶対値は

2) 標準状態圧力は 1981 年に SI 単位に適合するように，それまでの 101325 Pa（= 1 atm）に代えて 1×10^5 Pa（= 1 bar）と定義された．しかし，その後も標準状態として 1 atm が広く用いられているので，本書ではそれに従うが，1 atm を表すために 1.01×10^5 Pa などの近似値を用いる．

3) 標準状態は温度について規定されていない．しかし，エンタルピーなど熱力学量のデータ集では 25 ℃ の値が多く記載されているので 25 ℃, 1 atm を標準外界温度および圧力と呼ぶ．

知りようがない．しかし，何らかの基準の状態を定めてその状態のエンタルピーを 0 とすれば，エンタルピーを相対的に測る尺度をもつことができる．そこで，25 ℃ (298.15 K)，1.01×10^5 Pa（溶液については濃度が 1 mol dm^{-3}）を**標準状態**[2,3]と定め，標準状態で最も安定な状態にある元素のエンタルピーを 0 と定めた．そして，標準状態における反応熱を**標準エンタルピー変化**と呼び $\Delta H°$ で表す．また，標準状態で最も安定な状態にある元素から標準状態にある化合物を生じる反応の $\Delta H°$ を**標準生成熱**といい，$\Delta_f H°$ で表す．たとえば，実験によれば 25 ℃, 1.01×10^5 Pa で次の反応が完全に進行すると 393.52 kJ の熱を発生する．

$$\text{C（グラファイト）} + \text{O}_2(g) \longrightarrow \text{CO}_2(g)$$

炭素は標準状態ではグラファイトが最も安定なので，二酸化炭素の $\Delta_f H°$ は -393.52 kJ mol^{-1} である．標準生成熱は多くの物質について知られている．表 7.1 にそれらの例を示す．

前にも述べたようにエンタルピーは状態関数であるから，ΔH の値は，反応の始めの状態と終わりの状態のみによって決まり，途中の経路によって変化しない（**ヘスの法則**）．これは，標準状態の物質が標準状態の他の物質に変化するときのエンタルピー変化 $\Delta H°$ は，次式で求められることを意味する．

表 7.1 単体および化合物の標準生成熱と標準エントロピー

物質		状態	$\Delta_f H°$ (298 K) /kJ mol^{-1}	$S°$ (298 K) /J K^{-1} mol^{-1}
ダイヤモンド	C	s	1.90	2.44
グラファイト		s	0	5.69
一酸化炭素	CO	g	-110.54	197.9
二酸化炭素	CO$_2$	g	-393.52	213.64
酸素	O$_2$	g	0	205.03
オゾン	O$_3$	g	142.7	237.6
水素	H$_2$	g	0	130.59
水	H$_2$O	l	-285.83	69.94
過酸化水素	H$_2$O$_2$	l	-187.61	—
窒素	N$_2$	g	0	191.49
二酸化窒素	NO$_2$	g	33.2	240.0
四酸化二窒素	N$_2$O$_4$	g	9.2	304.2
アンモニア	NH$_3$	g	-46.11	192.45
メタン	CH$_4$	g	-70.85	186.19
エタン	C$_2$H$_6$	g	-84.67	229.49
エチレン	C$_2$H$_4$	g	52.28	219.45
アセチレン	C$_2$H$_2$	g	226.73	200.82
ベンゼン	C$_6$H$_6$	l	49.04	124.50
メタノール	CH$_3$OH	l	-238.57	126.8

$$\Delta H° = \sum \Delta_f H°(\text{生成物}) - \sum \Delta_f H°(\text{出発物}) \quad (7.8)$$

たとえば，反応(7.9)の $\Delta H°$ は

$$C_2H_4(g) + H_2(g) \longrightarrow C_2H_6(g) \quad (7.9)$$

$$\begin{aligned}\Delta H° &= \Delta_f H°(C_2H_6) - \Delta_f H°(C_2H_4) - \Delta_f H°(H_2) \\ &= -84.67 - 52.28 - 0 = -136.95 \text{ kJ}\end{aligned}$$

となる．

7.3 熱力学第二法則

エネルギーの授受があるすべての状態変化の過程では，必ずエネルギー保存則である熱力学第一法則が満足される．しかし，状態変化の方向性については，第一法則は何も教えてくれない[4]．たとえば，図7.5に示すように，20℃と40℃の鉄片を接触させると(外界への熱の拡散はないようにする) 2つの鉄片の温度が同じになるように熱の移動が起こる．ところで，熱力学第一法則の範囲内では，全エネルギーが一定になるように低温の鉄片の温度が下がり，下がった分の熱量で高温の鉄片の温度が上がっても矛盾はない．しかし，自然界ではこのようなことは決して起こらない．

[4] 化学者たちは一時，自然に起こる変化はすべて発熱反応であると考えた．しかし，たとえば水酸化バリウムとチオシアン酸アンモニウムの反応からわかるように，$\Delta H > 0$ であっても自然に進む変化が数多く知られている．

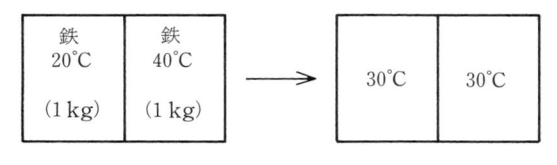

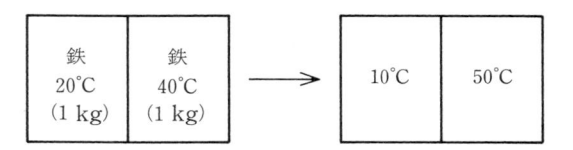

(a) 可能な熱移動 　　　　　　　(b) 不可能な熱移動

図 7.5 熱移動

もうひとつの例として，理想気体とみなしうる酸素と窒素を直接接触させた場合を考えよう(図7.6)．ただし，2つのフラスコは同一容積であり，温度，圧力は等しいものとする．2つのフラスコを連結しているコックを開けると，やがて 50 mol% の酸素と 50 mol% の窒素の混合気体になる．この場合には，孤立系の変化であるので，熱，仕事の授受はない．この混合した気体が自然に各成分の気体に分かれることはなく，第一法則だけではこの変化の方向性は説明できない．

これらの例からもわかるように，状態の変化はいずれも方向性をもち，しかも1方向にのみ進行する．このような例は化学反応を含め，無数にある．**熱力学第二法則**は，第一法則だけでは説明できない状態変化の方向性を規定する法則であり，この法則も第一法則と同様，経験的に得られたものである．熱力学第二法則を理解するには可逆変化という概念が必要である．

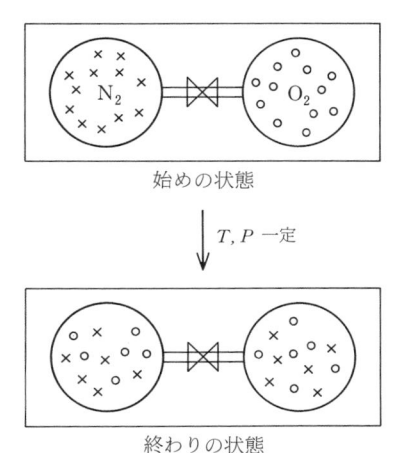

始めの状態

T, P 一定

終わりの状態

図 7.6 理想気体の混合

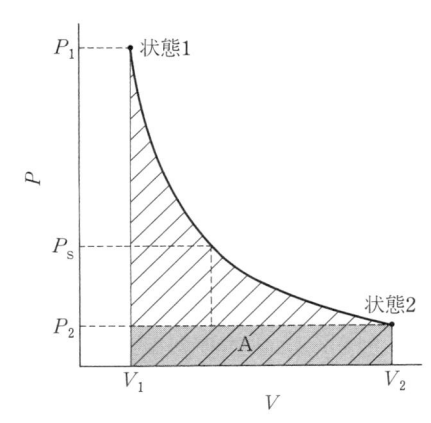

図 7.7 可逆変化と不可逆変化における仕事

7.3.1 可逆変化と不可逆変化

熱力学における状態変化には**可逆変化**と**不可逆変化**がある．図7.7は，理想気体が状態1から状態2まで定温膨張したときの変化を示したものである．外界の圧力 P_s がはじめから P_2 で一定であると，膨張は瞬時に進む．このように系と外界の状態量（この例では圧力）の差が有限な場合に起こるような変化は不可逆変化という．また，この変化で系が外界に対してなす仕事 $-w$ は次式で与えられる．

$$w = \int_1^2 P_s \, dV = P_2(V_2 - V_1) \tag{7.10}$$

ところが，P_s を系の圧力より常に無限小だけ小さく保ちながら膨張させると，系はわずかに膨張し仕事をする．順次これを繰り返すと，最終的に系の圧力，体積は，それぞれ P_2, V_2 になる．このように，変化のすべての過程で変化の前後の状態が平衡状態にあり，無限小の速度で無限大の時間をかけながら進む変化を可逆変化という．実際に起こっている変化はすべて不可逆であり，可逆変化は実現不可能な変化であるが，多くの熱力学的な量を求める手段として重要である．可逆変化において系がなす仕事は

$$-w = \int_1^2 P_s \, dV = \int_1^2 (P - dP) \, dV$$

で，2つの無限小の量の積は無視できるので，$-w = \int_1^2 P \, dV$ となる．$PV = nRT$ であるから，

$$-w = nRT \int_1^2 \frac{dV}{V} = nRT \ln \frac{V_2}{V_1} \tag{7.11}$$

式(7.10)は図7.7のAの部分に相当し，式(7.11)は曲線の下の全部の面積に相当する．したがって，系が外界に対してなす仕事は，可逆変化において最大である．

$$-w(可逆) > -w(不可逆) \tag{7.12}$$

この関係はすべての過程において成り立つことが確かめられている．内部エネルギー U は状態関数であるから，可逆過程でも不可逆過程でも，始めと終わりの状態が同じなら ΔU は等しい．よって，$q(可逆) + w(可逆) = q(不可逆) + w(不可逆)$．したがって，常に

$$q(可逆) > q(不可逆) \tag{7.13}$$

が成り立つ．

7.3.2 エントロピー

先に熱力学第二法則は，状態変化がどの方向にどのように起こるかを規定する法則であると述べたが，この方向性の解明には新しい

状態量である**エントロピー** S が必要である．ここで，可逆過程における熱量変化 dq（可逆）を用いてエントロピー S を次のように定義する．

$$dS = \frac{dq(可逆)}{T} \tag{7.14}$$

系が状態1から状態2に変化するときは，エントロピー変化 ΔS はこの式を積分して得られる．

$$\Delta S = S_2 - S_1 = \int_1^2 \frac{dq(可逆)}{T} \tag{7.15}$$

この関数を用いると，熱力学の第二法則は次のように表現できる．「エントロピーは状態関数であり，可逆変化では全宇宙のエントロピーは変化しないが，不可逆変化では全宇宙のエントロピーは増加する」．第一法則と同じくこの法則は経験によって得られたもので，理論的証明ができない．しかし，自然に起こることが知られている現象についてエントロピー変化を計算し，その値が正になることを確認することができる．

7.3.3 エントロピーの計算

基本的で重要な3種類の過程，すなわち①膨張，②加熱，③相転移についてエントロピー変化を求めてみよう．

[例1] **理想気体の等温膨張**

1 mol の理想気体が 300 K で 2.49×10^5 Pa, 0.01 m³ から 2.49×10^4 Pa, 0.1 m³ へ可逆的に等温膨張したときについて考えよう．理想気体の内部エネルギーは温度のみの関数なので，この変化では

$$\Delta U = q + w = 0$$

である．

外界に対してなされた仕事 $-w$ は式（7.11）から

$$-w = RT \ln \frac{V_2}{V_1}$$
$$= (1 \text{ mol}) \times (8.314 \text{ J mol}^{-1} \text{ K}^{-1}) \times (300 \text{ K}) \times 2.303$$
$$= 5744 \text{ J}$$

よって，q は 5744 J であり，系のエントロピー変化 $\Delta S_{gas} = 5744/300 = 19.15$ J K^{-1} である．このとき外界は 5744 J の熱を失っているので，外界のエントロピー変化 ΔS_s は

$$\Delta S_s = -5744/300 = -19.15 \text{ J K}^{-1}$$

したがって，全宇宙のエントロピー変化 ΔS は

$$\Delta S = \Delta S_{gas} + \Delta S_s = 0$$

となる．

一方,同じ気体が一定の外圧 2.49×10^4 Pa に抗して $0.1\,\mathrm{m}^3$ まで不可逆的に等温膨張した場合,ΔS_gas は可逆的道筋に沿って計算しなければならないから,
$$\Delta S_\mathrm{gas} = 19.15\,\mathrm{J\,K^{-1}}$$
一方,系が外界にした仕事は
$$-w = (2.49 \times 10^4\,\mathrm{Pa}) \times (0.1\,\mathrm{m}^3 - 0.01\,\mathrm{m}^3) = 2.24 \times 10^3\,\mathrm{J}$$
系の温度を一定に保つには,この値に等しいエネルギーが外界から系へ与えられねばならない.この熱の移動で外界は
$$\Delta S_\mathrm{s} = -\frac{2.24 \times 10^3\,\mathrm{J}}{300\,\mathrm{K}} = 7.47\,\mathrm{J\,K^{-1}}$$
のエントロピーを失う.よって,全エントロピー変化は
$$\Delta S = 19.15\,\mathrm{J\,K^{-1}} - 7.47\,\mathrm{J\,K^{-1}} = 11.68\,\mathrm{J\,K^{-1}}$$
となり,$\Delta S > 0$ となることがわかる.

一般に理想気体の等温体積変化における系のエントロピー変化は
$$\Delta S = R \ln \frac{V_2}{V_1} \tag{7.16}$$
で与えられる.

[例2] 定圧における加熱

一定圧力において,1 mol の窒素を 0 °C から 110 °C まで加熱したときのエントロピー変化を考えてみよう.

系の温度より常に $\mathrm{d}T$ だけ高い熱源を接触させて温度を $\mathrm{d}T$ ずつ上昇させるとする.窒素ガスの定圧熱容量(一定圧力で温度を 1 K 上げるのに必要な熱量,すなわち $\mathrm{d}q/\mathrm{d}T$)を C_p とすると,
$$\mathrm{d}S_\mathrm{gas} = \frac{C_\mathrm{p}}{T} \mathrm{d}T \tag{7.17}$$
一方,$\mathrm{d}S_\mathrm{s}$ は $\mathrm{d}T$ が無限に小さい値なので
$$\mathrm{d}S_\mathrm{s} = -\frac{C_\mathrm{p}}{T+\mathrm{d}T} \mathrm{d}T = -\frac{C_\mathrm{p}}{T} \mathrm{d}T$$
となる.よって,加熱でエントロピーは変化せず,この過程は可逆である.式(7.17)を 110 °C まで積分すると系のエントロピー変化が求まる.
$$\Delta S_\mathrm{gas} = \int_{273}^{383} \frac{C_\mathrm{p}}{T} \mathrm{d}T$$
この範囲での C_p は $29.2\,\mathrm{J\,mol^{-1}\,K^{-1}}$ で一定と考えられるので
$$\Delta S_\mathrm{gas} = (1\,\mathrm{mol}) \times (29.2\,\mathrm{J\,mol^{-1}\,K^{-1}}) \times \int_{273}^{383} \frac{\mathrm{d}T}{T}$$
$$= (29.2\,\mathrm{J\,K^{-1}}) \times \ln \frac{383}{273} = 9.89\,\mathrm{J\,K^{-1}}$$

となる．

　もし加熱を 120 °C の熱源を接触させて不可逆的に行うと，外界から系へ移動する熱は
$$(1\,\text{mol}) \times C_\text{p} \times (383-273)\,\text{K} = (29.2\,\text{J K}^{-1}) \times (110\,\text{K}) = 3210\,\text{J}$$
よって
$$\Delta S_\text{s} = -\frac{3210\,\text{J}}{393\,\text{K}} = -8.17\,\text{J K}^{-1}$$
となる．系のエントロピー変化は可逆過程について求めなくてはならないので，全エントロピー変化 ΔS は
$$\Delta S = 9.89 - 8.17 = 1.72\,\text{J K}^{-1} > 0$$
であることがわかる．

[例 3] 相　変　化

0 °C，1.01×10^5 Pa で水 1 mol が凝固するときのエントロピー変化を見てみよう．

水の凝固に伴って発生する熱（水の融解熱）は 6010 J mol^{-1} である．よって
$$\Delta S_{\text{H}_2\text{O}} = (1\,\text{mol}) \times \left(-\frac{6010}{273}\,\text{J mol}^{-1}\,\text{K}^{-1}\right)$$
$$= -22.0\,\text{J K}^{-1}$$
一般に，相転移での系のエントロピー変化は，ΔH を相転移に伴うエンタルピー変化，T を転移温度とすると
$$\Delta S = \frac{\Delta H}{T} \tag{7.18}$$
で与えられる．外界のエントロピー変化は
$$\Delta S_\text{s} = 6010/273 = 22.0\,\text{J K}^{-1}$$
であり，$\Delta S = \Delta S_{\text{H}_2\text{O}} + \Delta S_\text{s} = 0$ でこの過程は可逆であることがわかる．すなわち，0 °C の水と 0 °C の氷を混ぜて 0 °C に保っても，全体が凍結することはない．

しかし，-5 °C の物体に 0 °C の水を接触させて 0 °C の氷をつくる過程では，
$$\Delta S_{\text{H}_2\text{O}} = -22.0\,\text{J K}^{-1}$$
$$\Delta S_\text{s} = 6010/268 = 22.4\,\text{J K}^{-1}$$
よって，
$$\Delta S = -22.0 + 22.4 = 0.4\,\text{J K}^{-1} > 0$$
なのでこの変化は不可逆であり，氷が生成する．

最後に 0 °C の氷 1 mol が 100 °C の水蒸気になるまでの（図 7.8）系のエントロピー変化を求めて，エントロピーの意味するものを考

(a) 氷 0 ℃ →[ΔS_1 融解] 水 0 ℃ →[ΔS_2 加熱] 水 100 ℃ →[ΔS_3 蒸発] 水蒸気 100 ℃

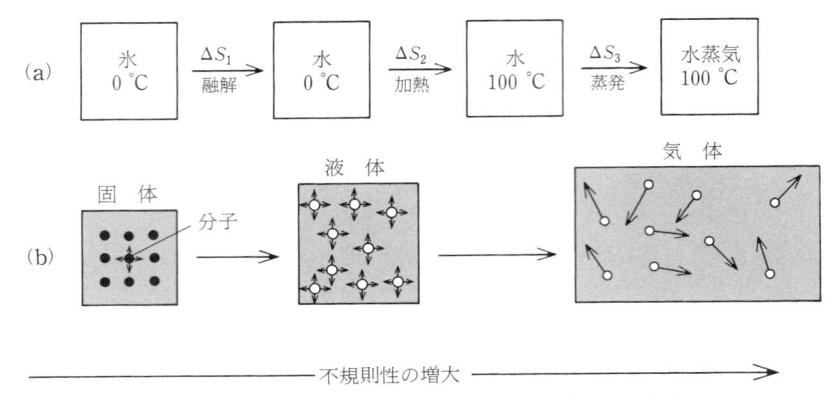

(b) 固体（分子）→ 液体 → 気体

――――――― 不規則性の増大 ―――――――→

図 7.8 水の状態変化に伴うエントロピー変化[11]

えてみよう．

i）氷の融解

上の［例 3］の逆であり，$\Delta S_{\mathrm{H_2O}} = 22.0 \, \mathrm{J \, K^{-1}}$．

ii）水の加熱

水の熱容量は $75.3 \, \mathrm{J \, mol^{-1} \, K^{-1}}$ なので，式（7.17）より，

$$\Delta S_{\mathrm{H_2O}} = \int_{273}^{373} \frac{75.3 \, \mathrm{J}}{T \, \mathrm{K}} \, dT = 23.5 \, \mathrm{J \, K^{-1}}$$

iii）水の蒸発

水の蒸発熱は $40700 \, \mathrm{J \, mol^{-1}}$ なので，式（7.15）より，

$$\Delta S_{\mathrm{H_2O}} = 40700/373 = 109 \, \mathrm{J \, K^{-1}}$$

いずれの状態変化においてもエントロピーは増加している．また図 7.8（b）は，これらの状態変化に対応する分子の配置を概念的に示している．氷（固体）では分子は結晶格子点に固定されているが，水（液体）では分子は格子点には固定されておらず，固体に比較するとより不規則である．しかし，水蒸気（気体）では分子は自由に運動しており，その配置はまったく不規則である．これから，規則的な配置（秩序ある状態）からより不規則な配置（無秩序な状態）へ変化するときには常にエントロピーは増加することがわかる．したがって，エントロピーは無秩序の程度を表す尺度でもある．

7.3.4 エントロピーの値

内部エネルギーとエンタルピーはその絶対値がわからない．しかし，エントロピーは無秩序さの尺度であるから，完全に規則的な状態ではエントロピーは 0 であると考えることができる．すなわち「完全な結晶のエントロピーは 0 K で 0 である」．これは**熱力学第三法則**と呼ばれる．このことを言い換えると，0 K から 298 K までの加熱に伴う ΔS を前項の例に似た方法で求めることによって，標準

状態にある物質のエントロピーの絶対値を知ることができるということである．そして，それらの値を用いて標準反応エントロピー $\Delta S°$ を求めることができる．

$$\Delta S° = \sum S°(\text{生成物}) - \sum S°(\text{出発物}) \tag{7.19}$$

$S°$ の値は表 7.1 に与えられている．

たとえば

$$\mathrm{N_2O_4(g)} \longrightarrow 2\mathrm{NO_2(g)} \tag{7.20}$$

では

$$\begin{aligned}\Delta S° &= (2\,\mathrm{mol})\times(240\,\mathrm{J\,mol^{-1}\,K^{-1}}) \\ &\quad -(1\,\mathrm{mol})\times(304.20\,\mathrm{J\,mol^{-1}\,K^{-1}}) \\ &= 176\,\mathrm{J\,K^{-1}}\end{aligned}$$

となり，分子がこわれるとエントロピーが増加することがわかる．

7.4　ギブズエネルギー

エントロピーを用いると，状態変化の方向を判定できることを学んだが，全エントロピーは孤立系（すなわち全宇宙）について計算しなければならず，その計算は困難なことが多い．もし，系についてだけその変化量を求めれば，それで自然に起こる変化の方向を知ることができる判定基準があれば，たいへん便利である．この判定基準に用いられるのが，**ギブズエネルギー**である[5]．

ギブズエネルギー G は，エンタルピー H，エントロピー S および絶対温度 T を用いて次のように定義される．

$$G \equiv H - TS \tag{7.21}$$

H, S, T はいずれも状態量であるから，ギブズエネルギーもまた状態量である．G の変化量が変化の自発性を判定する基準となることは，次のようにして確かめられる．

式（7.21）を微分すると

$$\mathrm{d}G = \mathrm{d}H - T\,\mathrm{d}S - S\,\mathrm{d}T \tag{7.22}$$

を得る．化学変化は一般に定温定圧で行われるので，P と T が一定とする．$\mathrm{d}H = \mathrm{d}q$，$\mathrm{d}T = 0$ なので

$$\mathrm{d}G = \mathrm{d}q - T\,\mathrm{d}S \tag{7.23}$$

定義により，$T\,\mathrm{d}S = \mathrm{d}q$（可逆）である．よって $\mathrm{d}G = \mathrm{d}q - \mathrm{d}q$（可逆）．したがって，考えている変化が可逆なら，$\mathrm{d}G = 0$ であり，始めと終わりの状態が平衡にある．変化が不可逆（自然に有限の時間内に終了する）なら，式（7.13）から

$$\mathrm{d}G < 0$$

となる．これは無限に小さな変化についてであり，有限の変化では

$$\Delta G = 0 \qquad \text{可逆変化（平衡）}$$

[5] ギブズエネルギーはギブズ自由エネルギーまたは単に自由エネルギーとも呼ばれる．

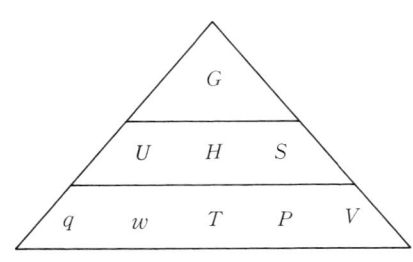

図 7.9 熱力学における状態量ピラミッド

表 7.2 ΔG の変化

	ΔH	ΔS	ΔG
(1)	+	+	+, −
(2)	+	−	+
(3)	−	+	−
(4)	−	−	−, +

$$\Delta G < 0 \quad \text{不可逆変化（自発的変化）}$$

とまとめることができる．G は状態関数であるから $\Delta G > 0$ の過程はその逆が $\Delta G < 0$ で，自然に起こる過程である．エンタルピー H は第一法則で導入され，エントロピー S は第二法則で導入されたものである．これらを同時に考慮して定義したギブズエネルギー G は，これまで使ってきた熱力学量，温度 T，圧力 P，体積 V，内部エネルギー U，熱 q，仕事 w，およびエンタルピー H，エントロピー S によってつくられており，図 7.9 に示したようなあたかも**熱力学ピラミッド**の頂点に位置する状態量と考えられる．

式 (7.23) を積分すると

$$\Delta G = \Delta H - T \Delta S \tag{7.24}$$

となる．よって可逆過程（平衡）では $\Delta S = \Delta H / T$ である．不可逆過程（自然変化）では $\Delta H < T \Delta S$ であればよく，$\Delta H > 0$ でも系のエントロピーの増加が著しければ $\Delta G < 0$ となりうる．ΔH と ΔS の符号の組み合わせは表 7.2 に示すように 4 通りある．ΔH と ΔS が異符号のときには，ΔG は温度に関係なく符号が決まる．ところが，同符号のときには，温度が高くなるほどエントロピー項が影響してくる．（1）では $|\Delta H| < |T \Delta S|$，（4）では $|\Delta H| > |T \Delta S|$ のときに $\Delta G < 0$ になる．（2）の場合は $\Delta G > 0$ であり，吸熱反応でエントロピーが減少する反応は自然の状態では進行しない．表 7.1 の $\Delta_{\mathrm{f}} H°$ と $S°$ の値を用いて標準ギブズエネルギー変化 $\Delta G°$ を式 (7.20) の反応について求めてみよう．すでに見たように，この反応の $\Delta S°$ は N_2O_4 1 mol 当たり 175.8 J K^{-1} であり，$\Delta H°$ は次のとおりである．

$$\begin{aligned}\Delta H° &= 2 \times \Delta_{\mathrm{f}} H°(\mathrm{NO_2}) - \Delta_{\mathrm{f}} H°(\mathrm{N_2O_4}) \\ &= (2\,\mathrm{mol}) \times (33.18\,\mathrm{kJ\,mol^{-1}}) - (1\,\mathrm{mol}) \times (9.16\,\mathrm{kJ\,mol^{-1}}) \\ &= 57.2\,\mathrm{kJ}\end{aligned}$$

よって

$$\begin{aligned}\Delta G° &= 57200\,\mathrm{J} - (298.15\,\mathrm{K}) \times (175.8\,\mathrm{J\,K^{-1}}) \\ &= 57200\,\mathrm{J} - 52410\,\mathrm{J} = 4800\,\mathrm{J} \\ &= 4.8\,\mathrm{kJ}\end{aligned}$$

したがって，25 °C では NO_2 が N_2O_4 を生じる反応が自発的に進む[6]．多くの反応で $\Delta H°$ と $\Delta S°$ は温度にほとんど依存しないことがわかっているので，25 °C 以外の温度での $\Delta G°$ は 25 °C での $\Delta H°$，$\Delta S°$ を用いて求めることができる．たとえば，この反応の 100 °C での $\Delta G°$ は

$$\begin{aligned}\Delta G° &= 57200\,\mathrm{J} - (373.15\,\mathrm{K}) \times (175.8\,\mathrm{J\,K^{-1}}) \\ &= -8400\,\mathrm{J} = -8.4\,\mathrm{kJ}\end{aligned}$$

---

[6] 自発的ということは，その反応が完全に進行して出発物がすべて生成物になるという意味ではない（8 章参照）．

であり，この温度では N_2O_4 の分解が自発的であることがわかる．

問　題

1. 理想気体 1 mol を 20 °C で膨張させたとき，（1）1.01×10^5 Pa の一定外圧に抗して，5.05×10^5 Pa から 1.01×10^5 Pa まで膨張させたときの仕事，（2）可逆的に 5.05×10^5 Pa から 1.01×10^5 Pa まで膨張させたときの仕事，を求めよ． 　　　　　[（1）1950 J，（2）3923 J]

2. 二酸化炭素の生成において，（1）グラファイトと酸素から直接生成する経路と，（2）グラファイトと酸素からまず一酸化炭素をつくり，続いて一酸化炭素と酸素から二酸化炭素を得る経路，が考えられる．両経路のエンタルピー変化を求め，ヘスの法則が成り立つことを示せ．

3. 一定圧力（1.01×10^5 Pa）下で，水蒸気 1 mol を 100 °C から 200 °C まで加熱したときの系のエンタルピー変化を求めよ．ただし，1.01×10^5 Pa における水蒸気の C_p を，$C_p = 30.3+9.6\times10^{-3}T$（J mol^{-1} K^{-1}）とせよ． 　　　　　(3440 J)

4. 理想気体 1 mol を 150 °C で 5.05×10^5 Pa から 1.01×10^5 Pa まで膨張させたときのエントロピー変化を求めよ． 　　　　　(13.4 J K^{-1})

5. 酸素 1 mol を 25 °C から 700 °C まで圧力 1.01×10^5 Pa 下で昇温させたときのエントロピー変化を求めよ．ただし，$C_p = 28.3+2.54\times10^{-2}T$（J mol^{-1} K^{-1}）とせよ． 　　　　　(50.6 J K^{-1})

8 化学変化の速度と平衡

　原子と原子の結びつきに変化が起こって物質が変わることを化学変化（化学反応）という．化学反応には，ある程度進行すると，一見停止したような状態になるものもあり，その状態を化学平衡という．この章では化学反応の速度と化学平衡に見られる規則性について学ぶことにしよう．

8.1 反応速度

　化学反応は，鉄がさびる反応のようにゆっくり起こる場合もあれば，プロパンガスなどの燃焼のようにすみやかに進行する場合もある．いま次のような化学反応を考えてみよう．

$$A + B \longrightarrow C + D \tag{8.1}$$

これは，A, B 各 1 mol が反応して，C 1 mol と D 1 mol ができることを示している．この式の左辺を原系，右辺を生成系という．反応速度は原系から生成系に変化する速度であり，単位時間当たりの反応物質の濃度の減少量，あるいは生成物濃度の増加量で示される．[A], [B], … を各成分の濃度とすれば，**反応速度** v[1] は次のように表せる．

$$v = -\frac{d[A]}{dt} = -\frac{d[B]}{dt} = \frac{d[C]}{dt} = \frac{d[D]}{dt} = k[A]^{n_A}[B]^{n_B} \tag{8.2}$$

ここで，k[2] は**反応速度定数**で，一定温度では反応物質の濃度に無関係な定数である．また，$n_A + n_B = n$ で与えられる n を**反応次数**と呼ぶ．考えている反応が 1 段階で起こっている場合（これを素反応という），n_A, n_B は反応式の係数［上の例（8.1）ではともに 1］と一致するが，いくつかの反応が順番に起こった結果である場合，n_A, n_B は必ずしも反応式の係数と一致しない．$n = 1$ のとき 1 次反応，$n = 2$ のとき 2 次反応などと呼ぶ．n_A, n_B の値は，実験によって決定される．

8.1.1 1 次反応

　反応（8.1）の速度が A の濃度 [A] の 1 乗に比例し，その速度が他の分子の存在によって影響を受けないなら，式（8.2）は次のよう

---

1) v の単位は［濃度・時間$^{-1}$］である．

2) k の単位は［濃度$^{1-n}$・時間$^{-1}$］である．

になる．

$$-\frac{d[A]}{dt} = k[A] \tag{8.3}$$

[A] は A の濃度（容量モル濃度を用いることが多い），k は **1 次反応速度定数**と呼ばれる定数である．A の初濃度（反応開始時点での濃度）を a とし，これが時間 t が経過した時点で $a-x$ になったとすれば，

$$-\frac{d(a-x)}{dt} = k(a-x) \tag{8.4}$$

a は定数であるから

$$\frac{dx}{dt} = k(a-x)$$

$$\frac{dx}{a-x} = k\,dt \tag{8.5}$$

上式を積分すれば，

$$\ln(a-x) = -kt + c \tag{8.6}$$

$t=0$ のとき $x=0$ であるから，$c = \ln a$ となる．したがって，速度定数 k は次式で与えられる[3]．

$$k = \frac{1}{t}\ln\frac{a}{a-x} \tag{8.7}$$

$\ln(a-x)$ と t の間に直線関係が成立するかどうかを確かめることによって，1 次反応か否かを決めることができる．1 次反応の例として，五酸化二窒素の熱分解反応

$$2N_2O_5(g) \longrightarrow 4NO_2(g) + O_2(g)$$

がある．図 8.1 にこの反応についての測定結果を示す．

ところで，反応物質の濃度が初濃度の 1/2 になるまでの時間を**半減期** $t_{1/2}$ という．$x = a/2$ を式 (8.7) に代入すると $k = \ln 2/t_{1/2}$ となり，$t_{1/2} = \ln 2/k = 0.693/k$ となる．

このように，1 次反応の半減期は初濃度 a には無関係である．

8.1.2　2 次 反 応

式 (8.2) で $n_A = 2$, $n_B = 0$ の場合および $n_A = n_B = 1$ の場合，どちらも **2 次反応**と呼ばれる．$n_A = 2$, $n_B = 0$ の場合，反応速度は次式で与えられる．

$$-\frac{d[A]}{dt} = k[A]^2 \tag{8.8}$$

a を A の初濃度，$(a-x)$ を時間 t 後の濃度とすれば，

$$-\frac{d(a-x)}{dt} = \frac{dx}{dt} = k(a-x)^2$$

[3]　速度定数 k の測定は実用的だけでなく理論的にも重要なことであるが，1 次反応では反応物の濃度の絶対値を知らなくても，濃度の比，$a/(a-x)$，を測定すれば速度定数を知ることができる．

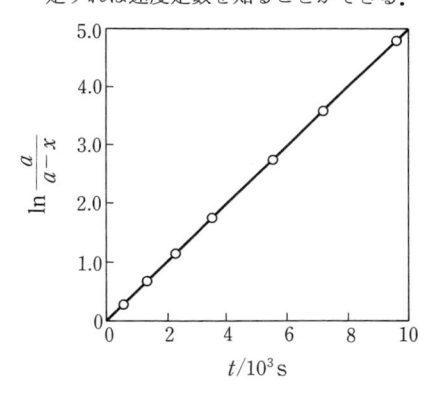

図 8.1　$\ln\dfrac{a}{a-x}$ 対 t のグラフ

$$\frac{dx}{(a-x)^2} = k\,dt$$

上式を積分すると，$t=0$ のとき $x=0$ であるから

$$\frac{1}{a-x} - \frac{1}{a} = kt \tag{8.9}$$

したがって $1/(a-x)$ と t の間に直線関係が成立すれば，注目する反応は 2 次反応であると判断できる．気体のヨウ化水素の分解はこの例である．

$$2\mathrm{HI(g)} \longrightarrow \mathrm{H_2(g)} + \mathrm{I_2(g)}$$

$$-\frac{d[\mathrm{HI}]}{dt} = k[\mathrm{HI}]^2 \tag{8.10}$$

$n_\mathrm{A} = n_\mathrm{B} = 1$ の場合，式 (8.2) は $-d[\mathrm{A}]/dt = -d[\mathrm{B}]/dt = k[\mathrm{A}][\mathrm{B}]$ となり，反応速度は 2 つの反応物質 A, B のそれぞれの濃度に比例する．A の初濃度を a，B の初濃度を b（ただし $a \neq b$）とすれば，

$$\frac{dx}{dt} = k(a-x)(b-x)$$

$$\frac{dx}{(a-x)(b-x)} = \frac{1}{a-b}\left(\frac{1}{b-x} - \frac{1}{a-x}\right)dx = k\,dt$$

上式を積分すると，$t=0$ のとき $x=0$ であるから

$$\frac{1}{a-b}\left(\ln\frac{b}{b-x} - \ln\frac{a}{a-x}\right) = kt$$

$$\frac{1}{a-b}\ln\frac{b(a-x)}{a(b-x)} = kt \tag{8.11}$$

よって，$\ln\{(a-x)/(b-x)\}$ と t の間に直線関係が得られれば，2 次反応であると判断できる．この反応の例としては，酢酸エチルのアルカリによる加水分解反応がある．

$$\mathrm{CH_3COOC_2H_5} + \mathrm{OH^-} \longrightarrow \mathrm{CH_3COO^-} + \mathrm{C_2H_5OH}$$

この反応の測定結果の一例を図 8.2 に示す．

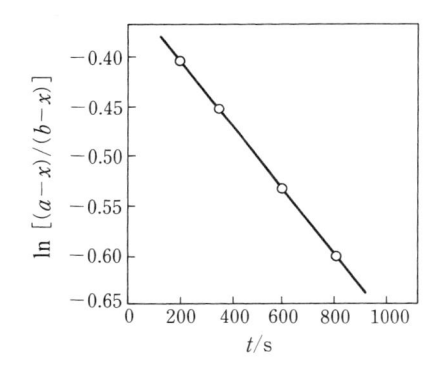

図 8.2 $\ln\dfrac{a-x}{b-x}$ 対 t のグラフ（2 次反応）

8.2 反応速度と温度：活性化エネルギー

化学反応は一般に温度が高くなると速く進むようになる．速度定数と温度との関係は，1889 年にアレニウスが見い出した次の実験式で表される．

$$\frac{d\ln k}{dT} = \frac{E_\mathrm{a}}{RT^2} \tag{8.12}$$

これを積分して

$$\ln k = -\frac{E_\mathrm{a}}{RT} + \ln A$$

$$k = A\,\mathrm{e}^{-E_\mathrm{a}/RT} \tag{8.13}$$

ここで，E_a は**活性化エネルギー**と呼ばれ，反応によって決まる定数である．また，$A^{4)}$ は**頻度因子**であり，反応する分子が出会う回数を示している．表 8.1 にヨウ化水素の分解反応速度定数の温度変化を，さらに図 8.3 に**アレニウスプロット**を示す．図から A および E_a はそれぞれ $6.6 \times 10^{10}\,\mathrm{dm^3\,mol^{-1}\,s^{-1}}$，$185\,\mathrm{kJ\,mol^{-1}}$ と求められる．図 8.4 に示すように，反応が進行するためには，1 組の分子は，はじめの配置と最終的な配置との間でエネルギーの極大となるある配置（**活性錯合体**）を経なければならない．たとえば，$H_2 + I_2$ の反応の活性錯合体は図 8.5 のようになる．また，逆反応でも同じ活性錯合体を通らなければならない．活性化エネルギーは，活性錯合体と出発物のエネルギー差に相当する．正方向の活性化エネルギーと逆方向の活性化エネルギーとは，反応原系と生成系とのエネルギー差だけ異なっている．

4) A の単位は k の単位と同じである．

表 8.1 ヨウ化水素の分解反応における速度定数の温度変化

T/K	$k/\mathrm{dm^3\,mol^{-1}\,s^{-1}}$
556	3.52×10^{-7}
575	1.22×10^{-6}
629	3.20×10^{-5}
647	8.59×10^{-5}
666	2.19×10^{-4}
683	5.12×10^{-4}
700	1.16×10^{-3}
716	2.50×10^{-3}
781	3.95×10^{-2}

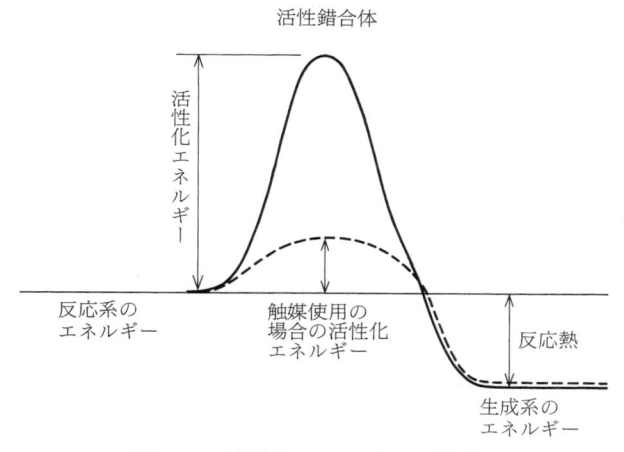

図 8.4 活性化エネルギーの説明図

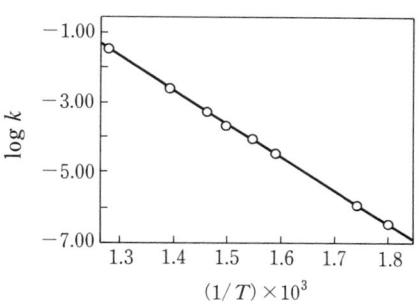

図 8.3 ヨウ化水素の分解反応のアレニウスプロット

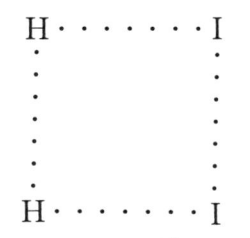

図 8.5 $H_2 + I_2$ 反応における活性錯合体

時計反応

ペルオキソ二硫酸イオン（$S_2O_8^{2-}$）とチオ硫酸イオン（$S_2O_3^{2-}$）は混合しても直接反応しないが，ヨウ化物イオンが存在すると，次式に従って反応する．チオ硫酸イオンが反応しつくしてなくなってしまうような反応条件にして，デンプン存在下でヨウ化物イオンを加えると，一定時間後に遊離したヨウ素がデンプンと反応して突然呈色する．

$$S_2O_8^{2-} + 2I^- \longrightarrow 2SO_4^{2-} + I_2 \tag{1}$$
$$I_2 + 2S_2O_3^{2-} \longrightarrow 2I^- + S_4O_6^{2-} \tag{2}$$
$$I_2 + デンプン \longrightarrow 青色錯体 \tag{3}$$

チオ硫酸イオンの量を変えて呈色するまでの時間を任意に調節することができることから，この反応は**時計反応**と呼ばれている．また，反応の温度を変えて測定すれば高温で呈色までの反応時間が短くなる．たとえば $0.02\,\mathrm{mol\,dm^{-3}}$ の $K_2S_2O_8$ 水溶液 $50\,\mathrm{cm^3}$ と 0.5% デンプン溶液 10

cm³ の混合溶液(A), 0.1 mol dm⁻³ の Na₂S₂O₃ 水溶液(B), 1.0 mol dm⁻³ の KI 水溶液(C)を用意し, A 6 cm³ と C 15 cm³ を試験管にとり, これに B 1.0 cm³ 加えると, 約 2 分後に, 無色であった溶液が突然青色になる.

活性化エネルギーの大きいものは反応しにくいが, 適当な触媒を使えば, 反応が進みやすい場合がある. 触媒作用の機構は複雑であり, その解明には今後多くの研究が必要であるが, 図 8.4 に示すように, 触媒とは反応の活性化エネルギーを低下させる物質といえる. また, 正反応と逆反応の活性化エネルギーの差は, 触媒があってもなくても変化がない.

8.3 化 学 平 衡

化学反応が始まり, 反応系の成分が生成系の成分に 100% 変化しないままで反応が停止したように見えることがある. このとき, 反応は平衡に達したという. **化学平衡**の状態では, **正反応**の反応速度と**逆反応**の反応速度が等しい. いま反応 (8.1) が素反応とすると, 正, 逆両反応の速度は

$$\text{正反応の速度} = k[\text{A}][\text{B}]$$
$$\text{逆反応の速度} = k'[\text{C}][\text{D}]$$

で与えられるので, 平衡状態では

$$K = \frac{k}{k'} = \frac{[\text{C}][\text{D}]}{[\text{A}][\text{B}]} \tag{8.14}$$

となる. K は**平衡定数**と呼ばれ, 一定温度では一定である. 一般に

$$a\text{A} + b\text{B} + \cdots \rightleftharpoons p\text{P} + q\text{Q} + \cdots \tag{8.15}$$

のような化学反応では, 平衡定数は式 (8.16) で与えられる[5].

$$K = \frac{[\text{P}]^p[\text{Q}]^q\cdots}{[\text{A}]^a[\text{B}]^b\cdots} \tag{8.16}$$

注意しなければならないのは, 反応系内に純粋な固体や液体があって, それが反応に関与している場合, 純粋なものの濃度は一定なので K の中に入らないことである. たとえば

$$\text{CaCO}_3(\text{s}) \rightleftharpoons \text{CaO}(\text{s}) + \text{CO}_2(\text{g})$$

では $K = [\text{CO}_2]$ となる[6].

8.3.1 ギブズエネルギーと化学平衡

7 章で学んだように, 温度と圧力が一定という条件で進行している化学変化があり, その ΔG が 0 であれば, 変化は可逆的である. 可逆的とは, 理想気体の等温膨張の例では, 系と外界の圧力差が無

---

[5] 反応 (8.15) が素反応でない場合でも, それぞれの素反応の正方向と逆方向の速度がすべて等しいので式 (8.16) が成り立つ.

[6] $a+b+\cdots = p+q+\cdots$ の場合を除いて K は [濃度]$^{(p+q+\cdots-a-b-\cdots)}$ という単位をもつ.

限に小さく，両者が平衡状態にあることを意味していたが，化学変化の場合，出発物と生成物が平衡状態にあることを意味する．たとえば，反応(8.15)が平衡にあるとすれば，各反応物1 mol 当たりのギブズエネルギーを $\overline{G}$ として

$$\Delta G = (p\overline{G}_P + q\overline{G}_Q + \cdots) - (a\overline{G}_A + b\overline{G}_B + \cdots) = 0 \quad (8.17)$$

であることを意味する．いま仮にこれが理想気体の反応であるとする．系の全圧力が一定ということは反応の進行に伴って各成分の分圧が変わることを意味するので，理想気体のギブズエネルギーの圧力依存性を知る必要がある．

1 mol の理想気体の等温可逆膨張におけるエントロピー変化は

$$\Delta S = R \ln \frac{V_2}{V_1} \quad (7.16)$$

理想気体では気体分子間に相互作用がないので，内部エネルギーは温度のみの関数である．また等温膨張では PV が一定なので

$$\Delta H = \Delta(U+PV) = \Delta U + \Delta(PV) = 0$$

したがって

$$\Delta G = \Delta(H-TS) = \Delta H - T\Delta S$$
$$= RT \ln \frac{V_1}{V_2} = RT \ln \frac{P_2}{P_1} \quad (8.18)$$

いま，1 mol の理想気体の $P_2 = P \times (1.01 \times 10^5 \text{ Pa})$ および $P_1 = 1.01 \times 10^5$ Pa(標準状態)におけるギブズエネルギーをそれぞれ G，$G°$ としてその差 ΔG を求めると $\Delta G = G - G° = RT \ln P$ なので

$$G = G° + RT \ln P \quad (8.19)$$

を得る[7]．これを式(8.17)へ代入すると

$$\Delta G = p\overline{G}_P° + q\overline{G}_Q° + \cdots + RT \ln P_P^p P_Q^q \cdots$$
$$\quad - (a\overline{G}_A° + b\overline{G}_B° + \cdots + RT \ln P_A^a P_B^b \cdots)$$
$$= \Delta G° + RT \ln \frac{P_P^p P_Q^q \cdots}{P_A^a P_B^b \cdots}$$
$$= \Delta G° + RT \ln Q$$

$$Q = \frac{P_P^p P_Q^q \cdots}{P_A^a P_B^b \cdots}$$

平衡では $\Delta G = 0$，$Q = K$ なので

$$RT \ln K = -\Delta G°$$
$$K = e^{-\Delta G°/RT} \quad (8.20)$$

を得る[8]．

以上の議論は図8.6のようにまとめられる．気体 A, B, … の混合物があると，$\Delta G < 0$ なので自発的に P, Q, … を生じる反応が進みうる．その速度が十分大きければ，有限時間内に P, Q, … の濃度の

[7] 式(8.19)の P は無次元の数値なので対数をとることができる．

[8] 式(8.20)で求められる平衡定数は熱力学的平衡定数と呼ばれる無次元の数値であって，厳密にいえば式(8.16)で求めた(経験的)平衡定数と同じではない．しかし，両者の数値の違いは小さいことが多い．

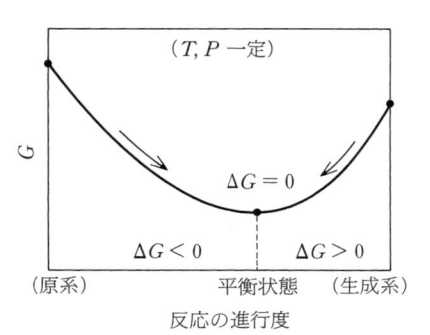

図 8.6 自由エネルギーの変化と反応の進行方向

上昇と A, B, … の濃度の減少が見られる．系のギブズエネルギーは次第に低下し，ついに極小値に達する．そこでは $\Delta G = 0$ であり，A, B, … の濃度と P, Q, … の濃度は $K = (P_P^p P_Q^q \cdots)/(P_A^a P_B^b \cdots)$ を満足する値となって平衡状態にある．同じことが気体 P, Q, … の混合物についてもいえる．どちら側から出発しても $Q = K$ を満足する気体混合物を与える．

式 (8.20) は，気体反応だけでなく，溶液反応でも成立することが証明されている．その場合 $\Delta G°$ は，各成分の濃度が $1 \, \text{mol dm}^{-3}$ のときのギブズエネルギー変化である．

式 (8.20) を用いて平衡 (8.21) の K の値が温度でどのように変わるか調べてみよう．

$$N_2O_4(g) \rightleftharpoons 2NO_2(g) \tag{8.21}$$

すでに述べたように，一般に $\Delta H°$ と $\Delta S°$ は温度に依存しないと考えてよいので，温度 T での $\Delta G°$ は

$$\Delta G° = 57200 - 175.8\,T \text{ J}$$

で与えられる．よって $\Delta G°$ と K の値は表 8.2 のようになる．

$$K = e^{-\Delta G°/RT} = e^{-\Delta H°/RT} e^{\Delta S°/R}$$

であるから，温度とともに K が大きくなるのは，$\Delta H° > 0$（吸熱反応）であるためであり，これは次に述べるル・シャトリエの原理の一例である．

表 8.2　$N_2O_4(g) \rightleftharpoons 2NO_2(g)$ の $\Delta G°$ と K

$t/°C$	T/K	$\Delta G°/\text{kJ}$	K
100	373.15	-8.4	15.0
50	323.15	0.39	0.86
0	273.15	9.2	1.8×10^{-2}
-50	223.15	18.0	6.2×10^{-5}

N_2O_4（無色）$\rightleftharpoons$ $2NO_2$（褐色）

四酸化二窒素 N_2O_4 は無色の気体であるが，NO_2 は褐色である．したがって，N_2O_4 を封入したガラス管を熱湯に入れると褐色が濃くなり，氷水に入れると褐色が薄くなる．

8.3.2　ル・シャトリエの原理

平衡に関して，定性的であるが実用上きわめて重要な**ル・シャトリエの原理**がある．これは次のように表現できる．「はじめ平衡にあった系の条件を変えると，可能な限りそのはじめの条件を回復しよ

うとする方向に反応が起こる」．もし反応の進行によって系の圧力が変化する反応であれば，圧力を加えると全圧力が減少する方向に反応が進行する．アンモニアの合成反応

$$N_2(g) + 3H_2(g) \rightleftharpoons 2NH_3(g)$$

では，系の全圧力を増加させると生成物であるアンモニアが生ずる方向に反応が進む．反応が進むと，生成するアンモニアの体積は反応する 窒素＋水素 の体積の半分しかないので，全圧力は減少するからである．また，この反応は発熱反応であるから，アンモニアの収率を最大にするためには温度をできるだけ低く保つ必要がある．この反応は，低温でも反応が速く進むような触媒が見つかってはじめて実用になった．

8.4 酸塩基平衡

アレニウスの定義に従えば，酸とは水溶液中で解離して水素イオン H^+ を生ずる物質であり，塩基とは水溶液中で解離して水酸化物イオン OH^- を出す物質である．ところで，化学平衡の一般原理を使って，酢酸のような弱い酸やアンモニアのような弱い塩基，および弱酸と弱塩基とからできる塩を論ずることができる．また，化学平衡の原理は指示薬の働きを理解するのにも役に立つ．

8.4.1 水溶液における水素イオンと水酸化物イオンの間の平衡

水は電解質のよい溶媒となるだけでなく，きわめてわずかではあるが，解離している．

$$H_2O + H_2O \rightleftharpoons H_3O^+ + OH^-$$

ここで，H_3O^+ はオキソニウムイオン（水素イオンということもある）またはヒドロニウムイオン，OH^- は水酸化物イオンと呼ばれている．この平衡定数は次のように表される．

$$\frac{[H_3O^+][OH^-]}{[H_2O]^2} = K \tag{8.22}$$

水はほんの少ししか解離しないので，$[H_2O] = $ 一定 と近似してよい．そこで，$[H_2O]^2$ を K に含めて K_w と表す．

$$K_w = [H_3O^+][OH^-] \tag{8.23}$$

K_w は水のイオン積と呼ばれ，一定温度で一定値を示す（表8.3）．25°C では 1×10^{-14} $(\text{mol dm}^{-3})^2$ である．水に塩化水素 HCl や水酸化ナトリウム NaOH が溶けると，水溶液中の $[H_3O^+]$ や $[OH^-]$ が大きく変わるが，それらの積は一定温度では常に一定に保たれる．溶液の酸性を表すのに **pH** という量を使うと，べき指数を使わずにすむので便利である．pH は mol dm^{-3} で表した**水素イオン濃度**の

表 8.3 水のイオン積（K_w）と温度の関係

温度/°C	$K_w/(\text{mol dm}^{-3})^2$
0	0.114×10^{-14}
10	0.295×10^{-14}
20	0.676×10^{-14}
25	1.01×10^{-14}
60	9.55×10^{-14}

値の常用対数に負の符号をつけたものである[9]．

$$\mathrm{pH} = -\log[\mathrm{H_3O^+}] \tag{8.24}$$

または

$$[\mathrm{H_3O^+}] = 10^{-\mathrm{pH}}$$

こうすると 25 ℃ では，中性である $[\mathrm{H_3O^+}] = 10^{-7}\,\mathrm{mol\,dm^{-3}}$ の場合が pH = 7，pH < 7 のときが酸性，pH > 7 のときがアルカリ性となる．

[9] pH を提案したデンマーク人化学者ソーレンセンは，水溶液中の水素イオン濃度は $1\,\mathrm{mol\,dm^{-3}}$ より小さいことが多いので，負の値を避けるために pH を $\log[\mathrm{H_3O^+}]$ ではなく $-\log[\mathrm{H_3O^+}]$ として定義した．

8.4.2 弱酸と弱塩基

弱酸や弱塩基は，水に溶かしたとき，一部解離して $\mathrm{H_3O^+}$ や $\mathrm{OH^-}$ を出すが，完全には解離[10]していない．解離する前の全分子数に対する解離している分子数の割合を**解離度**という．表 8.4 に 25 ℃，濃度が $0.1\,\mathrm{mol\,dm^{-3}}$ の溶液の解離度を示す．塩酸のような強酸の解離度は 1 に近い．ところが酢酸のような弱酸では，次のような平衡反応が存在する．

$$\mathrm{CH_3COOH + H_2O \rightleftharpoons H_3O^+ + CH_3COO^-}$$

この反応の平衡定数 K は

$$K = \frac{[\mathrm{H_3O^+}][\mathrm{CH_3COO^-}]}{[\mathrm{CH_3COOH}][\mathrm{H_2O}]} \tag{8.25}$$

である．$[\mathrm{H_2O}] =$ 一定 とみなせるから，一般に弱酸 HA に対する平衡定数 K_a は

$$K_\mathrm{a} = \frac{[\mathrm{H_3O^+}][\mathrm{A^-}]}{[\mathrm{HA}]} \tag{8.26}$$

となる．K_a は**酸解離定数**と呼ばれる．同様に，アンモニアのような弱塩基では，

$$\mathrm{NH_3 + H_2O \rightleftharpoons NH_4^+ + OH^-}$$

のように解離するから，

$$K_\mathrm{b} = \frac{[\mathrm{NH_4^+}][\mathrm{OH^-}]}{[\mathrm{NH_3}]} \tag{8.27}$$

が成り立つ．K_b を**塩基解離定数**という．種々の弱酸や弱塩基の

[10] アレニウスが電解質溶液の性質について説明したとき"電離"という言葉を用いている．よって，弱酸，弱塩基の解離度を**電離度**と呼んでいる場合が多い．

表 8.4 酸の解離度

HCl	～1.0	強酸
(COOH)$_2$	0.73	中程度の酸
H$_3$PO$_4$	0.27	
CH$_3$COOH	0.013	弱酸
H$_2$CO$_3$	0.0021	
H$_2$S	0.001	極弱酸
HCN, H$_3$BO$_3$	0.0001	

K_a, K_b は実験的に決定されており，表 8.5 に若干の例を示す．リン酸 H_3PO_4 は 3 段階でイオン化するが，第 2 段階は第 1 段階よりもずっとイオン化の程度が少なく，第 3 段階は第 2 段階よりもさらに少ない．

弱酸または弱塩基の水溶液中の $[H_3O^+]$ や $[OH^-]$ は次のようにして求めることができる．例として $0.2\,\mathrm{mol\,dm^{-3}}$ の酢酸溶液をとりあげる．この溶液中には CH_3COOH，CH_3COO^-，H_3O^+，OH^- という 4 種類の溶質が溶けていて，次の 2 つの平衡が同時に成り立っている．

$$2H_2O \rightleftharpoons H_3O^+ + OH^-$$
$$CH_3COOH + H_2O \rightleftharpoons CH_3COO^- + H_3O^+$$

それぞれの平衡について，次の式が成り立つ．

$$[H_3O^+][OH^-] = 1.0\times10^{-14} \tag{8.28}$$

$$\frac{[H_3O^+][CH_3COO^-]}{[CH_3COOH]} = 2.80\times10^{-5} \tag{8.29}$$

酢酸の濃度は $0.20\,\mathrm{mol\,dm^{-3}}$ なので

$$[CH_3COOH]+[CH_3COO^-] = 0.20 \tag{8.30}$$

また，溶液は常に電気的に中性なので

表 8.5 弱酸と弱塩基の解離定数（25 °C）

酸	分子式	$K_a/\mathrm{mol\,dm^{-3}}$	
ギ酸	HCOOH		2.8×10^{-4}
酢酸	CH_3COOH		2.8×10^{-5}
クロロ酢酸	$CH_2ClCOOH$		2.1×10^{-3}
ジクロロ酢酸	$CHCl_2COOH$		5.0×10^{-2}
プロピオン酸	C_2H_5COOH		2.1×10^{-5}
安息香酸	C_6H_5COOH		1.0×10^{-4}
シアン化水素	HCN		6.2×10^{-10}
炭酸	H_2CO_3	K_{a_1}	4.5×10^{-7}
		K_{a_2}	4.7×10^{-11}
硫化水素	H_2S	K_{a_1}	9.5×10^{-8}
		K_{a_2}	1.3×10^{-14}
リン酸	H_3PO_4	K_{a_1}	7.1×10^{-3}
		K_{a_2}	6.3×10^{-8}
		K_{a_3}	4.5×10^{-13}

塩基	分子式	$K_b/\mathrm{mol\,dm^{-3}}$
アンモニア	NH_3	1.7×10^{-5}
メチルアミン	CH_3NH_2	4.4×10^{-4}
ジメチルアミン	$(CH_3)_2NH$	5.9×10^{-4}
トリメチルアミン	$(CH_3)_3N$	6.3×10^{-5}
アニリン	$C_6H_5NH_2$	4.5×10^{-10}
ピリジン	C_5H_5N	2.6×10^{-9}

$$[H_3O^+] = [OH^-] + [CH_3COO^-] \tag{8.31}$$

式 (8.28)～(8.31) の 4 つの方程式を解いて 4 つの未知数 $[CH_3COOH]$, $[CH_3COO^-]$, $[H_3O^+]$, $[OH^-]$ を求めればよい．しかし，直接解こうとすると，ある 1 つの未知数，たとえば $[H_3O^+]$ について 3 次式となってしまう．そこで，簡単に解くために次の近似を用いる．

（1）水のイオン化によって生じた $[H_3O^+]$ は酢酸から生じた $[H_3O^+]$ に比べて小さく無視できる．すなわち

$$[H_3O^+] = [CH_3COO^-]$$

（2）酢酸の濃度のイオン化による減少は無視できる．すなわち

$$[CH_3COOH] = 0.20$$

このような仮定をおくと，式 (8.29) は

$$[H_3O^+]^2/0.2 = 2.80 \times 10^{-5}$$
$$[H_3O^+] = \sqrt{2.80 \times 10^{-5} \times 0.2} = 2.37 \times 10^{-3}$$

となる．この値は 1×10^{-7} より十分大きく，0.20 より十分小さいので，近似は正しいと考えられる．したがって，この溶液では

$$pH = 3 - \log 2.37 = 2.63$$

となる．一般に弱酸（弱塩基）の初濃度（C_0）が十分大きい条件では，$[H_3O^+]$（$[OH^-]$）は次の式で与えられる．

$$[H_3O^+] \simeq \sqrt{K_a C_0} \tag{8.32}$$
$$[OH^-] \simeq \sqrt{K_b C_0} \tag{8.33}$$

8.4.3 加水分解

弱酸の酢酸と強塩基の水酸化ナトリウムとが中和してできる酢酸ナトリウムの水溶液は中性でなく，アルカリ性である．酢酸ナトリウムは水に溶けて Na^+ と CH_3COO^- とに解離するが，CH_3COO^- は H^+ と結合して非解離の酢酸分子を生成する．

$K_w = 1 \times 10^{-14}$ を保つため水の解離は進行し，したがって $[OH^-]$ は増大する．すなわち，

$$CH_3COO^- + H_2O \rightleftharpoons CH_3COOH + OH^- \tag{8.34}$$

このような反応を **加水分解** という．この平衡定数 K_h は

$$K_h = \frac{[CH_3COOH][OH^-]}{[CH_3COO^-]} = \frac{[CH_3COOH][H_3O^+][OH^-]}{[CH_3COO^-][H_3O^+]}$$
$$= \frac{K_w}{K_a} = 3.6 \times 10^{-10}$$

というきわめて小さい値であり，ほんのわずかの酢酸イオンが水素イオンと反応するにすぎない．

塩化アンモニウムの水溶液が酸性を示すのは，次のような加水分解のためである．

$$NH_4^+ + H_2O \rightleftharpoons H_3O^+ + NH_3$$

$$K_h = \frac{[H_3O^+][NH_3]}{[NH_4^+]} = \frac{K_w}{K_b} = 5.9 \times 10^{-10}$$

あ く 抜 き

昔からワラビ，ゼンマイ，フキノトウなどを料理するとき，あく抜きに草木灰を水に浸した上澄みが用いられてきた．これは，草木灰に含まれている炭酸カリウムが加水分解されて得られるアルカリ性溶液の働きで植物の組織を軟らかくし，中に含まれている"あく"と呼ばれる苦味，えぐ味などの原因となる弱酸性物質を溶かし出すのである．

$$CO_3^{2-} + H_2O \rightleftharpoons HCO_3^- + OH^-$$

8.4.4 緩衝溶液

中性の水溶液にごく少量の強酸あるいは強塩基を加えればpHは大きく変動するが，水で希釈したり，少量の強酸または強塩基を加えても，そのpHがほぼ一定に保たれるような水溶液を**緩衝溶液**という．酢酸と酢酸ナトリウムやリン酸水素二ナトリウムと水酸化ナトリウムの溶液は，緩衝溶液としてよく知られている．ところで，緩衝溶液の作用は，酸の解離に対する平衡式から理解できる．酢酸（$0.1\,\mathrm{mol\,dm^{-3}}$）-酢酸ナトリウム（$0.1\,\mathrm{mol\,dm^{-3}}$）の場合を考えると，次のような平衡が成り立っている．

$$CH_3COOH + H_2O \rightleftharpoons H_3O^+ + CH_3COO^- \quad (8.35)$$
$$CH_3COONa \rightleftharpoons CH_3COO^- + Na^+ \quad (8.36)$$

式（8.36）の反応は右に傾いているから，CH_3COO^-が多くなり，式（8.35）はほとんど左に寄っている．そこで，$[CH_3COOH] = [CH_3COO^-] = 0.10$と考えてよく，

$$K_a = \frac{[H_3O^+][CH_3COO^-]}{[CH_3COOH]} = [H_3O^+] = 2.80 \times 10^{-5} \quad (8.37)$$

となる．したがってpH = 4.55である．いま，この溶液$1\,\mathrm{dm^3}$中にNaOHを$0.001\,\mathrm{mol}$（= 40 mg）加えたとすると，$[CH_3COOH] = 0.1 - 0.001 = 0.099$，$[CH_3COO^-] = 0.1 + 0.001 = 0.101$となるから，$[H_3O^+] = 2.75 \times 10^{-5}$，すなわちpH = 4.56となる．また，$0.001\,\mathrm{mol}$のHClを溶かしたときも同様に計算して，pH = 4.54を得る．すなわち，この程度の塩基や酸の添加では，液のpHはほとんど変化しない．蒸留水に同量の塩基や酸を溶かすとpHはそれ

それ 11 と 3 になることを考えると，緩衝溶液の働きがよくわかるであろう．

天然の緩衝溶液

地球上で最も大量の緩衝溶液は海水であり，その pH は 8.1 ± 0.2 に保たれている．海水の緩衝作用は大気中の二酸化炭素と海底に存在する炭酸カルシウムから供給される炭酸イオンによるものである．

$$CO_2(g) \rightleftharpoons CO_2(aq) \quad (a)$$
$$CO_2(aq) + H_2O \rightleftharpoons H_2CO_3 \quad (b)$$
$$H_2CO_3 + H_2O \rightleftharpoons H_3O^+ + HCO_3^- \quad (c)$$
$$HCO_3^- + H_2O \rightleftharpoons H_3O^+ + CO_3^{2-} \quad (d)$$

海水中に酸が加えられると，（c），（d）の平衡が左へ移動すると同時に，下の反応が進む．

$$CaCO_3(s) + H_3O^+ \longrightarrow Ca^{2+} + HCO_3^- + H_2O$$

塩基が加えられると（c），（d）が右へ進んで H_3O^+ の減少を補う．しかし，この巨大な緩衝溶液が，大気中の二酸化炭素濃度の上昇によって次第に酸性化していることが，測定によって明らかになりつつある．たとえば気象庁のホームページに記載されているデータによれば，西部北太平洋において，1983 年から 2007 年の表面海水中の pH の平均低下は，冬季に 10 年あたり -0.018 ± 0.002，夏季に -0.013 ± 0.005 であった．

人間の血液は pH 7.4 程度が正常と考えられており，緩衝作用は主として二酸化炭素とヘモグロビンによるものである．したがって，過呼吸によって多量の二酸化炭素が血液から失われると血液の pH がアルカリ性に傾き（アルカローシス），肺気腫などで二酸化炭素の放出が妨げられると血液の pH が酸性に傾く（アシドーシス）．

8.4.5 酸・塩基指示薬

溶液の酸性度を正確に知るには pH メーター（p. 121 参照）を用いればよいが，より簡単に指示薬を使っておよその値を知ることができる．**酸・塩基指示薬**とは，pH によって変色する物質（ほとんどすべて有機化合物）をいう．その原理をメチルオレンジを使って説明しよう．

メチルオレンジは溶液中の H_3O^+ と次のように反応する．

$$^-O_3S-\!\!\!\left\langle\!\!\!\bigcirc\!\!\!\right\rangle\!\!\!-\overset{H}{\underset{|}{N}}-N=\!\!\!\left\langle\!\!\!\bigcirc\!\!\!\right\rangle\!\!\!=N^+(CH_3)_2 + H_2O \rightleftharpoons$$

赤色

$$^-O_3S-\!\!\!\left\langle\!\!\!\bigcirc\!\!\!\right\rangle\!\!\!-N=N-\!\!\!\left\langle\!\!\!\bigcirc\!\!\!\right\rangle\!\!\!-N(CH_3)_2 + H_3O^+$$

黄橙色

H^+ がついているときは赤色，ついていないときは黄橙色をしてい

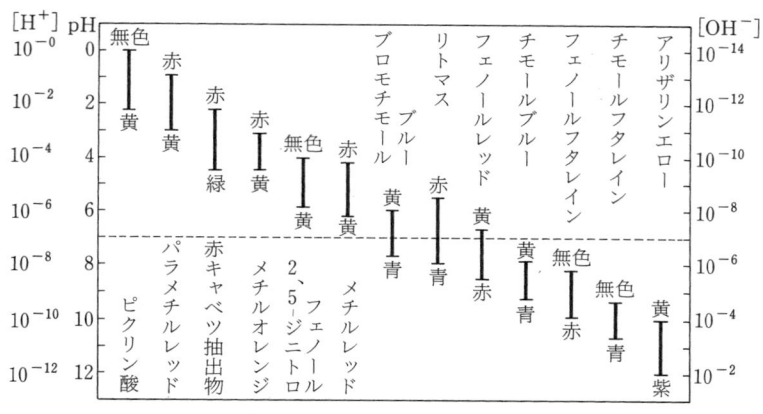

図 8.7 指示薬の色の変化

る．すなわち，メチルオレンジという分子は，それ自身が酸で，H^+ をもっているかいないかで色が違うのである．一般式で指示薬を InH として表すと

$$InH + H_2O \rightleftharpoons H_3O^+ + In^-$$

この平衡定数は InH という酸の K_a であり，

$$K_a = \frac{[H_3O^+][In^-]}{[InH]}$$

$[In^-]/[InH]$ の値は $[H_3O^+]^{-1}$ に比例する．

変色がわれわれの目で確認できるためには，$[In^-]/[InH]$ が少なくとも 10 倍以上変化しなければいけないので，すべての指示薬には酸性とアルカリ性の中間色を示す変色域がある．それは pH にして約 1.5 の範囲である．図 8.7 に代表的指示薬の色と変色域が示されている．

万能指示薬や pH 試験紙は，6,7 種類の指示薬を混ぜて，広い pH 範囲で連続的に色が変わるように工夫されている．

8.5 溶解度積

これまで，均一系の気相および液相での化学平衡を取り扱ってきたが，ここでは固相-液相不均一系の場合を考えてみよう．水に難溶性の炭酸バリウム $BaCO_3$ を多量に水の中に加えると，次のような平衡が成立する．

$$BaCO_3(s) \rightleftharpoons Ba^{2+}(aq) + CO_3^{2-}(aq)$$

s は固体状態を，aq は水和状態を表す．固体の炭酸バリウム中のイオンの濃度は一定なので，イオンとして溶ける炭酸バリウムの量は残存する固体の量とは無関係である．よって，この反応の平衡式は次のようになる．

$$K = [Ba^{2+}][CO_3^{2-}] \tag{8.38}$$

表 8.6 溶解度積 (K_{sp})

塩	溶解度積
AgCl	1.0×10^{-10}
AgBr	5.2×10^{-13}
AgI	8.3×10^{-17}
Ag_2CrO_4	2.4×10^{-12}
$PbCrO_4$	2.0×10^{-16}
$BaCO_3$	5.1×10^{-9}
$CaCO_3$	4.7×10^{-9}
$BaSO_4$	1.0×10^{-10}
$PbSO_4$	1.7×10^{-8}
$CaSO_4$	2.4×10^{-5}
$Fe(OH)_3$	6.0×10^{-38}
$Mg(OH)_2$	1.1×10^{-11}
PbS	8.0×10^{-28}
HgS	3.0×10^{-52}
CuS	8.0×10^{-36}
CdS	7.0×10^{-27}
ZnS	3.0×10^{-22}
FeS	5.1×10^{-18}

11) 溶解度積の単位は，AgCl，$BaCO_3$ などは (8.38) 式からわかるように [濃度]^2 であるが，$Fe(OH)_3$ では $K = [Fe^{3+}][OH^-]^3$ であるから [濃度]^4 となる．よって，K_{sp} には慣用的に単位をつけずに，数値だけで表されている．

これはイオンの濃度の積であり，その物質の溶解度に関係していることから，この K は**溶解度積**と呼ばれ，K_{sp}[11] と表される．表 8.6 にいくつかの塩の溶解度積の値を示す．K_{sp} の値から一定量の水に溶ける物質の量を計算で求めることができる．たとえば炭酸カルシウムを蒸留水に飽和させると，その溶液中では $[Ca^{2+}] = [CO_3^{2-}]$ なので

$$[Ca^{2+}] = \sqrt{4.7 \times 10^{-9}} = 6.9 \times 10^{-5}$$

であり，$1\,dm^3$ の水に溶ける炭酸カルシウムの量はわずかに 6.9 mg であることがわかる．

また，溶解度積の違いを利用すると，溶液中のイオンを分離することもできる．たとえば，Fe^{3+}，Mg^{2+} が希硝酸に溶けている場合，硝酸をアルカリで中和して pH 7 にすると，それぞれのイオン濃度の最大値は

$$[Fe^{3+}] = \frac{6.0 \times 10^{-38}}{[OH^-]^3} = 6.0 \times 10^{-17}$$

$$[Mg^{2+}] = \frac{1.1 \times 10^{-11}}{[OH^-]^2} = 1.1 \times 10^3$$

なので，事実上，鉄(III) イオンは完全に水酸化鉄(III) として沈殿するのに対し，マグネシウムイオンはまったく沈殿しないことがわかる．

8.6 酸化還元平衡

酸化還元という化学反応は，2 個の**電極反応**が組み合わされたものとみなせる．たとえば，溶融した塩化ナトリウム (801 °C で融解する) に電極として 2 本の炭素棒を入れ，電圧をかけると，**陰極**で金属ナトリウムができ，**陽極**で塩素ガスが発生する．

陰極　　$Na^+ + e^- \longrightarrow Na$

陽極　　$2Cl^- \longrightarrow Cl_2 + 2e^-$

陽極では塩素の**酸化数**[12] が -1 から 0 に増加しているので，陽極反応は一種の酸化反応である．同様に，陰極ではナトリウムの酸化数が $+1$ から 0 に減少しているので，陰極反応は還元反応である．普通の酸化還元反応ではこの 2 つの変化が同時に起こる．

12) 酸化数とは，次のようないくつかの規則に基づいて 1 つの原子に割り当てられる電荷の数である．
① 単体中の原子の酸化数は 0 である．
② イオンの酸化数はそのイオンの電荷そのものである．周期表の 1 族の元素のイオンは $+1$ であり，16 族のイオンは -2，17 族のイオンは -1 である．
③ 酸素の化合物では，2, 3 の例外を除けば，酸素の酸化数は -2 である．過酸化水素 H_2O_2 では -1 である．OF_2 ではフッ素の電気陰性度のほうが大きいから，酸素の酸化数は $+2$ である．
④ 金属水素化物の水素は -1 であるが，それ以外の水素化合物ではすべて $+1$ である．

8.6.1 元素のイオン化傾向と平衡定数

銅塩の溶液中に亜鉛板を浸すと，亜鉛板上に金属銅が析出し，亜鉛は溶液中に溶ける．

$$Cu^{2+} + Zn \longrightarrow Cu + Zn^{2+} \tag{8.39}$$

これは次の 2 つの反応が同時に起こる**酸化還元反応**である．

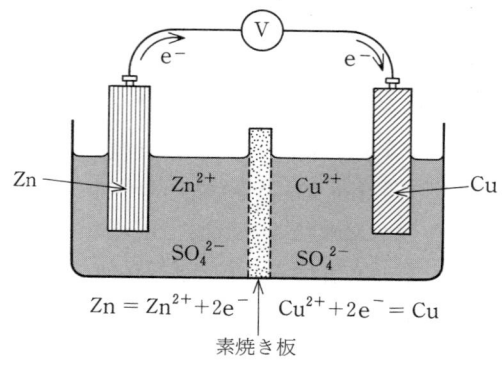

図 8.8 亜鉛と銅の電池

$$Zn \longrightarrow Zn^{2+} + 2e^-$$
$$Cu^{2+} + 2e^- \longrightarrow Cu$$

式（8.34）の反応では，逆に銅板を亜鉛の塩の溶液中につけても，銅板上に金属亜鉛が析出することはない．これは，亜鉛は銅より**イオン化傾向**が大きい，あるいは銅イオンは亜鉛イオンより還元されやすいということを意味している．還元されやすさの傾向の差は，図8.8のような電池の起電力として現れる．この電池の**起電力**は $[Cu^{2+}] = [Zn^{2+}] = 1 \, mol \, dm^{-3}$ のとき $1.10 \, V \, (25\,°C)$ である．電池の構成はしばしば次のように表示される[13]．

$$Zn \mid Zn^{2+}(1 \, mol \, dm^{-3}) \parallel Cu^{2+}(1 \, mol \, dm^{-3}) \mid Cu$$

[13) この装置を電池として見た場合，電子が亜鉛から銅に向かって流れるので，亜鉛を電池の負極，銅を正極と呼ぶ．

活量と活量係数

塩類を溶かした溶液中では，イオン間に引力や斥力があり，実際の効果としてあたかも一部が不解離のようにふるまう．言い換えれば，実際には濃度 $m \, mol \, kg^{-1}$ でイオンが存在していても，これが外に向かって示す作用は m より低い濃度 a ということになる．この a という量を**活量**と呼んでいる．a は実際の濃度 m に 1 より小さい係数 γ（**活量係数**）を掛けて得られる．この効果は難溶性の塩の溶液のように濃度が極めて低い場合は無視しても大きな誤差を生じないが，関係するイオンの濃度が高い酸化還元反応では無視できない．しかし，以下の記述では便宜的に濃度を活量と区別せず用いている．

イオンの還元されやすさの定量的尺度をつくるにあたって，次の反応が基準とされた．

$$2H^+(1 \, mol \, dm^{-3}) + 2e^- \longrightarrow H_2(1.01\times10^5 \, Pa)$$

これは濃度 $1 \, mol \, dm^{-3}$ の水素イオンが還元されて $1.01\times10^5 \, Pa$ の水素ガスになる反応で，図8.9のような電極（**標準水素電極**）を用いて起こすことができる．標準水素電極と濃度 $1 \, mol \, dm^{-3}$ のイオ

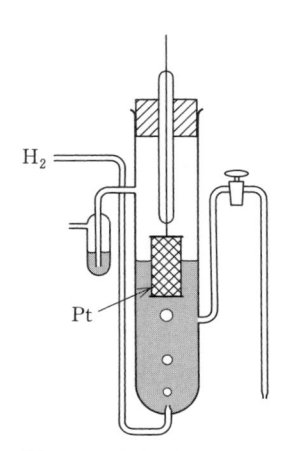

図 8.9 水素電極の構造

8.6 酸化還元平衡

ンを含む溶液からなる電極を組み合わせて得られる電池の起電力を**標準電極電位**($E°$)と呼び，電池が放電するときに H^+ の還元が起こる場合，その電極電位の符号をマイナスにとる．たとえば

$$Pt \mid H_2(1.01×10^5\,Pa) \mid H^+(1\,mol\,dm^{-3})$$
$$\parallel Mg^{2+}(1\,mol\,dm^{-3}) \mid Mg$$

の起電力は 2.34 V で，放電すると

$$Mg + 2H^+ \longrightarrow Mg^{2+} + H_2$$

が進行する．したがって

$$Mg^{2+} + 2e^- \longrightarrow Mg \qquad E° = -2.34\,V$$

である．

目で見る電池反応

蒸発皿に粉末亜鉛とヨウ素を入れて混ぜ，少量の水を加えると，激しく反応する．このときの反応熱で，未反応のヨウ素が蒸気となる．

$$Zn(s) + I_2(aq) \longrightarrow Zn^{2+}(aq) + 2I^-(aq) \qquad \Delta E° = 1.384\,V$$

(ヨウ素の蒸気を発生するので，この実験は教室の換気がよい状態か講義の終了間際に行わねばならない．)

表 8.7 標準電極電位($E°$)

電極反応	$E°$/V
$Li^+ + e^- = Li$	-3.05
$K^+ + e^- = K$	-2.92
$Ca^{2+} + 2e^- = Ca$	-2.87
$Na^+ + e^- = Na$	-2.71
$Mg^{2+} + 2e^- = Mg$	-2.34
$Al^{3+} + 3e^- = Al$	-1.67
$Mn^{2+} + 2e^- = Mn$	-1.18
$Zn^{2+} + 2e^- = Zn$	-0.762
$Fe^{2+} + 2e^- = Fe$	-0.44
$Cd^{2+} + 2e^- = Cd$	-0.40
$Ni^{2+} + 2e^- = Ni$	-0.228
$Pb^{2+} + 2e^- = Pb$	-0.129
$2H^+ + 2e^- = H_2$	0.00
$Cu^{2+} + 2e^- = Cu$	0.337
$I_2 + 2e^- = 2I^-$	0.53
$Hg^{2+} + 2e^- = Hg$	0.789
$Ag^+ + e^- = Ag$	0.799
$Cl_2 + 2e^- = 2Cl^-$	1.396
$Au^{3+} + 3e^- = Au$	1.50
$F_2(g) + 2e^- = 2F^-$	2.87

表の数値は 25 °C，単位活量の水溶液および標準気圧 $1.01×10^5$ Pa の気体に対するものである．

このようにして求めた $E°$ の値を表 8.7 に示す．この表では還元剤(酸化される物質)は右辺に書かれ，還元力の強いものから順番に並べられている．酸化剤は左辺に書かれ，酸化力の弱いものから並べられ，酸化力のいちばん強いものが最後に書かれている．したがって，表 8.7 の金属の標準電極電位は，水素のイオン化傾向を 0 とした場合の金属のイオン化傾向の大小を定量的に示したものと見ることもできる．また，この表を使えば，反応するイオンの濃度が $1\,mol\,dm^{-3}$ のときの電池の起電力 $\Delta E°$ がすぐわかる．たとえば，

$$Zn \mid Zn^{2+}(1\,mol\,dm^{-3}) \parallel Ag^+(1\,mol\,dm^{-3}) \mid Ag$$
$$\Delta E° = 0.799-(-0.762) = 1.56\,V$$

このとき進行する反応は

$$Zn + 2Ag^+ \longrightarrow Zn^{2+} + 2Ag$$

で，Zn 1 mol に対して Ag^+ 2 mol が反応するが，還元される傾向は反応するイオンの量には無関係なので，$0.799×2-(-0.763)$ V とならないことに注意しなければならない．また，次に，下のような電池反応が起こるときの起電力と平衡定数との関係を考えよう．

$$aA + bB + \cdots \longrightarrow pP + qQ + \cdots \qquad (8.40)$$

このときの平衡定数は

$$K = \frac{[\mathrm{P}]^p[\mathrm{Q}]^q\cdots}{[\mathrm{A}]^a[\mathrm{B}]^b\cdots}$$

式(8.40)の反応が起こるときのギブズエネルギーの変化量 ΔG は

$$\Delta G = \Delta G° + RT \ln \frac{[\mathrm{P}]^p[\mathrm{Q}]^q\cdots}{[\mathrm{A}]^a[\mathrm{B}]^b\cdots} \qquad (8.41)$$

で与えられる．また，一定の温度と圧力のもとでの電池反応の仕事量は，電池の起電力と流れる電気量の積に等しく，またその系の自由エネルギーの減少量 $-\Delta G$ に等しいから，

$$n\Delta E\,F = -\Delta G \qquad (8.42)$$

ただし，F は**ファラデー定数**，n は電極反応に関与する電子数である．電池内の反応物と生成物が標準状態にあれば，自由エネルギーの減少量 $-\Delta G°$ は

$$n\Delta E°\,F = -\Delta G° \qquad (8.43)$$

したがって，式(8.41)，式(8.42)，および式(8.43)から

$$\Delta E = \Delta E° - \frac{RT}{nF} \ln \frac{[\mathrm{P}]^p[\mathrm{Q}]^q\cdots}{[\mathrm{A}]^a[\mathrm{B}]^b\cdots} \qquad (8.44)$$

この式は**ネルンストの式**と呼ばれている．この式を用いれば，標準状態にはない電池の起電力を求められる．さらに，平衡状態では $\Delta G = 0$ であるから，$\Delta E = 0$．ゆえに

$$\Delta E° = \frac{RT}{nF} \ln K \qquad (8.45)$$

この式により，標準電極電位から酸化還元反応の平衡定数が計算できる．ところで，式(8.40)のような化学反応と違って，電池反応の駆動力が電極や電解質溶液の濃度変化から生じる電池がある．これを濃淡電池と呼んでいる．**濃淡電池**の原理は酸素センサなどに応用されている．

---

pH メーター

水素イオンに選択的に感応する特殊な薄いガラス隔膜をもつ電極を用いると，溶液中の水素イオン濃度が求められる．膜をはさんで水素イオン濃度の違う2種類の溶液を接触させると，次式で示される電位差 (E_M) が現れる．

$$E_\mathrm{M} = -\frac{RT}{F} \ln \frac{C_{\mathrm{H}^+}(\mathrm{II})}{C_{\mathrm{H}^+}(\mathrm{I})}$$

ガラス隔膜の一方の側の水素イオン濃度を一定にすれば，他方の水素イオン濃度に依存して電位差は変化する．この原理を利用して **pH メーター**がつくられる．

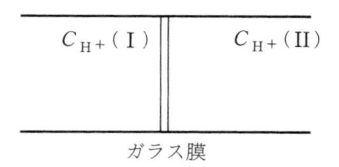

問　題

1. ある1次反応で，反応開始時の濃度が 0.2 mol dm^{-3} であり，10分後に 0.05 mol dm^{-3} になった．速度定数 k を求めよ．また，20分後の濃度はどのようになるか．　　　　　　　　　(0.14 min^{-1}, $0.0125 \text{ mol dm}^{-3}$)

2. ある2次反応で，反応物が同量ずつ存在するとき，反応物の半分が反応するのにどれだけの時間がかかるか．初濃度を a として求めよ．
$$(1/ka)$$

3. ヨウ化水素 HI は次式に従ってかなり分解している．
$$2\text{HI} \longrightarrow \text{H}_2 + \text{I}_2$$
この反応の平衡定数は，実験によれば100℃で0.0027である．この温度でヨウ化水素はどの程度分解しているか．　　　　　　　　(9.4%)

4. 四酸化二窒素 N_2O_4 は27℃，1.01×10^5 Pa で20%が分解して二酸化窒素 NO_2 を生じる．この反応の平衡定数を計算せよ．
$$(K_p = 1.69 \times 10^4 \text{ Pa})$$

5. 弱酸 HA の 0.03 mol dm^{-3} 溶液は 2% 解離していることがわかった．
　（1）$[\text{H}_3\text{O}^+]$　　（2）溶液の pH　　（3）解離定数の値
を求めよ．
　　　　　［（1）$0.0006 \text{ mol dm}^{-3}$, （2）3.22, （3）$1.22 \times 10^{-5} \text{ mol dm}^{-3}$］

6. 弱塩基 CH_3NH_2 の 0.01 mol dm^{-3} 溶液は 4% 解離していることがわかった（$CH_3NH_2 + H_2O \rightleftharpoons CH_3NH_3^+ + OH^-$）．
　（1）$[\text{OH}^-]$　　（2）溶液の pH　　（3）解離定数の値
を求めよ．
　　　　　［（1）$0.0004 \text{ mol dm}^{-3}$, （2）10.6, （3）$1.67 \times 10^{-5} \text{ mol dm}^{-3}$］

7. 純水および 0.01 mol dm^{-3} NaCl 水溶液への AgCl の溶解度はいくらか．AgCl の溶解度積を $1.0 \times 10^{-10} (\text{mol dm}^{-3})^2$ とせよ．
　　　　　　　　　　　　　　　　　　　　　$(1 \times 10^{-5}, 1 \times 10^{-8} \text{ mol dm}^{-3})$

8. AgBr, AgI の25℃における溶解度積はそれぞれ 5.2×10^{-13} および $8.3 \times 10^{-17} (\text{mol dm}^{-3})^2$ である．AgBr と AgI の両者を溶かした飽和水溶液中に存在する各イオンの濃度を計算せよ．
$$([\text{Ag}^+] = [\text{Br}^-] = 7.2 \times 10^{-7} \text{ mol dm}^{-3},$$
$$[\text{I}^-] = 1.2 \times 10^{-10} \text{ mol dm}^{-3})$$

9. 標準電極電位を用い，次の実験でどの化学反応が起こりうるか決めよ．
　（a）鉛棒を硝酸亜鉛溶液に浸す．
　（b）亜鉛棒を硝酸鉛溶液に浸す．

10. 電池 $\text{Zn} | \text{Zn}^{2+} \| \text{Ag}^+ | \text{Ag}$ について次の問に答えよ．
　（1）陰極，すなわち電池の正極，で起こる反応の式を書け．
　（2）陽極，すなわち電池の負極，で起こる反応の式を書け．
　（3）還元剤，酸化剤はそれぞれ何か．
　（4）電池内で進行する化学反応式を書け．

エネルギー資源

9

20世紀は生産力の驚異的な発展と2度の世界大戦により，空前の繁栄と破壊の世紀といわれている．人間活動を支えるエネルギー消費はそのことを反映し，表9.1[1]に見るように，20世紀の100年で量的に10倍以上となっただけでなく，質的にも再生可能エネルギーから化石燃料中心へと大きく変化した．この化石燃料の使用によって，温室効果ガスの1つである二酸化炭素が大量に排出されている．

1) 石油換算トン（toe, ton of oil equivalent）とは，各種のエネルギー源について比較を容易にするため，発生エネルギーが等しくなる石油のトン数に換算することをいう．1 toe = 41.868 GJ = 4.1868×10^{10} J．

表9.1 20世紀100年のエネルギー消費推移

	1900年	2000年	倍率
総合計（石油換算億トン）	9.11	91.8	10.2
	（内訳%）		
化石燃料小計	58	88	15.3
石炭	55	26	4.8
石油	2	39	199
天然ガス	1	23	235
原子力	0	7	―
再生可能エネルギー[注]	42	6	1.4

注）バイオマス（薪炭），水力，風力，太陽エネルギー

2013年，IPCC（気候変動に関する政府間パネル）第5次評価報告書は20世紀後半に観測された地球温暖化が人為起源の温室効果ガスによって引き起こされた可能性が極めて高いこと（95%以上）を報告している．エネルギー資源の問題は「資源」と「環境」の両面から社会の持続可能性の問題と深く結びついている．本章では現在のエネルギー利用状況，主要なエネルギー資源である化石燃料および再生可能エネルギー資源について述べる．

9.1 エネルギー利用の実態と展望

British Petroleum社による統計（BP統計）による世界の**一次エネルギー消費構成**を総消費量の多い国の順に，表9.2[2]に示す．原子力や天然ガスの増加により石油の占める割合は徐々に下がってきているが，いまだ最大である．二酸化炭素を排出する**石油，石炭，天然ガス**からなる**化石燃料は80%**を超えている．BP統計の再生可能

2) 近年，エネルギー白書やイギリス石油世界エネルギー統計などでは，エネルギーの単位として，石油換算トン（toe）ではなく，SI組立単位，ジュール（J）を用いている．2017年の一次エネルギー総供給量（TPES）の世界およびトップ10については表9.3を参照．

表 9.2　世界と一次エネルギー消費量の多い国の一次エネルギー消費構成（2019 年）[13]

	化 石 燃 料			原子力	水力	再生可能エネルギー	総消費量	構成比
	石油	天然ガス	石炭					
世界	**193.03** 33.1%	141.45 24.2%	157.86 27.0%	24.92 4.3%	37.66 6.4%	28.98 5.0%	583.90 100%	100%
中国	27.91 19.7%	11.06 7.8%	**81.67** 57.6%	3.11 2.2%	11.32 8.0%	6.63 4.7%	141.70 100%	24.3%
アメリカ	**36.99** 39.1%	30.48 32.2%	11.34 12.0%	7.60 8.0%	2.42 2.6%	5.83 6.2%	94.65 100%	16.2%
インド	10.24 30.1%	2.15 6.3%	**18.62** 54.7%	0.40 1.2%	1.44 4.2%	1.21 3.6%	34.06 100%	5.8%
ロシア	6.57 22.0%	**16.00** 53.7%	3.63 12.2%	1.86 6.2%	1.73 5.8%	0.02 0.1%	29.81 100%	5.1%
日本	**7.53** 40.3%	3.89 20.8%	4.91 26.3%	0.59 3.2%	0.66 3.5%	1.1 5.9%	18.7 100%	3.2%
カナダ	**4.50** 31.7%	4.33 30.5%	0.58 4.1%	0.90 6.3%	3.41 24.0%	0.52 3.7%	14.21 100%	2.4%
ドイツ	**4.68** 35.6%	3.19 24.3%	2.30 17.5%	0.67 5.1%	0.18 1.4%	2.12 16.1%	13.14 100%	2.3%
ブラジル	**4.73** 38.1%	1.29 10.4%	0.66 5.3%	0.14 1.1%	3.56 28.7%	2.02 16.3%	12.40 100%	2.1%
韓国	**5.30** 42.8%	2.01 16.2%	3.44 27.8%	1.30 10.5%	0.02 0.2%	0.29 2.3%	12.37 100%	2.1%
イラン	3.92 31.8%	**8.05** 65.2%	0.05 0.4%	0.06 0.5%	0.26 2.1%	*	12.34 100%	2.1%

上段：単位 EJ（exajoules エクサジュール：10^{18} joules）1 EJ ＝ 23.8846 Mtoe（石油換算百万トン） 下段：構成比（太字：最大構成比）一番右の列：「世界」に対する構成比．*）0.005 EJ 未満

3) 本章では「バイオマス」の意味として，国が定めたバイオマス・ニッポン総合戦略での定義「再生可能な，生物由来の有機性資源で化石資源を除いたもの」を用いている．本来，バイオマスとは生態学において，特定地域に生息する生物の総量，あるいはその中の群ごとの総量を指す．近年，有機資源の意味でバイオマスを使うことが多いため，生態学においては訳語としての「生物量」あるいは「現存量」を用いることの方が多い．

エネルギーは商業取引されているものに限定されているため，**IEA**（国際エネルギー機関）統計に比べ，**バイオマス**[3] エネルギーの評価が過小になりやすい．多くの国で石油が 1 位であるが，ロシアとイランでは天然ガス，中国とインドでは石炭が 1 位である．10, 11 位のイランとサウジアラビアは石油と天然ガス以外はほとんどなく，12 位のフランスは原子力が最大（36.8%）のエネルギー源である．

主要なエネルギー資源消費量の推移を図 9.1 に示す．天然ガスが一貫して増加し，石油消費は 1960 年代に増加し，石炭消費は 21 世紀に入り急増している．

主要先進国および発展途上国の一次エネルギー消費量の推移を図 9.2 に示す．2003 年以降 10 年間の増加率は，アメリカ−1.4%，ドイツ−3.6%，日本−7.9% と減少なのに対し，中国 129%，インド

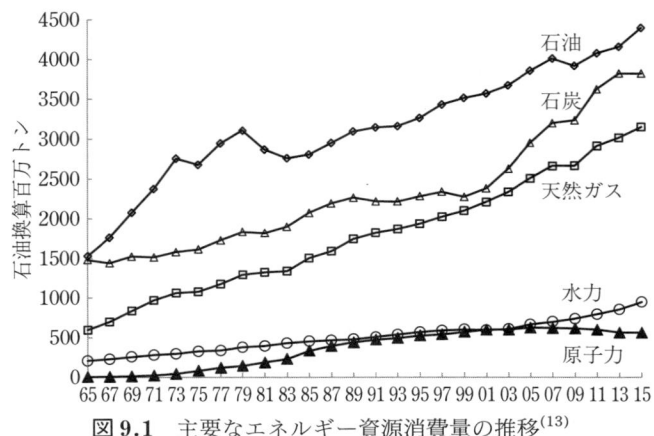

図9.1 主要なエネルギー資源消費量の推移[13]

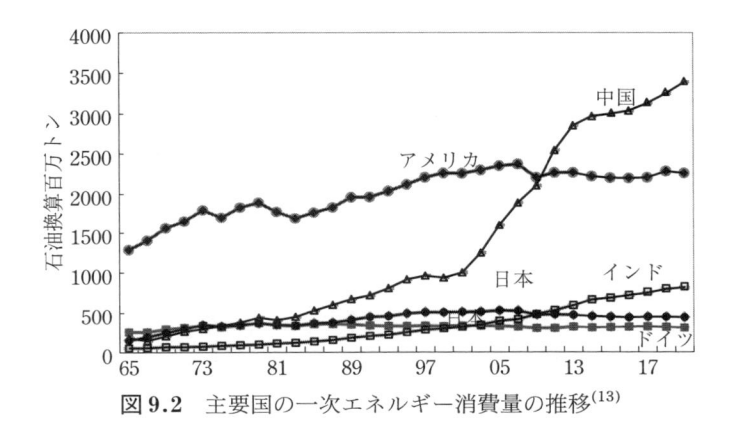

図9.2 主要国の一次エネルギー消費量の推移[13]

70.9%と，この間の世界の高い増加率（18.5%）の要因になっている．

表9.3に1人当たりおよびGDP（国内総生産）千ドル当たりのエネルギー供給量と燃料由来二酸化炭素排出量を示す．中国とアメリカの2ヵ国で世界の42.7%，上位10ヵ国で世界の66%を排出している．

1人当たりエネルギー供給量は，多くの先進国で石油換算4トン弱，二酸化炭素排出量は9トン前後である．しかし，アメリカ，カナダの2ヵ国はほぼ倍の二酸化炭素を排出している．

GDP千ドル当たりの一次エネルギー総供給量（toe）を**一次エネルギーGDP原単位**と呼び，小さいほど，その経済システムが省エネルギー的であるといえる．日本とドイツ，フランスは0.1前後と先進国の中でも低く，エネルギーの有効利用が進んでいる．しかし，カッコ内に示す**購買力平価**[4]（Purchasing Power Parity）を用いたGDP（PPP）で求めた一次エネルギーGDP原単位は，発展途上国の安い物価を反映して，大きな差は認められない．

4) 各国通貨の換算レートが平価である．購買力平価とは，同一の商品・サービスの各国別価格を比較して算定した通貨換算レートのことで，変動相場制下における物価水準の国際比率や各国の国内経済の比較分析などに使われる．外国為替市場の為替レートは，貿易などの国際的取引の影響や，投機による変動が多いが，購買力平価は，そういう影響・変動を除き，より経済実態に即した各国比較ができる．

表 9.3　一人当たり，および GDP 当たりの一次エネルギー総供給量と CO_2 排出量（2017 年）[12]

	CO_2 排出量 (Mt)	構成比 %	TPES (Mtoe)	人口 (百万人)	GDP (十億ドル)	一人当たり TPES(toe)	一人当たり CO_2(t)	GDP 千ドル当たり TPES(toe)	GDP 千ドル当たり CO_2(t)
世界	32 840	100.0	13 972	7 519.0	80 079	1.86	4.37	0.17(0.12)	0.41
中国	9 258	28.2	3 063	1 386.4	10 161	2.21	6.68	0.30(0.15)	0.91
アメリカ	4 761	14.5	2 155	326.0	17 349	6.61	14.61	0.12(0.12)	0.27
インド	2 162	6.6	882	1 339.2	2 631	0.66	1.61	0.34(0.10)	0.82
ロシア	1 537	4.7	732	144.5	1 680	5.07	10.64	0.44(0.23)	0.91
日本	1 132	3.4	432	126.7	6 141	3.41	8.94	0.07(0.09)	0.18
ドイツ	719	2.2	311	82.7	3 884	3.76	8.69	0.08(0.09)	0.19
韓国	600	1.8	282	51.4	1 346	5.49	11.67	0.21(0.15)	0.45
カナダ	548	1.7	289	36.5	1 873	7.92	15.01	0.15(0.18)	0.29
イラン	567	1.7	262	81.2	561	3.23	6.98	0.47(0.17)	1.01
サウジアラビア	532	1.6	211	32.9	684	6.42	16.18	0.31(0.13)	0.78
ブラジル	428	1.3	290	209.3	2 279	1.39	2.04	0.13(0.10)	0.19

Mtoe：石油換算百万トン　Mt：百万トン　CO_2 排出量：燃料由来の CO_2　TPES：一次エネルギー総供給量　GDP：国内総生産　GDP 千ドル当たり TPES：2010 年の為替レートによる米ドル．なお，（ ）内は購買力平価（Purchasing Power Parity）で補正した GDP（PPP）千ドル当たりの値である．サウジアラビアまでが CO_2 排出量上位 10 か国である．TPES 7 位のブラジルは CO_2 排出量は 12 位である．出典：IEA Key World Energy Statistic

9.2　日本のエネルギー需給の状況

日本におけるエネルギーの最終エネルギー消費と一次エネルギー総供給量を経済規模の指標である GDP とともに，図 9.3 に示す．エネルギーは，原油や石炭，天然ガスなどといった形で供給され，ガソリンや電気などの使い勝手のよい**二次エネルギー**へ転換されて消費される．このため，一次エネルギー総供給と最終エネルギー消費のギャップは，エネルギー転換の際のロス（転換損失）を示している．この転換損失はおおむね 30〜35% 程度であるが，近年減少しつつある．エネルギー消費は 1970 年代までは，GDP よりも高い伸び率で増えてきた．1970 年代の 2 度にわたる石油ショック[5] を契機に産業部門での省エネルギー化の進展，省エネルギー型製品の開発などで，エネルギー需要を抑えながら経済成長を果たしたことがわかる．1973 年比で，2014 年は GDP 2.4 倍，企業・事業所他部門が 1.0 倍［産業部門（44.8%）0.8 倍，業務他部門（17.8%）2.4 倍］，家庭部門（14.3%）が 2.0 倍，運輸部門（23.1%）1.7 倍である（% は 2014 年の構成比）．

エネルギー供給面では，石油依存度が高く，自給率が非常に低いことが特徴である．表 9.4 は 1960 年代に進行した炭坑閉山によってエネルギー自給率が激減していることを示している．最近の自給率向上は，風力や太陽光などの再生可能エネルギーの普及によっている[6]．なお，コストに占める燃料費が低いこと，IEA（国際エネ

5）石油ショックとは，1970 年代に起こった原油価格の急激な上昇のこと．「オイル・ショック」ともいう．第 1 次石油ショック：1973 年 10 月の第 4 次中東戦争が勃発した際，アラブ石油輸出国機構（OAPEC）が石油の減産・禁輸を行い，原油価格を一挙に 4 倍に引き上げるという石油戦略をとった．1974 年春には原油価格は 1972 年末の約 5 倍に値上がりした．第 2 次石油ショック：1979 年 2 月にイラン革命が起こり，原油価格が再び急騰．1980 年，イラン・イラク戦争が発生し，両国の石油輸出がストップしたため石油価格は第 2 次ショック以前の 2 倍半に上昇した．2 回の石油ショックとも世界経済に大きな打撃を与えた．

6）2011 年の東日本大震災により，原子力を含む自給率は 2010 年の 20.3% から 2018 年 11.8% に減少したが，原子力を含まない自給率は 4.8% から 9.0% と約 2 倍に増加した．この間，風力や太陽光など，再生可能エネルギーの自給エネルギーに占める割合が 16.3% から 40.7% に大きく増加している．

図9.3 日本のエネルギー需給と経済成長[25]

表9.4 日本のエネルギー自給率の推移[25]

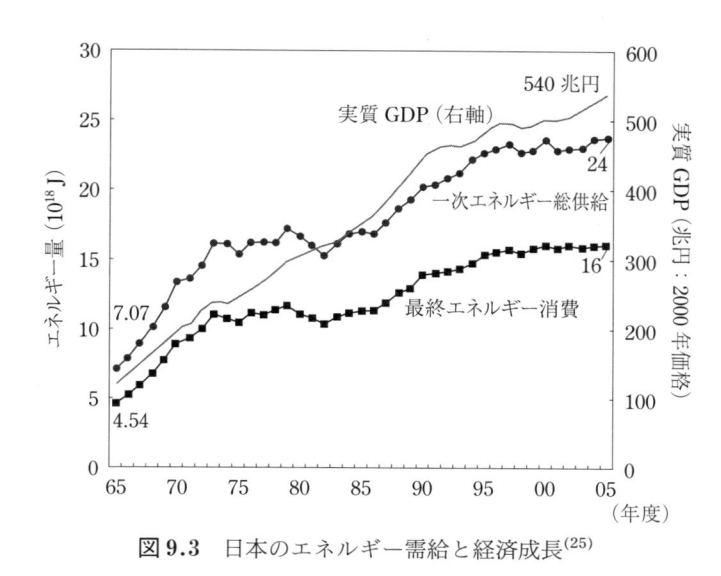

	1960	1970	1980	1990	2000	2010	2015	2018
エネルギー自給率	58.1%	14.9%	6.7%	5.8%	5.0%	4.8%	7.0%	9.0%
原子力を含む	58.1%	15.3%	12.6%	17.1%	20.4%	20.3%	7.4%	11.8%

ルギー機関）が原子力を「国産エネルギー」としていることから，エネルギー白書は，2013年以降，原子力をエネルギー自給率に含めている．

以下にエネルギーの種類（7.1節参照）に沿って，現在の主要なエネルギー資源から新しいエネルギー資源まで紹介する．

9.3 化学エネルギー源

7章で学んだように，物質の状態に変化が起こるとエネルギーの放出・吸収が起こる．状態変化には，固体，液体，気体相互の変化[7]の他，化学反応や原子核反応による変化がある．化学反応を利用するエネルギーを**化学エネルギー**と呼び，原子核反応を利用するエネルギーを**原子力エネルギー**や核融合エネルギーと呼んでいる．火の使用が他の動物とヒトとを分ける大きな特徴のひとつであるように，人類は化学エネルギーを利用することによって文明を築いてきた．近年，水力や風力などの力学的エネルギーや太陽光（**電磁波エネルギー**）の利用が進んではいるが，化石燃料やバイオマス燃料など化学エネルギー源は2013年でも約90％を占めている．これまで利用してきた化学エネルギー源のほとんどは次の2つのどちらかに含まれる．

7) 北海道，東北で利用されている雪を利用した穀物の保冷倉庫は，固体（雪）から液体（水）への状態変化のエネルギーを利用したものである．

（1） 燃焼によって大量の熱を放出できる物質（**燃料**）

（2） 化学反応に伴って電気エネルギーを発生できる装置（**電池**）

燃えるものであれば何でも燃料として利用できるが，産業革命以前の主要なエネルギー源は薪や炭，あるいは動植物由来の油などの**バイオマス燃料**であった．産業革命は燃料革命とも呼ばれるように，安価で，多量に入手可能で，輸送が容易な**化石燃料**の使用によってはじめて可能となった．産業革命以降，化石燃料の使用は増え続け，今後も化石燃料依存は続くことが予想される．しかし，再生可能エネルギーとしてのバイオマス燃料の見直しも進んでいる．

一方，化学エネルギーを直接電気エネルギーに変えることのできる電池は，エネルギー供給源としての使用量はきわめて少ない．しかし，クリーンで高品質のエネルギー発生源として注目され，重要性はさらに増すと考えられる．

9.4 化石燃料

化石燃料とは通常，石炭，石油，天然ガスの3つを指し，その多くが動物や植物の死骸が地中に堆積し，長い年月の間に変成してできた燃料と考えられることから化石燃料と呼ばれる．石油，天然ガスについては，生物（有機）成因説以外に無機成因説があるが，エネルギー資源を考えるときはその成因を問わず，一括して化石燃料としている．

表 9.5 に化石燃料の**確認埋蔵量**[8]を示す．石油の需要は 20 世紀の 100 年間で約 200 倍と急増したため，常に資源枯渇が心配されてきた．長い間約 30 年といわれた可採年数[8]は，採掘技術や探査技

8) 確認埋蔵量とは，資源の所在が明らかで，現在の技術で採掘でき，その採掘が経済的に見合うという条件を満たす埋蔵量のことで，その年の生産量で割った値が可採年数である．可採年数は現状のままの生産量で，あと何年生産が可能であるかを表す．

表 9.5　世界の化石燃料の確認埋蔵量[13]

	石油/10^9 t	石炭/10^9 t	天然ガス/10^{12} m^3
確認埋蔵量	244.6	1069.6	198.8
	（2019年末）	（2019年末）	（2019年末）
北米	14.1%	24.1%	7.6%
中南米	18.7%	1.3%	4.0%
欧州	0.8%	12.6%	1.7%
CIS*	8.4%	17.8%	32.3%
中東	48.1%	0.1%	38.0%
アフリカ	7.2%	1.4%	7.5%
アジア・太平洋	2.6%	42.7%	8.9%
可採年数	49.9	132	49.8

＊）CIS：バルト3国を除く旧ソ連を構成していたロシアなど9ヵ国の共同体

術の進歩のみならず石油価格の高騰により，**非在来型エネルギー資源**[9]であるオイルサンドの商業生産が可能となり，カナダとベネズエラの埋蔵量が急増したため，確認埋蔵量がこの5年間に1.4倍に増加し，ほぼ50年となった．石炭は近年の急激な需要増により，2001年の216年が2014年には110年まで急減したが，2016年の埋蔵量増により130年以上となった．天然ガスについても，20世紀後半需要が急増しているが，非在来型資源であるタイトサンドガスやCBM（コールベッドメタン，炭層ガスともいう）に加えて，シェールガスの商業生産の開始に伴い確認埋蔵量が増加している．

9) 非在来型資源とは，採取にコストがかさむ技術を必要とし，開発が見送られてきた資源である．石油ではカナダアルバータ州やベネズエラ東部のオリノコ地域（オリノコタールとも呼ばれる）のオイルサンドや頁岩（shale）を母岩とするオイルシェールが知られている．天然ガスでは，貯留岩が頁岩のシェールガス，砂岩のタイトガスサンド，石炭層に含まれるメタンCBM（Coalbed methane）の他，メタンハイドレートがある．非在来型は在来型よりも資源量が豊富という魅力がある．

化石燃料は枯渇しないが，使えなくなる？

石油は20世紀をとおしてその枯渇が心配されてきた．しかし，可採年数[8]は1930年～2019年の90年間に「18年」から「50年」と2.7倍に伸びており，「枯渇しない」と言われるほどである．

しかし，近年の異常気象の頻発など地球温暖化対策は緊急課題であり，IPCC「第5次評価報告書」が，「人為的発生源からのCO_2累積排出量を一定値に制限する（正味のCO_2排出をゼロの状態とする）必要がある．」とし，2018年に公表されたIPCC特別報告書「1.5℃の地球温暖化」*では，「CO_2排出量が2030年までに45％削減され，2050年頃には正味ゼロに達する必要がある[10]．」ことを強調している．

10) 吉野彰氏ら3氏が受賞した2019年ノーベル化学賞の受賞理由に，「**foundation of a wireless, fossil fuel-free society, and are of the greatest benefit to humankind**」とある（太字は引用者）．

以上述べられている「CO_2排出量」のほとんどが化石燃料の使用によるものであり，その意味で，「化石燃料は枯渇しないが，使えなくなる！」のである．

*) http://www.env.go.jp/earth/ipcc/6th/ar6_sr1.5_overview_presentation.pdf

9.4.1 石油

表9.2，図9.1が示すように，**石油**は世界経済の驚異的な成長を支えたエネルギーである．20世紀は石油なしの生活が考えられない石油文明の世紀といえる．21世紀に入り，天然ガスの増加，石炭の復調などでそのシェアを下げたが，いまだ総エネルギー供給量の30％以上を占め，発展途上国を中心に今後も需要が伸びることが予想されている．

生産と**需要**：世界の石油生産は1965～2019年の54年間で2.98倍になった．主要生産国はアメリカ（16.7％），ロシア（12.7％），サウジアラビア（12.4％），カナダ（6.1％），イラク（5.2％），中国（4.3％）などである．アメリカはシェールオイルの生産で2011年の8.36％から急激にシェアを高め，世界一の産油国となっている．

世界の石油消費に最大のシェアをもつ先進地域は第一次，第二次の石油ショックを経て，石油代替エネルギーの導入促進などもあ

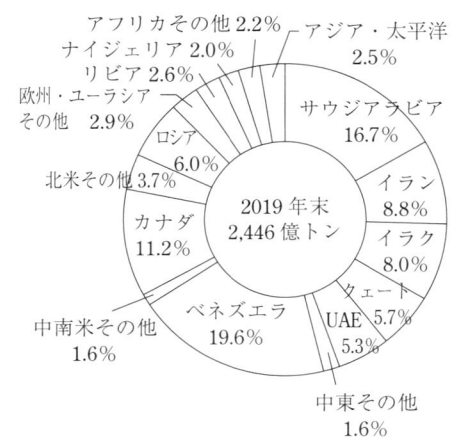

図9.4 世界の主要原油埋蔵国[13]
（UAE：アラブ首長国連邦）

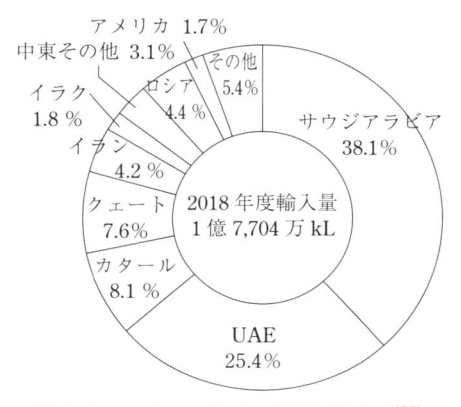

図9.5 日本の原油主要輸入相手国[25]

11) ケロジェンは褐色の高分子または難分解性の有機物で，現在でも水環境や土壌環境に普遍的に存在し，環境中で炭素サイクルおよび物質循環に重要な役割を果たしている．ケロジェンの熱分解により炭化水素が生成することが知られている．

12) 出典 Gold, T. 1988：地球深層ガス（脇田宏監訳）日経サイエンス社

13) 試料と標準物質の同位対比の比から次の式で求めた $\delta^{13}C$ を用いる．
$\delta^{13}C = [(^{13}C/^{12}C)_{試料}/(^{13}C/^{12}C)_{標準} - 1] \times 1000$（単位は千分率，パーミル，‰）
メタンの $\delta^{13}C_1$ が，$\delta^{13}C_1 > -25$‰：非生物起源（海底熱水噴気孔からのマントル起源メタンなど），-25‰ $> \delta^{13}C_1 > -60$‰：生物起源有機物の熱分解，$\delta^{13}C_1 < -60$‰：微生物起源（メタン細菌によるメタンなど）と考えられている[40]．

り，シェアは1973年の74%から2011年には51%に低下した．経済発展を続ける発展途上地域のシェアは同期間に15%から44%と3倍弱になった．

埋蔵量：2019年末の確認埋蔵量の多い国を図9.4に示す．世界の確認埋蔵量の48.1%が中東に偏在している．シェールオイル，オイルサンドの一部が商業生産に入り，確認埋蔵量となった現在，2010年末の1,888億トンから2,446億トンと増加し，トップがサウジアラビアからベネズエラになり，3位にカナダが入っている．

非在来型エネルギー資源であるオイルサンド，オイルシェールなどが豊富に存在するため，資源価格の高騰や開発技術の進歩によって，これらの資源が全て採掘可能となれば，合計約1兆500億トンとなり，可採年数は235年と飛躍的に増加する．

日本の石油輸入先：日本はほぼ全量を輸入に頼っている．図9.5に2018年の主要輸入国をその輸入比率とともに示す．1980年に71.4%であった中東依存度が現在88.2%に達している．

石油の成因：石油の成因については1830年頃から議論がはじまり，大きく分けて，有機（生物）成因説と無機（非生物）成因説の2つの考え方がある．現在ではほぼ**有機成因説**が受け入れられている．

太古の時代に動植物の死骸が，細粒堆積物に取り込まれつつ地下に埋没して沈積する．その多くは好気性微生物によって二酸化炭素と水に分解される．酸素の供給が不十分な場合，嫌気性バクテリアの作用を受けて，ケロジェン[11]と呼ばれる石油の前駆体を生成する．これがさらに地下深く埋没して，1000万年以上という長い年月をかけ，地熱により熱分解を受け，二酸化炭素，水とともに炭化水素を生成したと考えられている．

無機成因説は地球の始原物質のガス成分は主にメタンであり，その一部が高分子量の炭化水素を生成，集積して石油鉱床になったと考えている．無機成因説を代表するゴールド[12]は地球深層に閉じこめられた地球誕生時のメタンによって地下に沈積した有機堆積物が水素化され，メタンも重合し，石油が生成したという，無機有機二元成因説を提案した．

1章で学んだように，炭素には ^{12}C，^{13}C と表記する質量数12と13の**安定同位体**が存在し，その存在比は $^{12}C:^{13}C = 98.90:1.10$ である．生物起源の炭素化合物は最終的には全て植物が光合成で固定したものに由来する．光合成で二酸化炭素を取り込むとき，^{12}C を ^{13}C より速く取り込むため，生物起源の炭素化合物には ^{12}C を多く含んでいる．^{12}C と ^{13}C の存在比[13]から石油が生物起源か，非生物起源かがわかる．日本，カナダ，アメリカ合衆国，ヨーロッパ，

ロシアなどで生産している油・ガス田から採取した1699の資料の^{12}Cと^{13}Cの存在比からは非生物起源と考えられるのは0.3%とほとんどなく，一部の微生物起源を除けば，生物起源有機物の熱分解生成物だと考えられている[14]．

石油鉱床：ケロジェンから放出された炭化水素は，岩石の細かい割れ目や粒子の間を移動し，やがて砂岩や石灰岩の微細な空隙にたどり着き，そこに集中する．石油や天然ガスをためるすき間の多い岩石を貯留岩といい，それを覆うすき間の少ない岩石を帽岩という．貯留岩と帽岩の組み合わせで炭化水素をためる地質構造をトラップという．**背斜構造**（図9.6）は，トラップとして最も重要なものである．

このようにして炭化水素が濃集している部分を**石油鉱床**といい，特に液体の炭化水素が濃集しているものを**油田**，気体の炭化水素が濃集しているものを**ガス田**という．

石油を生産する油井はやぐらを組み油層まで，ビットという硬いキリのついた鉄の管を回転させながら掘削する．油層やガス層の圧力が高い初期には，自噴で石油を回収し，圧力が下がるとポンプで汲み上げる（一次採取法）が，40%程度しか回収できない．そこで，別のパイプからガス（二酸化炭素など）や水を圧入してさらに10〜15%を回収する（二次採取法）．さらに油の一部を燃やして分解すると，65〜75%までの採取が可能とされる（三次採取法）．

石油の成分：石油はきわめて多種類の化合物の混合物であるが，大部分は炭化水素である．現在までに同定された350種以上の炭化水素のほとんどは炭素数が15個以下の分子である．また，量的には少ないが，非炭化水素化合物も原油中から発見されており，200種以上の硫黄化合物，50種以上の窒素化合物，70種近い酸素化合物が同定されている．フランス石油研究所が分析した636の原油の分析値を平均した各成分の構成比を表9.6に示す．石油の主成分は炭化水素[15]で，その元素組成は，炭素が82〜87%，水素が12〜15

[14] 石油開発に関わっているほとんどの探鉱技術者は，非生物起源炭化水素の存在は認めているが，その量は非常にわずかであり，油・ガス田の成立に貢献していないと考えている[40]．

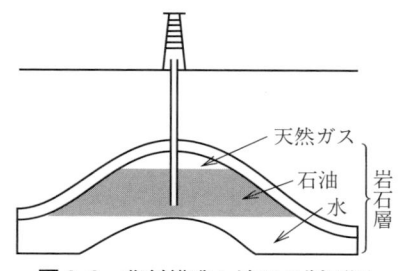

図9.6 背斜構造と油田の断面図

[15] 同じ炭化水素でも，その構造は産油地でかなり異なっている．直鎖状のパラフィン系からなるアメリカペンシルバニア原油から精製された鉱物油は優れた潤滑性を示すエンジンオイルとなる．一方，中近東原油からつくられた鉱物油は環状のナフテン系からなるため，潤滑性が劣ることが知られている．

表9.6 原油中の成分とその構成比

石油	炭化水素	パラフィン系（アルカン）：飽和鎖状化合物	53.3%
		ナフテン系（シクロパラフィン）：飽和環状化合物	
		芳香族：ベンゼン環をもつ化合物	23.2%
		オレフィン系：不飽和鎖状化合物	<0.1%
	非炭化水素	アスファルト：S,N,Oなどのを含む複雑な化合物	18.5%
		その他	〜5%

注）オレフィン系化合物は原油中には希でほとんど含まれていない．

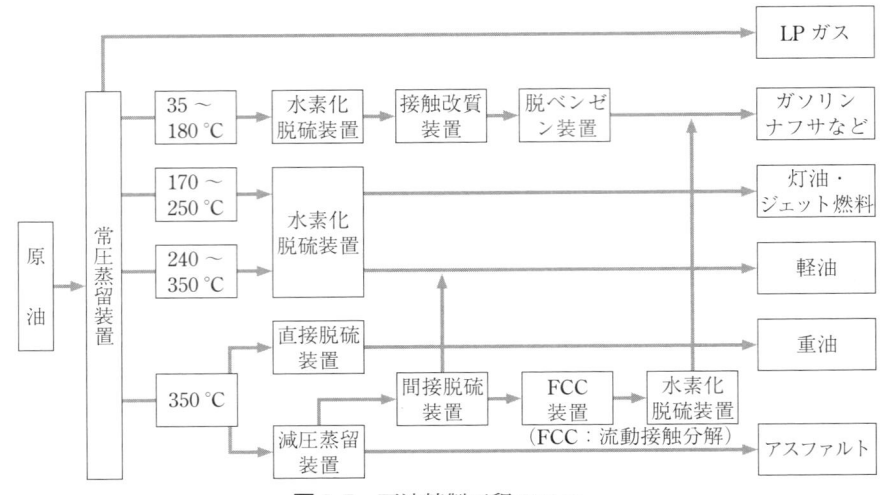

図 9.7 石油精製工程のフロー

％である．

石油精製：油田から取り出された原油から燃料油，石油化学製品などを製造する工業プロセスのことを**石油精製**という．

石油精製工程を図 9.7 に示す．常圧蒸留装置は沸点の順に LP ガスから重油まで分ける．蒸留残油の重油をさらに減圧蒸留する．これらの生成物から不純物を除去し，性状を改善して石油製品とする．

水素化脱硫装置は，触媒の存在下で原料油に水素を加えて反応させ硫黄や窒素，金属などの不純物を除去する装置である．石油の主たる用途は燃料油なので，硫黄を除去する脱硫は重要なプロセスである．**直接脱硫装置**は常圧残油を処理する重油水素化脱硫装置で，**間接脱硫装置**は減圧蒸留で得られる減圧軽油を処理する減圧軽油水素化脱硫装置である．

接触改質装置は，ナフサを原料として，触媒を使用し高オクタン価[16]の芳香族を多量に含むガソリンを製造する技術である．得られたリフォーメート・ガソリンは自動車燃料としての利用のほか，石油化学原料としての芳香族留分（BTX[17]）を製造するための技術としても利用される．また，多量に副生する水素は水素化脱硫や水素化分解用などの安価な水素源としても利用されている．

FCC（流動接触分解）装置は，Y 型ゼオライト系触媒を用い，重質油（減圧軽油や常圧残油など）を接触分解して，主にオクタン価の高いガソリンを製造する装置である．ガソリンの他にプロピレンやブテンなどの石油化学原料も製造される．

水素化分解法は，水素化能と分解能の 2 つの機能を有する触媒を用いて高温高圧の水素気流中で原料油を分解するもので，同時に脱硫，脱窒素反応も行われるため，高品質のガソリン，中間留分を選

[16] オクタン価とは，ガソリンのエンジン内でのノッキング（異常燃焼）の起こりにくさを示す数値で，高いほどエンジンの圧縮比（吸引時と圧縮時のシリンダー容積の比）を上げることができ，効率がよくなる．イソオクタン（2,2,4-トリメチルペンタン）をオクタン価 100 とし，n-ヘプタン（C_7H_{16}）をオクタン価 0 として比較して決める．なお，ディーゼルエンジンのノッキングの起こりにくさを示すセタン価では，直鎖上の n-セタン（$C_{16}H_{34}$）がセタン価 100 で，枝分かれの多い 2,2,4,4,6,8,8-ヘプタメチルノナンがセタン価 15 と最も低いことは興味深い．

[17] ベンゼン（B），トルエン（T），キシレン（X）

択的かつ高収率で得られる．

石油製品：石油精製工程で生産される石油製品は原油の性質にも影響されるが，需要構造にあわせて変化する．乗用車の普及が進むと，ガソリン消費が増えるため，FCCや水素化分解で，常圧蒸留で得た重油などを分解してガソリンや軽油の生産を増やすことになる．このため，得られる石油製品の割合は国によって異なる．2010年の日本では，約90%が燃料油で，その内訳は，ガソリン29.7%（ほぼ自動車用），ナフサ23.8%（ほぼ石油化学用），ジェット燃料2.6%，灯油10.4%，軽油16.8%，A重油[18] 7.9%，B・C重油8.8%である．燃料油以外では石油ガス，液化石油ガス，潤滑油，アスファルト，回収硫黄などがある．

日本の石油化学はナフサを原料にしているため，石油精製工場とパイプラインで結ばれ，コンビナートを形成している．2018年の生産量はエチレン616万トン，プロピレン517万トン，ベンゼン401万トン，キシレン677万トンなどである．

9.4.2 天然ガス

天然に産する可燃性物質のうち，常温常圧でガス状のものを**天然ガス**という．炭化水素以外の不純物を含まず，エネルギー当たりの二酸化炭素排出量が少ないため，化石燃料の中では最もクリーンで高カロリーなエネルギー源である．

生産と需要：2008年から2018年の間，石油および石炭の生産量の伸びが双方とも年平均1.4%であったのに比べ，2.4%を記録した．2019年の地域別生産量のシェアは，欧州ユーラシアが27.1%，北米28.3%，中東は17.4%である．

天然ガス需要が堅調な背景には，他の化石燃料に比べ環境負荷が少なく，コンバインドサイクル発電[19]などの技術進歩により，発電燃料としての需要が高まったことなどがある．世界需要に対するシェアは北米，欧州ユーラシアで55.6%を占めている．これは地域内での豊富な生産量とパイプラインの整備のためである．日本は天然ガスのほとんどをLNG[20]として遠距離輸送し，輸送コストが高いため，シェアは2.8%と低い．

埋蔵量：2019年末における天然ガス確認埋蔵量は全世界で198兆8000億m^3であり，エネルギー換算で石油の**確認埋蔵量**にほぼ匹敵する．図9.8に天然ガス主要埋蔵国を示す．中東地域にロシア，トルクメニスタンを加えると世界の66.9%を占め，石油ほどではないが地域遍在性が高い．天然ガスは未発見埋蔵量がかなりあると考えられ，後述するシェールガスやメタンハイドレート採掘の

18) 重油をA重油，B重油，C重油と分けるのは日本独自の税制上の分類である．用途を農業用・漁業用に限定することを条件に無税としたものがA重油である．A重油は若干炭素の含有率が高いが，化学成分的，国際標準的には軽油である．

19) コンバインドサイクル（Combined Cycle）発電とは，内燃力発電の排熱で汽力発電（蒸気タービンを用いた発電）を行う複合発電である．内燃機関としてはガスタービンエンジンが使用される．ガスタービンの排気から熱を回収し，二重に発電を行う．このため熱効率が高い，廃棄される熱エネルギーも少なく，冷却水量・温排水量が少ない，などの特長をもつ．従来の火力発電の熱効率が40%前後なのに対し，60%以上の熱効率も可能である．なお，石炭ガス化や原油の減圧蒸留残渣（ピッチ）のガス化と組み合わせたコンバインドサイクル発電はガス化複合発電と呼ばれる．

20) LNGとは沸点が−162°Cのメタンを主成分とした天然ガスを冷却液化した液化天然ガス（Liquified Natural Gas）のことである．

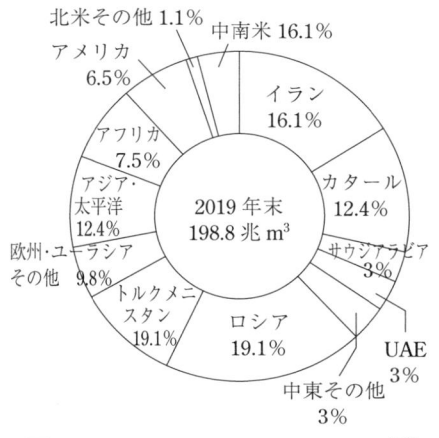

図9.8 世界の主要天然ガス埋蔵国[13]
（UAE：アラブ首長国連邦）

2019年末 198.8兆m^3
- 北米その他 1.1%
- アメリカ 6.5%
- アフリカ 7.5%
- アジア・太平洋 12.4%
- 欧州・ユーラシアその他 9.8%
- トルクメニスタン 19.1%
- 中東その他 3%
- UAE 3%
- ロシア 19.1%
- サウジアラビア 3%
- カタール 12.4%
- イラン 16.1%
- 中南米 16.1%

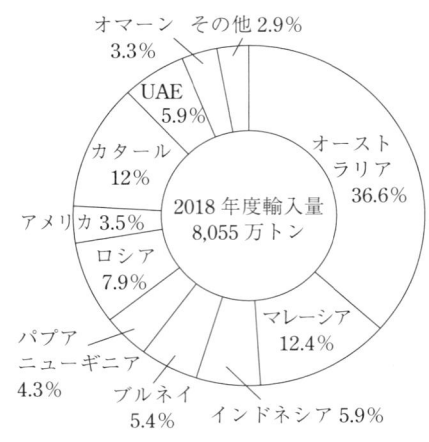

図9.9 日本の主要天然ガス輸入相手国[25]（UAE：アラブ首長国連邦）

21) 比較的浅い（1000 m以内）ところのメタンは生物醱酵起源（メタン細菌が二酸化炭素を消費して生成）と考えられている．石油の成因の項で紹介したδ^{12}Cを用いた研究でも大部分が熱分解起源で一部が生物醱酵起源であることがわかる．

22) ドライガスはケロジェンの熱分解反応の最終生成物であり，貯留層深度も当然深くなる．石油，天然ガスの探鉱費用のうち，8割以上を占めるのが坑井掘削費であり，従来の試掘深度はコストの点からも制限されたため，ドライガスの存在深度に対し必ずしも十分ではなかった．今後より深部の試掘によって，天然ガスを新規に発見する可能性は大きいと考えられる．

技術開発が進むとかなりの量となる．

日本の天然ガス輸入先：日本は供給に占める輸入の割合が97.7％と極めて高く，全量をLNGで輸入している．図9.9に主要輸入相手国を示した．オーストラリア，マレーシアなどアジア太平洋地域が65％弱を占めている．2017年1月には米国からのシェールガスを原料にしたLNG輸入が開始されるなど，供給先の多角化が進展している．天然ガスの世界貿易の67％はパイプラインで，33％がLNGタンカーで輸送されている．LNGによる貿易の26％を日本が占めている．

天然ガスの成因：メタンは地球誕生時の始原物質のひとつであり，無機（非生物）成因説もあるが，現在採掘されている天然ガスの成因は石油と同じと考えられる．地中に埋没した根源岩中のケロジェンの地熱による熱分解反応により石油を生成する．岩石の埋没深度がさらに増し，地温がさらに上昇すると一度できた炭化水素が再分解し，最終的にはほとんどすべての炭化水素が炭素1個のメタンにまで分解される．これが天然ガスの主要な生成過程[21]であり，熱分解ガスという．すき間の多い砂岩などの岩石がそばにあると，炭化水素は生成した泥岩から砂岩に移動し，上昇していく．このとき，すき間の少ない岩層が上部にあると，炭化水素の移動が止められ，油層やガス層ができる．背斜構造が重要であることは，石油鉱床の場合と変わらない．

天然ガス鉱床：地殻中に単独で存在する天然ガスを**構造性ガス**（ガス田ガス），油田の上部にある天然ガスを**随伴ガス**（油田ガス）という．随伴ガスはエタン，プロパン，ブタンなどの比率が高いウェットガスであることが多い．石油の埋蔵量は大きく，随伴ガスも天然ガスの重要な供給源である．しかし天然ガスの全埋蔵量中の比率では，熱分解性ガスからなる構造性ガスが80％と圧倒的に多い．構造性ガスはメタンがほとんどでドライガス[22]と呼ばれる．

天然ガスの成分：表9.7に代表的な天然ガスの組成を示す．アラスカのガス田は典型的なドライガスである．

天然ガスの利用：2004年の天然ガスの利用用途は欧米では発電

表9.7 天然ガスの組成

天然ガス田	メタン	エタン	プロパン	ブタン	ペンタン以上の炭化水素	窒素
アラスカ ケナイ	99.81%	0.07%	0.00%	0.00%	0.00%	0.12%
ブルネイ ムルート	89.83%	5.89%	2.92%	1.30%	0.04%	0.02%
アブダビ ダス	82.07%	15.86%	1.86%	0.13%	0.00%	0.05%

用が29%，産業用が〜23%，家庭・業務用などが〜48%であるのに対し，日本では，66%，15%，19%と3分の2が発電用である．日本ではLNG輸入という形態でしか天然ガスを導入できず，需要が集積しやすい発電用や一定規模の大手都市ガス会社を中心に導入されたことが需要構造を決めている．発電用燃料としての天然ガスの優位性が高まっていることから，欧米でも発電用としての利用が増加している．

LPガス：LPガスは1960年代まで石油精製過程からの分離ガスが主であったため，独立して扱われることはなかった．

2005年の世界の生産量は2.2億トンで，ガス田および油田の随伴ガスとして6割，製油所から4割が生産されている．また，日本での需要約1900万トンの75%が輸入されている．輸入相手先は中東が85.2%で大半を占めている．なかでもサウジアラビア37.3%，アラブ首長国連邦（UAE）25.3%と2ヵ国で3分の2近い．用途は家庭・業務用が44%，産業用が29%と大きく，都市ガス用は7%にまで減少している．

シェールガス革命：シェールガス（shale gas）とは泥岩の中で硬く，薄片上に割れやすい頁岩（shale）層から採取される天然ガスである．頁岩は粒子が細かく流体を通しにくい（浸透率が低い）ために，自然の状態では商業資源とはなりえない非在来型天然ガス[9]である．世界最大の天然ガス消費国アメリカでは，既に1980年代に他の非在来型天然ガスであるタイトサンドガス開発ブームが，1990年代にはCBM開発ブームが起こり，2000年にはこれら2つを合わせた非在来型天然ガスが天然ガス生産量の30%にまで拡大していた．21世紀に入り国内需要に生産が追い付かないことが認識され，LNG輸入計画とともにシェールガス開発が本格化した．非在来型天然ガスの中でも特に商業生産が困難とされたシェールガス開発を可能にしたのは，ガスの閉じ込められた岩石の層に沿って掘削される水平坑井掘削技術と，坑井に人工的に大きな割れ目をつくりガスを流れやすくする水圧破砕技術によって採掘コストを劇的に下げることに成功した技術開発であった．2000年にアメリカ天然ガス生産の2%（$11 \times 10^9 \mathrm{m}^3$）であったシェールガス生産は，2014年に49.2%まで急増した．表9.8に示したように，可採資源量が在来型天然ガスの確認埋蔵量に匹敵するほど大きな手付かずの資源が，技術革新で短期間のうちに市場参入したことで，世界最大の輸入国であったアメリカが逆に輸出国になり，大きなインパクトを与えた．このため，シェールガス革命と呼ばれている．

しかし一方で，水圧破砕するために大量の水（3,000〜10,000

表9.8 シェールガス可採資源量トップ10[44]

国・地域	$10^{12} \mathrm{m}^3$
世界（計）	206.6
中国	31.6
アルゼンチン	22.7
アルジェリア	20.0
アメリカ	18.8
カナダ	16.2
メキシコ	15.4
オーストラリア	12.4
南アフリカ	11.9
ロシア	8.1
ブラジル	6.9

EIA（アメリカエネルギー情報局）による推算値（2013）

m³/坑井)が圧入されることで,地層が滑りやすくなり地震を誘発しているとの指摘や,摩擦を減らし,埃を抑え,殺菌するために水に約 0.5% 加えられている化学薬品による地下水汚染など,環境問題も小さくない.井戸水や,水道の蛇口に火を近づけると引火する濃度のメタンガスを含む例も報告されている.

シェールガス生産の拡大に伴い,シェールオイルの生産も始まり,原油価格の決定にも一定の影響を及ぼしている.表 9.9 にシェールオイルの可採資源量を示した.シェールオイル生産においてもアメリカが中心的な役割を果たしている.

メタンハイドレート:最近,**メタンハイドレート**と呼ばれる氷状の固体が広く存在していることがわかり,新しい天然ガス資源として注目されている.水は水素結合のために,数十個の水分子が連結したクラスター構造の生成,崩壊を繰り返している.加圧・冷却によりクラスターが生成されやすくなる.そこに十分なガス分子が共存すると,水分子がつくる立体カゴ構造内の空隙にガス分子を取り込んだ包摂化合物を形成する.これを**ガスハイドレート**と呼び,メタンガスを取り込んだものがメタンハイドレートである.

カゴ構造の空隙の大きさは半径が 0.39〜0.47 nm であり,空隙がガス分子で充填されることによりカゴ構造は安定なものになる.内包されるガス分子の種類とその大きさにより 3 種類の結晶構造をとることが知られている.メタンハイドレートの構造は,図 9.10 に示すように,46 個の水分子と 8 個のメタンガス分子で構成され,メタン分子 1 個に対し 5.75 個の水分子が含まれる.

メタンが海底下で大量に発生する要因は,非生物起源と,生物起源に大別される.現在までに報告されているメタンハイドレートを構成するメタンの炭素同位体比 $\delta^{13}C_1$ から,これらのメタンも生物起源であると考えられている.

メタンハイドレートはおおむね大陸棚が海底へとつながる,海底斜面内,水深 1000 から 2000 m 付近での,地下数百 m に集中するメタンガス層の上部境目に多量に存在するとされ,数千兆 m³ の埋蔵量が予想される.日本近海は世界最大のメタンハイドレート埋蔵量を誇るといわれる.探査が進んでいる個々の海域では数兆 m³ 程度の埋蔵量が確認されているが,正確な埋蔵量はわかっていない.

メタンハイドレートは地層中や海底で氷のように存在するため,石油やガスのように穴を掘って簡単に汲み上げることも,石炭のように掘ることもできない.そこで,メタンハイドレート貯留層内で分解しメタンガスを回収する方法が提案されている.図 9.11 にメタンと水・氷の**相平衡図**を示す.貯留層中のハイドレートを分解す

表 9.9 シェールオイル可採資源量トップ 10[44]

国・地域	10⁹ ton
世界(計)	47.1
ロシア	10.2
アメリカ	7.9
中国	4.4
アルゼンチン	3.7
リビア	3.5
オーストラリア	2.5
ベネズエラ	1.8
メキシコ	1.8
パキスタン	1.2
カナダ	1.2

EIA(アメリカエネルギー情報局)による推算値(2013)

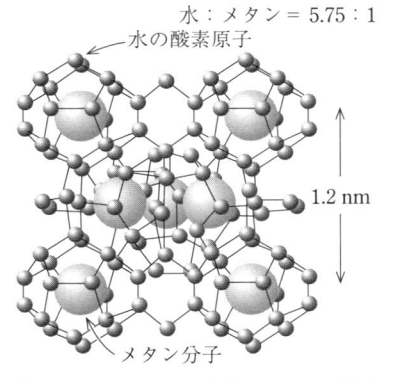

図 9.10 メタンハイドレートの構造

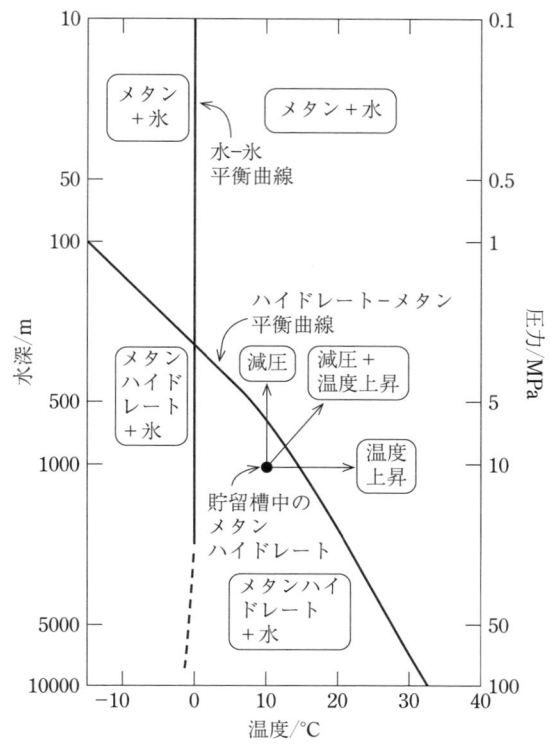

図9.11 メタンハイドレートの相平衡図[26]

るには，矢印で示すように熱供給，減圧，あるいはその併用が基本となる．特に減圧法の実現性が高い[23]と考えられている．

9.4.3 石炭

石炭は18世紀**産業革命**以降，産業の原動力として重要な役割を果たしてきた．石炭を燃料とする蒸気機関の出現は，それまで水力や風力，人馬に頼っていた鉱工業の大規模化を可能とし，陸上，海上双方に大量輸送手段を提供した．製鉄における主要原料木炭のコークスへの転換は，工業化社会の基盤材料である鉄の供給を山林の成長速度という制約から開放した．コークス製造過程で発生するガスやタールの有効利用は天然資源に制約されない化学製品[24]の大量生産を可能にした．石炭は石油に首座を奪われる20世紀半ばまで200年にわたり，工業化社会構築の原動力になった．

20世紀半ば，中東地域の巨大油田発見は大量の原油を安価に供給し，石油は石炭から首位の座を奪った．しかし，1970年代2度の石油ショックもあり，現在，石炭は石油代替エネルギーとして天然ガスとともに一定の地位を獲得している．また，1990年代以降，石油価格の高騰と石炭消費の多い中国の高い経済成長にも支えられて，消費が急増している．

23) 2008年3月，石油天然ガス・金属鉱物資源機構は，カナダ北西部のボーフォート海沿岸陸上地域で永久凍土の地下1100 mに存在するメタンハイドレート層から減圧法によってメタンガスを産出することに成功したと発表し，これを受けて同機構は4月，メタンハイドレート事業を2018年頃に商業化する方向を示した．

24) 現在，石油化学製品とされる，合成繊維のナイロンやビニロン，プラスチックのポリ塩化ビニルも最初は石炭を原料として生産された．ナイロンは「石炭と水と空気からつくられ，鋼鉄よりも強く，クモの糸より細い」をキャッチフレーズに世に出た．

生産と需要：2019年の石炭生産の国別シェアは中国（47.6%）1国で約半分を占め，アメリカ，オーストラリア，インド，インドネシア，ロシアを含めた上位6ヵ国で86%を超える．同年の石炭消費の国別シェアにおいても中国（51.7%）が1国で半分を占めている．日本は，アメリカ，インドに続き第4位である．

埋蔵量：図9.12に2019年末の**確認埋蔵量**の多い主要国を示す．石炭のメリットとしては，石油，天然ガスに比べ地域的な偏りが少なく，世界に広く存在していることがあげられるが，上位5ヵ国で72%以上を占めている．

日本の石炭輸入先：日本の国内石炭生産量は1961年度に5541万トンのピークを記録した．1950年代以降のエネルギー革命により，急速に石油に転換された上，1980年代以降では割安な輸入炭の影響を受けて減少を続け，2005年には125万トンまで減少した．原油高もあり暫く減少は止まったが，2018年度は96万トンと百万トンを割り込んだ．ほとんどが発電用に使用されている．海外炭の輸入量は2018年度には1億8853万年度トン（輸入比率99.5%）に達した．図9.13に主要輸入相手国を示した．61.8%をオーストラリアが占めている．

石炭の成因：湿地帯や湖や海岸の水中に堆積した古代の植物が，はじめ微生物の作用で分解し，水，二酸化炭素，メタンなどが遊離して，濃縮された炭素分が残り，やわらかい泥炭状となる．この層の上にさらに土砂が堆積し，地中深く埋没するにつれて地中の温度や圧力の影響をうけ，きわめて長い期間にゆっくりと進行する熱分解反応によって炭素分が増加し，固化していく．この過程を**石炭化**といい，うけた温度の高さとその期間によって石炭化度（炭素含有率）が決まる．石炭化度は石炭の生成年代が古いほど高くなるが，石炭化の期間が短くても温度が高ければ石炭化度は高くなる．

石炭の根源となった植物は白亜紀までは種子植物はみられず，シダ類（胞子植物）が中心である．白亜紀後半からソテツ類，初期の針葉樹（セコイア，メタセコイアなど），イチョウ類などの裸子植物が現れる．第三紀以降，被子植物（ポプラ，ニレ，ケヤキなど）が出現する．地質時代における植物は，現代よりも高温・多湿で二酸化炭素濃度の高い環境下で，現代とは比較にならない規模と早さで成長し，多くは大木となって大森林を形成し，石炭の源になったと考えられる．

石炭の分類：基本は石炭としての成熟度を評価する**石炭化度**による分類で，炭素含有率の高い炭質の順に，**無煙炭**，**瀝青炭**，**亜瀝青炭**，**褐炭**に分類されている．石炭化度と発熱量がほぼ対応している

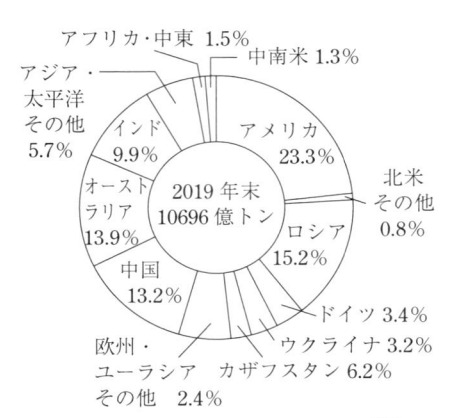

図9.12 世界の主要石炭埋蔵国[13]

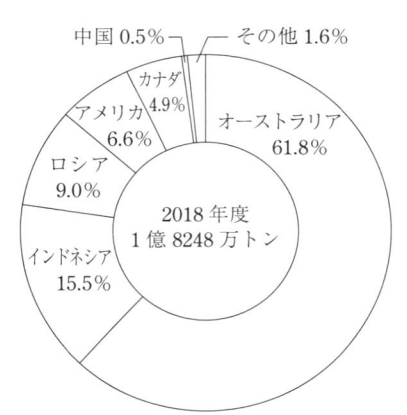

図9.13 日本の石炭輸入相手国[25]（無煙炭を除く）

表 9.10　JIS 石炭分類

石炭化度による分類	無煙炭(A)	瀝青炭(B)	瀝青炭(C)	亜瀝青炭(D)	亜瀝青炭(E)	褐炭(F)
粘結性による分類	非粘結	強粘結	粘結	弱粘結	非粘結	非粘結
用途による分類	無煙炭	原料炭	原料炭	一般炭	一般炭	一般炭
発熱量 (kcal/kg)[注1]		>8400	8100〜8400	7800〜8100	7300〜7800	5800〜7300

[注1] 発熱量(補正無水無灰基) = 発熱量/(100 − 灰分補正率×灰分 − 水分)×100

ため，表 9.10 に示す JIS 石炭分類では，水分と灰分含量で補正した発熱量で分類している．

石炭は燃料のほか，製鉄原料としての**コークス**製造に使用される．コークス製造には石炭の粘結性が重要な役割[25]をはたすため，石炭は**粘結炭**と**非粘結炭**に大別され，粘結炭はさらに強粘結炭と弱粘結炭に分類される．

[25] 粘結性の高い石炭は，加熱すると溶融して粒子が結合しやすく，この結合が製鉄高炉用コークスに必要とされるさまざまな強度を保証している．

石炭の利用：石炭を燃焼して熱源にすること，乾留によってコークスを製造すること，この 2 つが石炭のもっとも重要な利用法である．

燃料として使用されるものを**一般炭**，製鉄用に使用されるものを**原料炭**という．日本での需要は，発電用の一般炭が石油ショック以降，1980 年までの 1000 万トン弱から一貫して上昇を続け，2005 年以降，8000 万トン前後で推移したが，2016 年に 1 億 1000 万トンを超え，2017 年には 1 億 1400 万トンであった．これは石炭需要の 61% を占める．セメントなどの窯業用は 1980 年代以降，約 1000 万トン程度とほぼ一定である．原料炭である鉄鋼業用は 1975 年以降，6000 万トンから 7000 万トンの間で推移しており，2017 年度は 6252 万トンであった．

乾留とは，空気を遮断した状態で石炭を 500〜1300 ℃ 程度に加熱し，コークスなどの石炭製品を製造することである．低温乾留（〜700 ℃）と高温乾留（〜1300 ℃）があり，後者がコークス製造に利用される．乾留工程でえられる**石炭ガス**や**コールタール**は，化学原料や燃料として利用される．天然ガス利用が普及するまで，都市ガスは主として石炭ガスを利用していた．コールタールは当初厄介物として廃棄されていた．19 世紀中ごろからコールタールの分留・精製から染料の製造がはじまり，その後の石炭化学の出発点となった．

乾留では約 20% の石炭ガス（発熱量 2.25×10^4 kJ m^{-3}）と約 70% のコークスを生成する．ガスを効率よく，しかも固体の炭素分を残さないようにする技術がガス化である．石炭ガス化の主反応は水蒸気と反応させる**水性ガス反応**である．

$$C + H_2O \longrightarrow CO + H_2 \text{（水性ガス）}$$

吸熱反応である水性ガス反応を進めるため，一部の石炭を燃やして熱量を供給している．

固体である石炭を液体にして，石炭利用の範囲と価値を高める石炭液化の研究が広く行われている．石炭は石油に比べてはるかに水素が少ないので，加熱や触媒などによって水素を添加して石炭を石油のような液体にすることが石炭液化の基本的な方法である．石炭液化技術には石炭を粉砕し，溶剤と混合して高温・高圧下で水素と直接反応させる直接液化法と，石炭をいったんガス化し，精製した生成ガスを反応させ液化する間接液化法[26]に大別される．南アフリカサソールが間接液化法により商業生産を行っている．南アフリカはアパルトヘイト時代に欧米から石油の禁輸制裁を受けたことと石炭資源が豊富なことから，石炭の利用が進んだ．

ガス化・液化技術に加えて，微粉末化して液体にまぜて流体化（スラリー化）する技術などによって燃料としての扱いが容易になった．たとえば重油と混合したCOM（石炭・石油混合燃料），水と混合したCWS（高濃度石炭・水スラリー），さらには石炭ガス化によって合成できるメタノールと混合したCMS（石炭・メタノールスラリー）などが実用化されている．

近年，大気汚染，酸性雨，地球温暖化などの環境問題への対応と石炭の効率的な利用を目的として，世界各国でさまざまな研究開発がすすめられており，これらを総称してクリーン・コール・テクノロジー（CCT）と呼んでいる．

9.5 電気エネルギー

直接電気エネルギーとして得られる資源はない．**電気エネルギーは伝送が容易で他のエネルギーへの変換効率が高く，質が高い**[27]エネルギーであるため，他のエネルギー資源の価値は，電気エネルギーへの変換の容易さと効率によって評価される．

本節では，電力生産に使われている一次エネルギーの消費状況について述べるとともに，種々のエネルギーを直接電気エネルギーに変える装置である電池について触れる．

9.5.1 発電用一次エネルギー消費

表9.11に示したように，2019年，世界の発電量の63%を化石燃料が占めているが，水力を除く再生可能エネルギー（2805.6 TWh）が初めて原子力（2796.0 TWh）を超え，ドイツでは最大の構成比である．オイルショック[5]以降，石油が大きく減少し，多く

---

26) 間接液化法には，南アフリカサソールが実施している一酸化炭素と水素から直接合成するフィッシャー・トロプシュ法（FT法）とメタノールを経由するエクソン-モービル法がある．後者の方法は褐炭のガス化によって得られる石炭ガスからメタノールを経由して石油化学原料合成を目指すアメリカルイジアナ州での実施が計画されている．

27) 熱エネルギーはその一部しか仕事に変換されないのに対し，電気エネルギーはわれわれの社会生活のあらゆる仕事を高効率で行えるために，電気エネルギーは質の高いエネルギーと呼ばれる．

表9.11 主要国の発電電力量と発電電力量に占める各電源の割合（2019年）[13]

	発電量	発電電力量に占める各電源の割合（％）						
	TWh	石油	天然ガス	石炭	原子力	水力	再生可能	その他
世界	27004.7	3.1	23.3	**36.4**	10.4	15.6	10.4	0.9
中国	7503.4	0.1	3.2	**64.7**	4.6	16.9	9.8	0.8
アメリカ	4401.3	0.5	**38.6**	23.9	19.4	6.2	13.1	0.3
インド	1558.8	0.5	4.6	**73.0**	2.9	10.4	8.7	*
ロシア	1118.1	0.6	**46.5**	16.3	18.7	17.4	0.2	0.4
日本	1036.3	4.3	**35.0**	31.5	6.3	7.1	11.7	4.1
ブラジル	625.6	1.3	9.4	4.3	2.6	**63.8**	18.7	*
ドイツ	612.4	0.8	14.9	28.0	12.3	3.3	**36.6**	4.2

注）「再生可能」：水力を除く，風力，太陽光，地熱，バイオマスや廃棄物などの再生可能エネルギー．2009年では，その他の項目に入れられていた．2019年の「その他」には，揚水発電や再生可能でない廃棄物など．太字は，最大の構成比のもの．*）0.1％以下

の国で1％以下となった．中国とインドは石炭が，ブラジルは水力が，60％以上を占めていることが特徴的である．

日本も71％を化石燃料によっている．2005年に35％と高かった原子力の比率が，福島原発事故以降に急降下し，2014年には0％となった．2019年末現在，6.3％である．

表9.12にはエネルギー白書が利用している「最終消費エネルギーに占める消費電力の比率」である電化率[28]を示す．26％という日本の電化率は非常に高いといえる．

高温超伝導体と送電

現代社会で最も重要なエネルギーは電力であるが，発電所から消費地である都市部への送電で生じる電力のロスは，電力会社によって違いがあるが，概ね5％とされている．その主な原因は送電ケーブルの電気抵抗による発熱（ジュール熱）[29]であり，それを少しでも小さくするために，27.5万〜50万Vの超高電圧で送電している[30]．

この送電ロスを下げる切り札的存在が，高温超伝導体ケーブルによる送電である．

1908年にヘリウムの液化に成功したオランダの物理学者ヘイケ・カマリン・オネス（Heike Kamerlingh Onnes）は，1911年に水銀の電気抵抗が4.2Kで突然消滅することを見出した．"超伝導 superconductivity"の発見であった．その後，多くの金属単体および合金について同様の現象が認められたが，いずれも超伝導となる臨界温度 T_c が極めて低く，比較的高い転移温度を示したニオブとスズの合金 Nb_3Sn でもその T_c は17Kであった．

この状況を一変したのはチューリッヒにあるIBM研究所で物理学者ミュラー（Karl Alexander Müller）とベドノルツ（Johannes Georg Bednorz）が1986年に行った実験であった．彼らは，それまで絶縁体

表9.12 電化率*（％）[25]

	1980年	2017年
世界	10.9	18.9
東欧**	10.9	14.8
西欧	13.6	21.4
北米	13.7	21.1
中南米	9.5	18.4
アフリカ	6.4	9.4
中東	7.7	15.9
オセアニア	15.8	22.2
アジア	7.8	21.7

*最終エネルギー消費に占める電力消費量の割合
**ロシア・旧ソ連邦諸国を含む

28）電気事業連合会で使用している電化率は「一次エネルギー総供給量に対する電力向けに投入されるエネルギーとの比率」であり，発送電時のロスを反映して約20％高い値を示している．日本の2018年の電化率は46％で，「消費エネルギーに対する電力消費量の割合」である電化率は26.0％である．

29）電気抵抗による発熱は電圧の2乗に反比例して減少する．

30) 電気事業連合会によれば，発電所で発電された数千 V から 2 万 V の電気は，発電所に併設された変電所で 27.5～50 万 V に変換されて送電線に送り出される．それを各地に設けられた変電所で段階的に下げ，鉄道会社などには 66,000～154,000 V で，大規模工場やコンビナートには 22,000 V で，大規模なビルや中規模工場，街中の電線には 6,600 V で配電される．街中に配電された電気は柱上変圧器で 100 V あるいは 200 V に変圧されて各家庭や小規模な工場で利用されている．

と思われていた金属酸化物 $La_{2-x}Ba_xCuO_4$ が 30 K（−243 ℃）で超伝導性を示すことを発見した．この発見は世界中の物理学者に衝撃を与え，各地でより T_c が高い金属酸化物の探索が始まった．その結果，たとえば 125 K で超伝導体となる $Tl_2Sr_2Ca_2Cu_3O_{10}$ など，T_c が液体窒素の沸点 77 K（−196 ℃）より高い金属酸化物が続々と発見され，超伝導ケーブルを用いた送電の可能性が注目されるに至った．

高温超電導ケーブルに使用される代表的な高温超電導線材には，ビスマス系（例 Bi：Sr：Ca：Cu の比率が 2：2：1：2 と 2：2：2：3 の酸化物）と，イットリウム系（例：$Y_{0.77}Gd_{0.23}Ba_2Cu_3O_{7-y}$）の 2 種類がある．ビスマス系は，数 km 長の長尺線材製造技術が確立されてきており，その材料を用いた超電導ケーブルも適用実績が多い．一方イットリウム系は特性面に優れ，送電の大容量化・低損失化に有利で，30 MW 以上の大規模電力を利用するプラント内のケーブルに適用する実証実験が行われている[*]．

超電導体に交流を流すと磁場が発生し発熱するため，超電導送電では交流より直流が有利である．超電導送電で必須の冷却装置は，交流送電では 500 m おきに必要だが，直流送電では 10 km から 20 km おきで済むと予想されている[**]．2019 年，太陽光発電基地とデータセンターを結ぶ超電導直流送電の実証実験が始まっている[***]．

[*] https://www.itmedia.co.jp/smartjapan/articles/1906/17/news096.html
[**] https://wirelesswire.jp/2011/04/35463/
[***] http://i-spot.jp/wp/wp-content/uploads/2015/08/20150924_kaisenn1.pdf

9.5.2 電池

電池とはそれを構成する系の化学的，物理的あるいは生物的（生物化学的）な変化に伴う**ギブズエネルギー**の減少分を直接，電気エネルギーに変換する装置である．供給する電力量では発電所に遠く及ばないが，電池の使用は社会の隅々にまで及び，現代社会に欠かせない存在となっている．

図 9.14 に電池の種類を示した．化学エネルギーを電気エネルギーに直接変える**化学電池**が自動車や携帯電話，パソコンなどの IT 機器に広く使用され，われわれの日常生活に欠かせない存在となっている．燃料を外から供給して発電する燃料電池も化学電池のひとつである．

なお，**物理電池**のひとつ太陽電池は光エネルギーを電気エネルギーに変換する発電機でもあり，再生可能エネルギーのひとつとして，風力発電などと一緒に節を改めて学ぶ．

9.5.3 化学電池

イオン化傾向の異なる 2 種の金属を希硫酸の中に浸し，金属間を

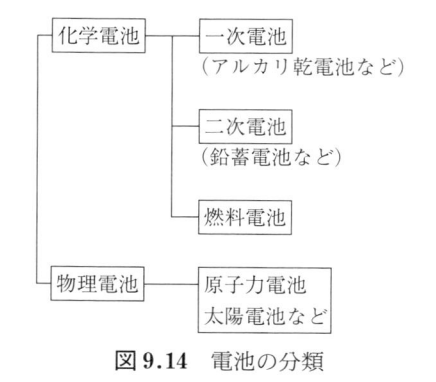

```
化学電池 ─┬─ 一次電池
          │   （アルカリ乾電池など）
          ├─ 二次電池
          │   （鉛蓄電池など）
          └─ 燃料電池
物理電池 ─── 原子力電池
             太陽電池など
```

図 9.14 電池の分類

銅線でつなぐと電流が流れる．たとえば，亜鉛板と銅板を希硫酸中に浸したものをボルタの電池という．この電池の中では次の酸化反応と(**アノード反応**)と還元反応(**カソード反応**)が進行する．

$$\text{陽極（負極）}: \text{Zn} \longrightarrow \text{Zn}^{2+} + 2\text{e}^- \text{（アノード反応）}$$
$$\text{陰極（正極）}: 2\text{H}^+ + 2\text{e}^- \longrightarrow \text{H}_2 \text{（カソード反応）}$$

亜鉛板には電子が蓄えられるために[31]，両方の金属板を銅線でつなぐと，電子は銅線を伝わって亜鉛板から銅板に流れる．したがって，銅板は正極として働き，電流は銅板から亜鉛板に流れるので，回路の中に豆電球を挿入すると点灯する．ボルタの電池は次のように表示される．

$$\oplus \text{Cu} | \text{H}_2\text{SO}_4(\text{aq}) | \text{Zn} \ominus$$

ボルタの電池では，放電を続けると銅板表面で発生する水素のために次式の反応が起こり，逆方向の電流が流れるようになる．このため両極間の電流は次第に弱くなる．この現象を**分極**という．

$$\text{H}_2 \longrightarrow 2\text{H}^+ + 2\text{e}^-$$

化学電池には，一度放電してしまうと再利用できない使い捨て電池と，放電後も外部から電圧を加える(充電する)と逆方向の化学反応が起こって，放電前の状態に戻る電池とがある．前者を**一次電池**，後者を**二次電池**，または蓄電池という．実用的に用いられている電池の種類と構造および化学反応を表9.13に示す．

一次電池：古くから一般に広く使われ，なじみ深いマンガン乾電

---

[31] 酸化反応が起こる電極を陽極(アノード)というが，この極には負(e^-)の電荷がたまることになるので，電流を取り出すことを目的とする電池ではこれを負極という．逆に還元反応が起こる電極は陰極(カソード)であり，電池として使うときは正極である．

表9.13 代表的な実用化学電池[17]

	電池名	電圧	構造	化学反応（⟶：放電　⟵：充電）
一次電池	マンガン乾電池	1.5 V	$\ominus\text{Zn}\|\text{ZnCl}_2(\text{aq})\|\text{MnO}_2\oplus$	$4\text{Zn} + 8\text{H}_2\text{O} + \text{ZnCl}_2 + 8\text{MnO}_2 \longrightarrow \text{ZnCl}_2 \cdot 4\text{Zn(OH)}_2 + 8\text{MnOOH}$
	アルカリ(マンガン)乾電池	1.5 V	$\ominus\text{Zn}\|\text{KOH}\|\text{MnO}_2\oplus$	$\text{Zn} + \text{H}_2\text{O} + \text{MnO}_2 \longrightarrow \text{ZnO} + \text{Mn(OH)}_2$
	ニッケル系一次電池	1.5 V	$\ominus\text{Zn}\|\text{KOH}\|\text{NiOOH}\cdot\text{MnO}_2\oplus$	$\text{Zn} + \text{H}_2\text{O} + \text{NiOOH} + \text{MnO}_2 \longrightarrow \text{ZnO} + \text{Ni(OH)}_2 + \text{MnOOH}$
	リチウム電池	3.0 V	$\ominus\text{Li}\|\text{LiPF}_6/\text{有機溶媒}\|\text{MnO}_2\oplus$	$\text{Li} + \text{Mn(IV)O}_2 \longrightarrow \text{LiMn(III)O}_2$
	空気亜鉛電池	1.4 V	$\ominus\text{Zn}\|\text{KOH}\|\text{O}_2\oplus$	$\text{Zn} + \text{O}_2 \longrightarrow \text{ZnO}$
	酸化銀電池	1.55 V	$\ominus\text{Zn}\|\text{KOH}\|\text{Ag}_2\text{O}\oplus$	$\text{Zn} + \text{Ag}_2\text{O} \longrightarrow \text{ZnO} + 2\text{Ag}$
二次電池	鉛蓄電池	2.0 V	$\ominus\text{Pb}\|\text{H}_2\text{SO}_4\text{PbO}_2\oplus$	$\text{Pb} + \text{PbO}_2 + 2\text{H}_2\text{SO}_4 \rightleftarrows 2\text{PbSO}_4 + 2\text{H}_2\text{O}$
	ニカド電池	1.2 V	$\ominus\text{Cd}\|\text{KOH}\|\text{NiOOH}\oplus$	$\text{Cd} + 2\text{H}_2\text{O} + \text{NiOOH} \rightleftarrows 2\text{Ni(OH)}_2 + \text{Cd(OH)}_2$
	ニッケル水素電池	1.2 V	$\ominus\text{MH}\|\text{KOH}\|\text{NiOOH}\oplus$	$\text{MH} + \text{NiOOH} \rightleftarrows \text{M} + \text{Ni(OH)}_2$ MH：金属水素化物　M：水素吸蔵合金
	リチウムイオン電池	3.7 V	$\ominus\text{Li}x\text{C}_6\|\text{LiPF}_6/\text{有機溶媒}\|\text{Li}(1-x)\text{CoO}_2\oplus$	$\text{Li}x\text{C}_6 + \text{Li}(1-x)\text{CoO}_2 \rightleftarrows \text{C}_6 + \text{LiCoO}_2$ C_6：グラファイト

池は陰極（正極）で発生する水素による分極を防止するため，二酸化マンガンを酸化剤として加えている．このような分極防止に用いられる酸化剤を**減極剤**という．最近，乾電池の大半を占めるようになったアルカリ乾電池は，マンガン乾電池と化学反応は同じであるが，亜鉛を電池の中心に置くことで大量の負極物質を使用可能として電池容量を2倍以上にしている．ニッケル系一次電池は21世紀になって販売されるようになった新しい乾電池で，アルカリ乾電池より約1.2～1.5倍，デジタルカメラでは約2倍長持ちする．

各種携帯電気・電子機器の小型電源として開発されたボタン電池やコイン形電池の多くは酸化銀電池や空気亜鉛電池である．酸化銀電池は電圧が非常に安定で，寿命にいたる直前までほぼ最初の電圧を保つため，クオーツ時計，露出計などの精密機器に適している．図9.15に示した空気亜鉛電池は，正極材料に空気中の酸素を使っているため，負極材料の亜鉛をたくさん詰めることができ，酸化銀電池などより大きな電力容量をもっている．連続して使う補聴器などに適している．リチウム電池は電圧が3Vと高く，軽いこと，自己放電（使用しないで置いておくだけで自然に放電してしまう現象）が少ないことが特長で，円筒型とコイン型双方が作られている．低価格のアルカリボタン電池もある．

二次電池：鉛蓄電池は自動車のバッテリーなどに古くから用いられている二次電池である．起電力は2.1Vであるが，放電していると次第に電圧が低くなり，次式に従って硫酸が消費される．

負極：$Pb + H_2SO_4 \longrightarrow PbSO_4 + 2H^+ + 2e^-$

正極：$PbO_2 + 2H_2SO_4 + 2e^- \longrightarrow PbSO_4 + 2H_2O + SO_4^{2-}$

そこで，起電力が1.8V以下に低下しないうちに外から逆向きの電流を流すと，両極で逆反応が進行し初期の状態に戻る．すなわち充電される．自動車産業とともに発展してきた鉛蓄電池であるが，現在は完全密閉型で，メンテナンスフリーの信頼性の高いものが市販されている．

環境負荷の少ない自動車として注目されているハイブリッド車の開発には，エネルギー密度（体積当たりのエネルギー発生量）が大きい高性能二次電池であるニッケル水素電池[32]の開発が大きく寄与している．水素が還元剤として働くこの電池ではエネルギー密度がニカド電池の約2倍である．

リチウムイオン二次電池[33]は高電圧（3.7V），高電流密度で，軽くて大きな電力をもっていることから，携帯電話やビデオカメラなど，携帯電気・電子機器の他，ハイブリット車や電気自動車に不可欠な電池となっている．リチウムイオンを用いて ⊖C_6｜$LiPF_6$／

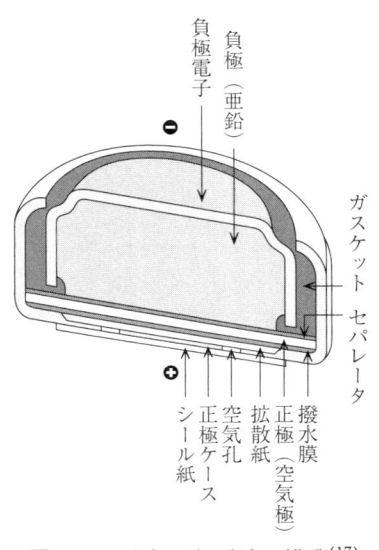

図9.15 空気亜鉛電池の構造[17]

32）ニッケル水素電池とは，本来，人工衛星用に開発された高圧（50～70気圧）水素を用いる電池のことであり，水素吸蔵合金を用いる電池はニッケル水素化物電池と呼ぶべきである．しかし，水素を用いる電池は一般には使われていないので，最近では水素吸蔵合金を用いる電池もニッケル水素電池という．

33）リチウム金属は水と反応するため水が使えず，充電の際，樹枝状リチウム金属によりショート（短絡）し易いなどの難しさを，正極にリチウム含有金属酸化物（$LiCoO_2$），負極にグラファイト，電解質として$LiPF_6$の有機溶液を用いることで解決している．充電しないリチウム電池の場合，金属リチウムを負極とすることができる．

有機溶媒|LiCoO$_2$⊕ の形で生産し，その後，充電することで，グラファイト（炭素6個にリチウム1個がはいるので，C$_6$と略記）層間にリチウム原子が入った，⊖Li$_x$C$_6$|LiPF$_6$/有機溶媒|Li$(1-x)$CoO$_2$⊕ とする．このため，リチウムイオン二次電池と呼び，金属リチウムを用いるリチウム電池と区別する．

1999年，リチウムイオンポリマー電池が商品化された．電解質が液体から準固体のポリマーに変更できたことで薄型化・軽量化，さらに，外力や短絡，過充電などに対する耐性も向上した．現在ではスマートフォンや携帯電話に使われる電池はほぼすべてリチウムイオンポリマー電池である．正極材料にはモバイル機器用に広く普及しているコバルト酸リチウム（LiCo$_2$），自動車用として普及しているマンガン酸リチウム（LiMn$_2$O$_4$）の他，リン酸鉄リチウム（LiFePO$_4$）やニッケル系（NCA系：LiNi$_x$Co$_y$AlzO_2）などがある．

スーパーキャパシタ[34]（電気二重層キャパシタ）：スーパーキャパシタはリチウムイオン電池と比べ，充電時間は短く，くりかえし使用に強いという長所の一方，エネルギー密度が低く，電力を保持できる時間が短いなどの課題がある．電極の活性炭をグラフェン[35]に置き換えることで，リチウムイオン電池レベルのエネルギー密度をもつキャパシタの開発が進んでいる．

スーパーキャパシタバスが2015年中国寧波市に，2018年シンガポールに登場している．充電時間は前者で30秒，後者で20秒である．

私たちの生活に革命をもたらしたリチウムイオン電池

スウェーデン王立科学アカデミーは，2019年ノーベル化学賞受賞の吉野彰氏ら3氏が開発した「リチウムイオン電池」を，「情報化社会を支え，地球温暖化の解決にもつながる成果として，私たちの生活に革命をもたらし，人類に偉大な貢献をした[36]」とたたえた．
https://www.nobelprize.org/prizes/chemistry/2019/prize-announcement/

3氏のうち，M. Stanley Whittinghamは充電式リチウム電池の創始者であり，John B. Goodenoughは正極材料でブレークスルーをもたらし，吉野彰は負極材料の開発とともに，次に示すリチウムイオン二次電池の基本概念を確立した．

・正極にコバルト酸リチウムを用いると，正極自体がリチウムを含有するため，負極に金属リチウムを用いる必要がないので安全であり，4V級の高い電位を持ち，そのため高容量が得られる．
・負極に炭素材料を用いると，炭素材料がリチウムを吸蔵するため，金属リチウムは本質的に電池中に存在しないので安全であり，リチウムの吸蔵量が多く高容量が得られる．
・正・負両極が層状化合物で，Li$^+$をインターカレート[37]することが

---

34) スーパーキャパシタは，電池が化学反応によって電気を蓄えるのに対して，電解液に浸した炭素電極の表面にイオンを吸着させ，電気二重層を形成することで電荷を蓄える特殊タイプのコンデンサである．このため，充電も数秒で実現し，充電回数も原理的に無制限である．

35) グラフェンとは1原子層のグラファイト（図6.13(b)参照）といえる．薄い（原子1個分～1nm），軽い，強い（引っ張り強さはダイヤモンド以上），柔軟，透明，電気伝導率は銀より高く，熱伝導率は銅より高いという特徴をもつため，負極材料として大きな可能性をもつ．

36) 原文：Lithium-ion batteries have revolutionised our lives since they first entered the market in 1991. 1991年はソニーの西美緒が開発したリチウムイオン電池を商品化した年であり，吉野彰の旭化成での商品化は1993年である．吉野が基本概念を確立した1985年をもって先取権を認めたと思われるが，上記表現では旭化成が最初に商品化したように誤解される．

37) インターカレートとは，層状化合物の層間に入り込むこと．

重要な点である．

9.5.4 燃料電池

燃料電池は水素のような還元性物質と酸素などの酸化性物質を，適当な触媒を入れた多孔質の電極層内で反応させて，化学エネルギーを直接電気エネルギーとして取り出す装置で，一種の発電機である．水素を燃料（負極物質）とした場合，次の反応が起こる．すなわち，燃料電池は電気エネルギーを用いて水を水素と酸素に分解する水の電気分解の逆反応を利用して電気エネルギーを取り出していることがわかる．

$$陽極（負極）：H_2 \longrightarrow 2H^+ + 2e^-$$
$$陰極（正極）：1/2\,O_2 + 2H^+ + 2e^- \longrightarrow H_2O$$
$$（まとめると，H_2 + 1/2\,O_2 \longrightarrow H_2O）$$

他の化学電池と異なり，燃料電池は反応物質を外から連続的に供給するため，燃料の供給さえ続けばいつまでも電気エネルギーを取り出せることが大きな特徴である．

現在，電気エネルギーの 4 分の 3 は化石燃料の化学エネルギーを熱エネルギーに変換し，運動エネルギーを経由して得られている．熱エネルギーから運動エネルギーなどへの転換効率は原理的な制約[38]のため，低く抑えられている．物質のもつ化学エネルギーを直接電気エネルギーに変換できれば，その変換効率の上限は $\Delta G/\Delta H$[39] であり，水素を燃料にした場合，25 °C で 83% にもなる．このことが燃料電池開発の大きな魅力のひとつである．

適切な触媒があれば，原理的にはすべての気体・液体燃料が使えるはずであるが，現在，水素とメタノール以外は利用されていない．このため都市ガスや灯油などの燃料はすべて水素に転換（改質という）して利用されている．

単に「燃料電池」といえば水素を燃料とする燃料電池を指すことが多く，メタノールを燃料とする電池は**直接メタノール型燃料電池**，略して DMFC (Direct Methanol Fuel Cell) という．

水素を燃料とする燃料電池：図 9.16 に燃料電池をつくる単位となるセル（単電池）の構成とその働きを示した．セルは電極である燃料極（負極）と空気極（正極）が電解質を挟んだ構造をしている．空気極と燃料極は気体を通す構造をしていて，反応に必要な酸素や水素がその中を通る．

水素は燃料極中の触媒の働きで，電子と水素イオンに切り離される．電解質はイオンしか通さないので，電子は外に出ていく．電解

---

[38] 一般の熱機関では，高温熱源（燃焼ガスや蒸気の温度）を T_1 とし，廃熱の温度を T_2 とすれば，理論的な変換効率 ε は次式で表される．
$$\varepsilon = 1 - \frac{T_2}{T_1}$$
現実の変換効率は 600 °C 以上で運転している火力発電所で 40% 台の前半であり，原子力発電所では核燃料棒の構造上の制約から 280〜290 °C と低温で運転しているため，30% 前後と低い．

[39] 一定圧力下で水素と酸素から水ができる反応では，7 章で学んだように，反応前後のエンタルピーの差 ΔH が反応熱として放出される．
$$H_2 + \frac{1}{2} O_2 \longrightarrow H_2O + \Delta H$$
このエネルギーを電気エネルギーとして取り出せる上限はギブズエネルギー ΔG であるため，変換効率の上限は $\Delta G/\Delta H$ となる．

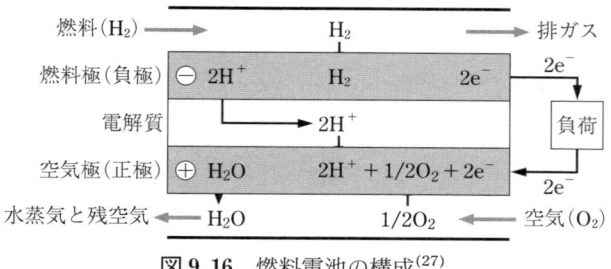

図9.16 燃料電池の構成[27]

質の中を移動した水素イオンは，反対側の電極に送られた酸素と，外部から電線（外部回路）を通じて戻ってきた電子と反応して，水になる．

この「反応に関与する電子が外部回路を通ること」が，電流が流れること，つまり電気が発生するということである．

ひとつのセルがつくれる電気は小さいので，セルを積み重ねて大きな電気をつくる．燃料電池本体は，セルが積み重なってできているので，セルスタックと呼ばれる．1 kW の電気をつくるには，約 50 枚のセルを積み重ねる必要がある．

燃料電池は用いる電解質の種類によって，大きく4つに分けられる（表9.14）．リン酸形（PAFC）と固体高分子形（PEFC）の燃料電池が，図9.17 に示すような電池本体，燃料改質装置，直流を交流に変えるインバーター，廃熱回収装置からなる燃料電池システム

表9.14 燃料電池の種類と特徴

	固体高分子形 PEFC	リン酸形 PAFC	溶融炭酸塩形 MCFC	固体電解質形 SOFC
電解質	陽イオン交換膜	リン酸	Li_2CO_3/K_2CO_3	ジルコニア系セラミック
移動イオン	H^+	H^+	CO_3^{2-}	O^{2-}
電極材料	主にカーボン	主にカーボン	Ni，ステンレスなど	セラミックなど
触媒	白金	白金	電極 Ni が触媒	不要
燃料	都市ガス，LPG等	都市ガス，LPG等	都市ガス，LPG等	都市ガス，LPG等
反応ガス	水素	水素	水素，一酸化炭素	水素，一酸化炭素
作業温度	常温〜約90 ℃	約200 ℃	約650 ℃	約1000 ℃
発電出力	〜50 kW	〜1000 kW	1〜10万 kW	1〜10万 kW
（発電効率）	35〜40%	35〜42%	45〜60%	45〜65%
開発状況	実用化	実用化	研究段階	研究段階
用途と段階	家庭用，小型業務用，自動車用，携帯用，導入普及段階	業務用，工業用，導入普及段階	工業用，分散電源用実証段階（1 MW プラント開発）	工業用，分散電源用試験研究段階（数kWモジュール開発）

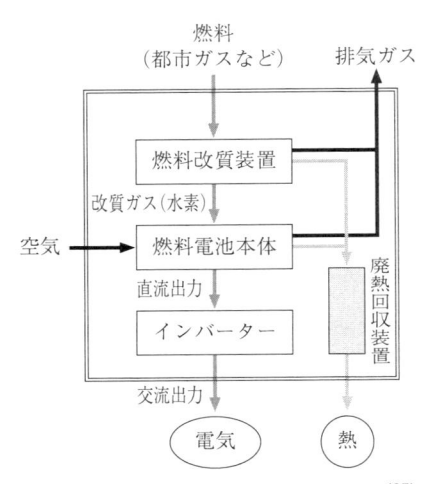

図 9.17 パッケージタイプ燃料電池[27]

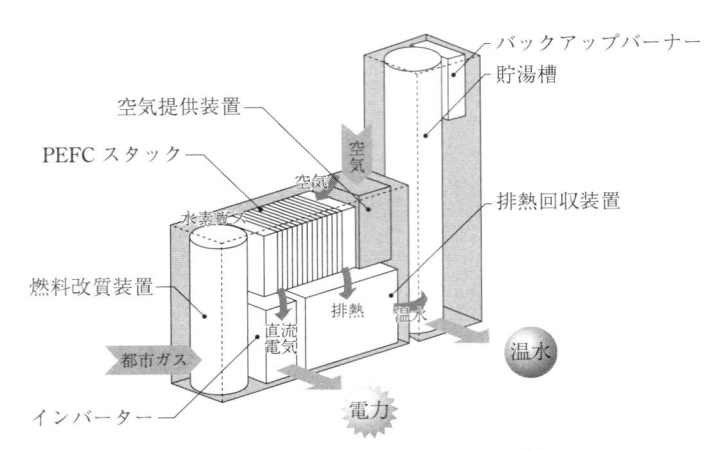

図 9.18 家庭用 PEFC システム[27]

（パッケージ）として実用化されている．家庭用 PEFC システムを図 9.18 に示す．

PEFC は小型で，使用する都市ガスのエネルギーの約 40% が電気に，約 40% が温水や蒸気になり，合計約 80% が有効利用[40]できるため，エネルギー消費のかなりの部分を風呂や台所での給湯に費やしている家庭用として最適である．

直接メタノール形燃料電池（DMFC）：液体であるメタノールを燃料とする DMFC は改質器が不要な固体高分子燃料電池の一種であり，停電が許されない放送局などの超ロングバックアップ電源や無電源エリアでの長期間連続発電機として利用されている．その電極反応は以下に示すとおりである．

陽極（負極）：$CH_3OH + H_2O \longrightarrow CO_2 + 6\,H^+ + 6\,e^-$
陰極（正極）：$3/2\,O_2 + 6\,H^+ + 6\,e^- \longrightarrow 3\,H_2O$
（まとめると，$CH_3OH + 3/2\,O_2 \longrightarrow CO_2 + 2\,H_2O$）

アノード反応でプロトンと電子に加え二酸化炭素を排出することを除けば，水素を燃料とする燃料電池と変わらない．

9.6 核エネルギー

核エネルギーとは原子核変換によって得られるエネルギーのことで，その利用方法を含めて原子力ということが多い．原子核変換には**原子核崩壊**と**原子核反応**があり，原子核反応には**核融合反応**および**核分裂反応**がある（図 9.19）．

原子核反応により発生するエネルギーは，化学反応により発生するエネルギーに比べて桁違いに大きく，エネルギー資源として有用とされている[41]．

原子核を構成する核子（陽子と中性子）と核子の間を結びつけて

40) コンバインドサイクル発電の進歩などで，発電所の熱効率が 60% 前後まで高くなると，発電所用発電機としての燃料電池の優位性は薄らぐ．一方，地域暖房などが普及せず，コジェネレーション発電所が難しい日本では，必要とされる場所（オンサイト）で，電気と熱をあわせた総合効率 80% が達成できる PEFC は最も将来性の高い燃料電池である．

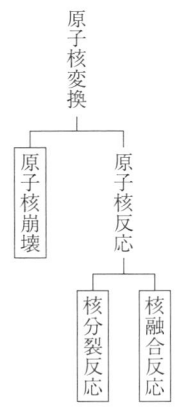

図 9.19 原子核変換の分類

41) 原子力の利用により，放射線，放射性物質，放射性廃棄物が発生する．放射線は，その量や強さに応じて生物に対して悪影響を与えるため，これを適切に防護する必要がある．

いるエネルギーは，非常に短距離（10^{-15}〜10^{-14} m程度）でのみ有効だが，原子と原子の間を結びつける化学結合力に比べて桁違いの大きさをもっている．たとえば，陽子2個，中性子2個からなるヘリウム原子 ^{4}He の原子核を完全にばらばらな状態にするには，28.3 MeV（1 MeV = 96.5×10^6 kJ mol^{-1}）という大きなエネルギーを必要とする．このようなエネルギーを原子核の結合エネルギーという．

原子核の結合エネルギーは構成する核子の数が多くなれば当然大きくなるが，核子1個当たりのエネルギーは原子核の質量数によって異なっている．^{4}Heの場合，核子1個当たりの結合エネルギーは 7.07 MeV であるが，^{56}Fe の核子の場合，8.79 MeV であり，^{235}U では 7.59 MeV である．したがって，^{56}Fe の核子の結合力が最も大きく，その原子核が安定であることがわかる．一般に中程度の質量数の原子核が安定であり，重い核や軽い核は不安定である．天然の核壊変，核分裂，核融合などの核変換の過程では，はじめの核より安定な核に変わり，その結果エネルギーが放出される．

重い原子である ^{235}U の核分裂反応で放出されるエネルギーを利用するのが，原子力発電であり，軽い原子である水素や重水素あるいは三重水素の原子核の融合でヘリウム原子を作るときに放出されるのが核融合エネルギーである．

9.6.1 原子力発電

原子力発電というときの原子力とは，原子核反応により得られるエネルギーすなわち，核エネルギーのことである．原子核反応には核分裂反応と核融合反応の2種類の反応があるが，現在，原子力エネルギーとして実用化されているのはウランの放射性同位元素 ^{235}U の核分裂反応のみであり，そのエネルギーはすべて発電に利用されている．

^{235}U が行う核分裂反応では，中性子を捕捉して，次式に示すような核反応を起こし，数個のより安定な核と中性子を生成する．生成した中性子がまた別の原子に捕捉され，その原子が分裂を起こし中性子を生成するという連鎖反応が起きる．こうした連鎖反応により核分裂反応が持続している状態を臨界と呼ぶ．この際，原子 ^{235}U 1個当たり 184 MeV という膨大なエネルギーを放出する．

$$_{92}^{235}\text{U} + _{0}^{1}\text{n} \longrightarrow _{54}^{144}\text{Xe} + _{38}^{90}\text{Sr} + 2\,_{0}^{1}\text{n}$$
$$\longrightarrow _{56}^{143}\text{Ba} + _{36}^{90}\text{Kr} + 3\,_{0}^{1}\text{n}$$
$$\longrightarrow _{53}^{135}\text{I} + _{39}^{97}\text{Y} + 4\,_{0}^{1}\text{n}$$

原子力発電には核燃料，核分裂反応を起こさせる原子炉，そして

原子炉から取りだした熱で発電を行う発電施設の3つの要素が必要である．

核燃料：天然ウラン[42]には核分裂を起こす ^{235}U が 0.7% しか含まれていないため，核燃料として利用するには，ウラン濃縮工程と呼ばれる ^{235}U の濃縮作業が必要となる．

原子炉：原子力発電においては，この核分裂反応の開始，持続（臨界），そして停止を自由に制御できるということが最も重要であり，原子力発電と原子爆弾を分ける大きな違いである．これを制御する場が原子炉である．

原子力発電に使用される原子炉には，中性子の制御を行う減速材と，原子炉から熱を運び出す冷却材によって様々な種類がある．現在一般的な商用原子力発電では，減速材，冷却材のどちらとも軽水を使用しているので，軽水炉と呼ばれる．

この軽水炉はさらに沸騰水型原子炉（BWR）と加圧水型原子炉（PWR：図 9.20）の 2 種類に分けられる．

発電施設：原子力発電は，核分裂反応で発生する熱を使って水を沸騰させ，その蒸気で蒸気タービンを回すことで発電機を回して発電する．すなわち，化石燃料を使って蒸気を発生させている火力発電と同じ仕組みを利用しているが，核燃料棒の被覆に使われているジルコニウムが比較的高温に弱いため，原子力発電所の蒸気は

[42) 天然ウランには ^{235}U が 0.7%，^{238}U が 99.3% および微量の ^{234}U が含まれている．^{235}U のみが核分裂を行うので，通常数 % まで濃縮（濃縮ウランという）した後に用いられる．核分裂により発生するエネルギー量は，天然ウラン 1 kg 当たり 284.5×10^6 kJ にもなり，石炭換算で約 10 トンに相当する．]

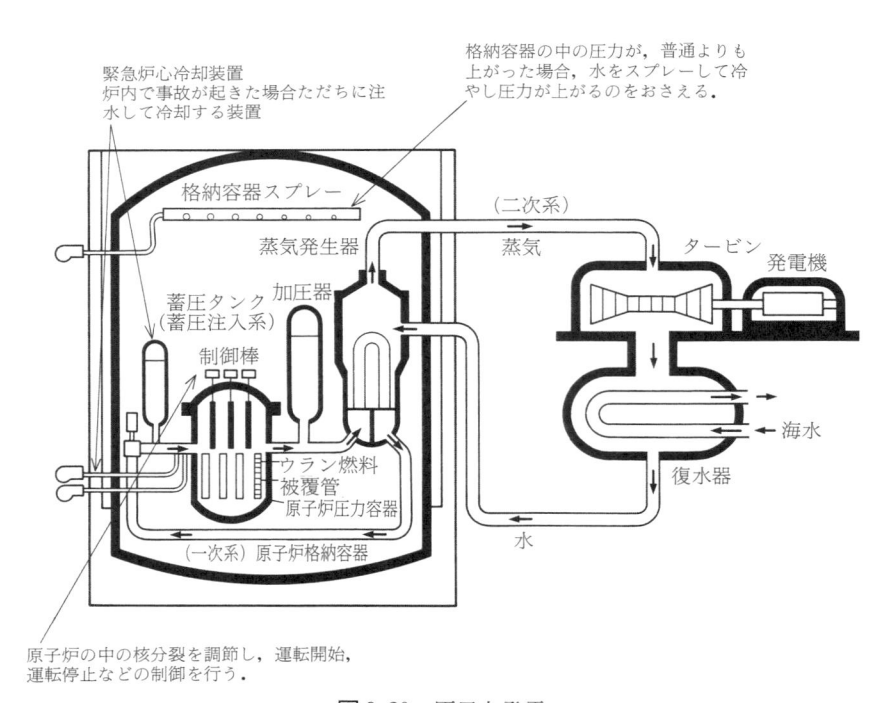

図 9.20　原子力発電

280〜290℃，6.9 MPaと低く抑えてある．一方，火力発電所の蒸気は600〜610℃，31 MPaと，超臨界流体である超臨界蒸気が使用されている．熱力学第二法則により，熱効率は入出力の温度差によって決まるため，火力発電に比べて原子力発電では熱効率が劣ってしまう[38]．

1951年，アメリカで世界初の原子力発電[43]が開始され，1956年，イギリスで世界初の商用原子力発電所として6万kWの電力を送り出して以来，世界各国で原子力発電所の建設が積極的に進められた．1979年のアメリカのスリーマイル島原子力発電所事故や1986年の旧ソ連（現ウクライナ）のチェルノブイリ原子力発電所事故などもあり，1980年代後半からは設備容量はほとんど増えず，発電量も伸びが低くなった．しかし，2008年以降，エネルギー資源の高騰や地球環境問題への関心の高まりなどで，二酸化炭素を排出しないエネルギー源として原子核反応を利用しようとする動きが再び高まりつつあった．2011年東日本大震災にともなう福島第一原発事故を契機にOECD諸国では脱原発の動きが強まり，震災前の2010年と比べた2019年の発電量は21.61 EJから17.77 EJへ18%（ドイツは89%）減少した．一方，非-OECD諸国では旺盛な経済成長を反映し，4.38 EJから7.16 EJへ67%増加（中国は4.44倍）したため，世界レベルでは4%減にとどまった．

ウラン資源埋蔵量：ウラン資源は世界的に広く分布しており，カナダ，オーストラリア，カザフスタンなどが埋蔵量，生産量ともに上位を占めている（図9.21，図9.22）．2017年の確認可採資源量[44]は6.14万Utで可採年数は103年とされる．

核燃料サイクル：天然ウランの99.3%を占める^{238}Uは中性子を捕捉しても分裂しないが，^{239}Puに転換できる．^{239}Puは中性子を捕捉して分裂するので核燃料として使用できる．すなわち，^{238}Uに人為的に中性子を当て，^{239}Puを生産することで，新たな核燃料を生産できることになる．これを**核燃料サイクル**という．通常，軽水炉では燃料棒中の^{235}Uを熱中性子により核分裂させ，エネルギーを生成する．このとき消費した^{235}U以上に^{239}Puが生成されることはなく，燃料棒中の核燃料は減少する．これは，**熱中性子**は**高速中性子**[45]よりも^{235}Uや^{239}Puの核分裂を誘起しやすいが，燃料棒中の^{238}Uに捕獲されて^{239}Puを生成する確率が低いためである．逆に高速中性子は^{235}Uや^{239}Puの核分裂を誘起しにくいが，^{238}Uに捕獲されて^{239}Puを生成する確率が高い．この性質を利用して，消費した燃料以上の^{239}Puを生成するように設計されたものが**高速増殖炉**である．高速増殖炉の「高速」は，利用する中性子が高速中

43）アメリカのアルゴンヌ国立研究所に建設されたナトリウム・カリウム合金を冷却材とする高速増殖実験炉（EBR-1）で，200 kWの発電を行った．最初の実用炉は1954年の旧ソ連の黒鉛減速加圧水炉（出力5000 kW）で，世界初の商用原子力発電所は1956年のイギリスのコールダーホール1号炉で，出力60,000 kW，黒鉛減速炭酸ガス炉（GCR）であった．

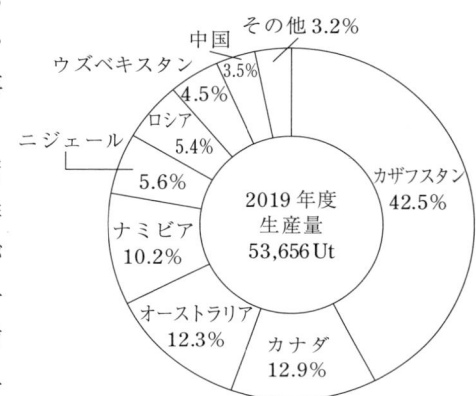

図9.21 世界のウラン生産量[14]
Ut：金属ウランでの重量トン

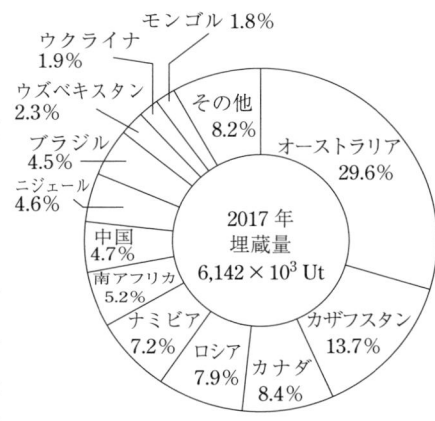

図9.22 世界のウラン埋蔵量[15]

44）ウラン資源は既知資源（identified resources），確認資源（reasonably assured resources），推定資源（inferred resources）の3つのカテゴリーそれぞれが，金属ウラン1 kgの採掘コスト（米ドル/kgU）によって4つに分けられる．回収可能な（recoverable）既知資源のうち採掘コスト260ドル以下を既知資源量，130ドル以下を確認可採資源量といい，後者を可採年数算定に使う．

45) 高速中性子とは，通常エネルギー値が 0.1〜1.0 MeV（$1\,\text{eV} = 1.60217646 \times 10^{-19}$ J）よりも大きい中性子を指す．中性子がまわりの物質の原子核と衝突を繰り返して，エネルギーを失い，まわりの物質の熱運動と熱平衡状態に達した中性子のことを，熱中性子という．常温（300 K）でのエネルギー値は，およそ 0.025 eV である．熱中性子は ^{235}U の核分裂連鎖反応を効率的に起こすことができるため，原子炉の多くは熱中性子による核分裂連鎖反応を利用している．

46) 1992 年から約 2 兆 9,500 億円の費用をかけて建設が進められているが，2020 年 8 月，2022 年度上期への 25 回目の竣工延期を発表した．

47) IAEA Uranium 2018: Resources, Production and Demand
https://www.oecd.org/publications/uranium-20725310.htm

48) 核情報ネット：再処理 vs 乾式中間貯蔵
http://kakujoho.net/ndata/snf_repro.html
河野太郎公式サイト：なぜ核燃料サイクルはできないのか
https://www.taro.org/2014/12/post_14-2.php

性子であることに由来する．

　炉心を冷却し，熱エネルギーを取り出す冷却材として，軽水炉では中性子の減速材を兼ねて軽水を利用するのに対し，高速増殖炉では，高速中性子を減速させないように加熱溶融した液体金属（主に金属ナトリウム）を使用する．

　しかし高速増殖炉は安全性や経済性などから未解決の問題点が多く，現在まで実用化された炉はない．

使用済み核燃料の再処理：使用済み核燃料は，何もしないで金属製乾式キャスクに中間貯蔵し，その後深地下処分場に直接処分するか，再処理するかの 2 つの方法がある．原子力政策大綱（2005 年 10 月）では，「使用済燃料を再処理し，回収されるプルトニウム，ウラン等の有効利用することを基本方針とする」ことを決定している．使用済み核燃料棒内には，核分裂生成物とそれから α 崩壊や β 崩壊して生成した多数の元素が混在する．このような状態の燃料棒から未反応のウラン，および生成したプルトニウムを取り出す作業が再処理である．取り出されたウランとプルトニウムは，再び核燃料に加工される．

　プルトニウムは容易に核兵器に転用可能なため，それのみを所有することは核拡散防止条約で禁止されている．そのためプルトニウムとウランと混ぜた溶液を作り，これをマイクロ波で脱硝酸して酸化物 MOX として保管している．ウランについても流動床で脱硝して酸化物として保管している．

　日本では，日本原子力研究開発機構東海事業所（茨城県東海村）と日本原燃六ヶ所再処理工場[46]（青森県六ヶ所村）の 2 ヵ所で試験的な再処理を行っている段階である．

　1970 年代に民生用の使用済核燃料の再処理が始まったのは，当時見積もられていたウラン資源の可採年数が 40 年程度で，核燃料確保のため高速増殖炉が必要と考えられたからである．しかし，高速増殖炉は商業化のめどは立たず，現在のプルトニウムサイクルは MOX 燃料を使用することで成り立っている．新たなウラン資源の開発などで，可採年数が 100 年を超えている現在[47]，ウランの必要量を約 25% 減らすプルトニウムとウランのリサイクルは，再処理のコストが高いため，ほとんど意味を持たなくなっている．また，使用済み核燃料の処分法としても，経済産業省の試算でもコストが直接処理の約 2 倍と高いだけでなく，安全性の面からも，金属製乾式キャスクを用いる使用済燃料中間貯蔵とその後の直接処分を推す声[48]がある．

9.6.2 原子力電池

非常に強い核力で核子が結ばれている原子核でも，陽子と中性子のバランスが悪いと不安定になり，放射線を出して，他の種類の原子核に変化する．これを**原子核崩壊**といい崩壊する原子核を放射性同位元素という．たとえば，^{238}U は半減期 4.5×10^8 年という長い年月をかけて α 崩壊[49]を行い，放射性同位元素であるトリウム ^{234}Th に崩壊する．^{234}Th は β 崩壊[50]によりプロトアクチニウム ^{234}Pa へ崩壊し，さらに長い系列の後に最終的に非放射性元素の鉛 ^{206}Pb を生成する．

^{238}U から出る α 線のエネルギーは 4.2 MeV で，水素原子のイオン化エネルギー，14 eV に比べると 30 万倍も大きい[51]ことがわかる．この原子核崩壊のエネルギーを利用して電力を発生させる装置が**原子力電池**であり，**物理電池**の一種である．電気エネルギーへの変換は原子核崩壊の際に発生するエネルギーを熱として利用し，熱電変換素子[52]により電力に変換する．実用される原子力電池には α 崩壊を起こす核種である ^{238}Pu や ^{210}Po が用いられ，発生した α 線が物質に吸収されて生じた熱を利用している．

人工衛星に搭載されて1960年代から使用されたが，原子炉を搭載する人工衛星と同様に打ち上げ失敗や墜落で放射性物質をまき散らすリスクがあり，現在は地球軌道周辺では太陽電池が一般的である．しかし，深宇宙探査の場合には太陽からの光も弱く原子力電池以外を使うことができないため，土星探査機のカッシーニなどに使われ，現在も運用が行われている．長寿命なので，1977年に打ち上げられたボイジャー1号と2号は2000年現在，太陽系外で稼動し続けている．2006年1月に打ち上げられた NASA の冥王星探査機ニュー・ホライズンズにも原子力電池が搭載されている．

β 崩壊する ^{63}Ni をエネルギー源として，マイクロマシン研究分野で必要なマイクロ原子力電池や埋め込み型心臓ペースメーカーなど医療用電池の開発が行われている．β 線を電力に変換するには，電子ビームを電荷として集めて取り出す，電子正孔対を発生させて起電力を発生させる，自己加熱によって生じる温度変化を電力に換える，などの方法がある．

9.6.3 核融合エネルギー

核融合とは，軽い原子核同士が衝突して融合することにより，さらに重い原子核を作る反応であり，このとき原子核の質量の一部が大量のエネルギーに変わる．

太陽のような恒星が輝くのは，すべて核融合反応によるものであ

---

49) α 崩壊とは，ある元素がその原子核から α 粒子を放出して別の元素になること．α 粒子は大きなエネルギーをもち，α 線と呼ばれる．α 粒子は ^{4}He の原子核であり，崩壊して生成した元素は，もとの元素より原子番号が2，質量数が4だけ小さい．通常この α 線は高エネルギーをもち，強い電離作用をもっている．

50) β 崩壊とは，ある元素がその原子核から β 粒子（電子）を放出して別の元素になること．崩壊して生成した元素は，もとの元素より原子番号が1大きく，質量数は変わらない．

51) $1 \text{ eV} = 1.60217646 \times 10^{-19}$ J これは原子，あるいは原子核1個のエネルギーなので，通常の物質量で考えるときはアボガドロ数を掛けて考える．水素原子のイオン化エネルギーは，$14 \times 1.6 \times 10^{-19} \times 6.0 \times 10^{23} = 1.3 \times 10^6$ J mol^{-1}，α 線のエネルギーは，$4.2 \times 10^6 \times 1.6 \times 10^{-19} \times 6.0 \times 10^{23} = 4.0 \times 10^{11}$ J mol^{-1} となる．

52) 熱電変換素子とは，熱と電力を変換する熱電素子の一種である．2種類の異なる金属または半導体を接合して，両端に温度差を生じさせると起電力が生じるゼーベック効果を利用する．大きな電位差を得るためにp型半導体，n型半導体を組み合わせて使用される．

る．これら恒星は自身の巨大な重力で反応を維持できるのに対して，地上で核融合反応を起こすためには極めて高温にするか極めて高圧にする必要がある．このため，**核融合エネルギー**は軍事用として水素爆弾[53]に実現しているが，平和利用にはその制御が難しく，未だ成功していない．21世紀末の実用化が期待されている未来技術である．

原理的には ^{57}Fe より軽い原子の核融合は可能だが，原子核の電荷が互いに反発して反応を阻害するため，実際に利用可能なのは，電荷がごく小さい水素やリチウムなどに限られる．

核融合反応で発電するためには，原子核が 1000 km s^{-1} 以上の速度でぶつかりあう必要がある．これを臨界プラズマ条件と呼び，この速度の実現には D–T 反応（重水素と三重水素の反応）で，「発電炉内でプラズマ温度1億℃以上，密度100兆個/cm^3 とし，さらに1秒間以上閉じ込めること」が条件となる．この条件自体は JT-60 および JET[54] で到達したとされているが，発電炉として使用できるまでの持続時間などには壁は高く，炉として実用可能な自己点火条件といわれる条件を目指し挑戦がつづいている．

可能性が探られている核融合反応は次の3つである．なお，D は重水素，T は三重水素，p は陽子，n は中性子である．カッコ内は反応に伴って放出されるエネルギーである．

D–D 反応：
$$D+D \longrightarrow T(1.01\,\text{MeV})+p(3.03\,\text{MeV})$$
$$D+D \longrightarrow {}^3\text{He}(0.83\,\text{MeV})+n(2.49\,\text{MeV})$$

自然界でも原始星で起きている反応のひとつである．核融合炉として使用する場合資源の入手性が非常によいが，反応条件が厳しく，D–T 反応の10倍厳しい反応条件を達成する必要がある．

D–T 反応：
$$D+T \longrightarrow {}^4\text{He}(3.52\,\text{MeV})+n(14.06\,\text{MeV})$$

反応条件が緩やかで，最も早く実用化が見込まれている反応である．トリチウムは自然界から事実上採取は不可能であること，高速中性子が生成するため，炉の材質も検討が必要となることが課題である．現在検討されているトリチウム入手法は，核融合炉の周囲をリチウムブランケットで囲み，炉から放出される高速中性子を減速させつつ核反応を起こし，
$$^6\text{Li}+n \longrightarrow T+{}^4\text{He}+4.8\,\text{MeV}$$
$$^7\text{Li}+n \longrightarrow T+{}^4\text{He}+n+2.5\,\text{MeV}$$
トリチウムを得ることである．このときブランケットは高速中性子を減速して遮蔽し，燃料を生産し，反応熱を取り出すという3つの

---

[53] 実用化されている水素爆弾は原子爆弾を点火剤とし，重水素化リチウム ^{6}LiD を核燃料に用いた核融合反応を利用している．核融合に必要なトリチウム T は原子爆弾からの中性子と ^{6}Li の反応で生成する．

[54] JT-60 は核融合動力炉実現の前提となる臨界プラズマ条件の達成を目標とした試験装置である．JET は EC（現 EU）の同様な試験施設である．

役割をすることになる．

D-^{3}He 反応：
$$D+{}^3He \longrightarrow {}^4He(3.6\,MeV)+p(14.67\,MeV)$$

反応が D-T 反応の 5～6 倍程度の条件と比較的起こりやすい．発生するエネルギーも荷電粒子である陽子が担い，放射性物質も出ないことと，エネルギーを直接電力に変換することが可能なことで注目されている．最大の課題は地球上には ^{3}He がほとんど存在しないことである．アポロ計画の月探査の結果，月には大量の ^{3}He が存在することが明らかになったが，実用化は遠いと見られる．

9.7 再生可能エネルギー

再生可能エネルギーはエネルギーの自給率を高めるほか，地球温暖化への対策として，その効果が最も大きいもののひとつである．このため今後の市場拡大やコスト低減を見越して，エネルギーや電力需要の数割以上を再生可能エネルギーで賄うことを目指す国が増えつつある．

BP 統計を利用した表 9.2 では 2019 年の世界の一次エネルギー総消費量に占める再生可能エネルギーは 11.4% である．BP 統計は商業取引されない薪炭のような伝統的バイオマスをカウントしないため，再生可能エネルギーを過小評価している．一方，Renewables 2020 Global Status Report（日本語版：自然エネルギー世界白書 2020）では，2018 年の世界の一次エネルギー総消費量の内，79.9% が化石燃料，2.2% が原子力，17.9% が再生可能エネルギーであり，水力を含めた近代的再生可能エネルギー (modern renewables) と伝統的 (traditional) バイオマスがそれぞれ 11.0% と 6.9% を占めている．

世界の近代的再生可能エネルギーの設備容量の変化を表 9.15 に示した．約半分が水力であるが，この 15 年間で，太陽光・熱発電

表 9.15 世界の再生可能エネルギー設備容量[45]

	電　力 (GW)							熱 (EJ)		燃料 (10^9 littres)	
	総計	水力	バイオP	地熱	PV	CSP	風力	バイオH	太陽熱	Bio-E	Bio-D
2004	881	781	39	9	4	0.4	48	0.79	0.28	31.0	2.2
2015	1849	1064	106	13	227	4.8	433	*	1.57	98.3	30.1
2019	2587	1150	139	14	627	6.2	651	14.1	1.40	114.0	53.5
2019/2004	2.9	1.5	3.6	1.6	156.8	15.5	13.6	17.8	5.0	3.7	24.3

バイオ P：biomass power　PV：太陽光発電 (solar photovoltaic)　CSP：集光型太陽熱発電 (concentrating solar power)：バイオ H；biomass heat　Bio-E：バイオエタノール　Bio-D：バイオディーゼル　*）データ欠落

表9.16 再生可能エネルギー資源量（単位：EJ = 10^{18} J）[28]

	技術的可能性	理論的可能性	2012年の利用量[a]
バイオマス	>276	2 900	~50[b]
水　力	50	147	37.4[c]
太陽光・熱	>1 575	3 900 000	2.4[c]
風　力	640	6 000	8.0[c]
地　熱	5 000	140 000 000	4.9[d]
合　計	>7 600	>144 000 000	~103

[a] BP統計[13]による世界の2015年一次エネルギー総消費量：550 EJ（薪炭などを含めると約600 EJ）　[b] 薪炭などの伝統的バイオマスエネルギー：BP統計の総消費量に含まれないため、自然エネルギー世界白書[45]を参考に推定した．[c] 発電：BP統計では，Wh単位からtoe（石油換算トン）単位への変換に火力発電所の熱効率38%で補正している．実際の消費電力量は上記値を0.38倍したものである．[d] 地熱，潮汐力，発電以外の太陽熱利用，バイオ燃料やごみ発電などの近代的バイオマス利用を含む．

や風力発電が急激に増加していることがわかる．

再生可能エネルギーは半永久的に利用可能かつ膨大な資源量を有する．技術的に利用可能な量は少なくとも現在の世界のエネルギー需要の約10倍以上と見積もられている．潜在的な資源量はさらに桁違いに大きく，技術の発達次第で利用可能な量もさらに増えるとみられている（表9.16）．

9.7.1 水力発電

動力としての水力の利用は古く，水車によって得た動力で製粉・紡績などを行っていた．電気がエネルギーとして利用されはじめたころ，**水力発電**は発電の主力で，水主火従の時代と呼ばれている．落差さえあれば発電が可能であり，適応可能な範囲が非常に広い発電方法である．

再生可能エネルギーを利用する太陽光発電や風力発電に比べて単位出力あたりのコストが非常に安く，また発電機出力の安定性や負荷変動に対する追従性では，数ある再生可能エネルギーの中で王者ともいわれる．

世界的に見ると，特に開発途上国において大量の未開発水力地点があり，未開発水力の合計は年間発電量として17 PWh[55]であり，世界の全電力消費量が12 PWh程度であることを考えると，これは莫大な資源量である．

世界の水力発電設備容量と発電量を表9.17に示す．ピークロー

55) 1 PWh = 1×10^{15} Wh = 1×10^{12} kWh = 1兆キロワット時

表9.17 世界の水力発電（2019）[47]

	設備* GW	発電量 TWh	割合** (%)
中国	356.4	1 302.0	17.4
ブラジル	109.1	387.0	61.9
アメリカ	102.8	274.0	6.2
カナダ	81.4	398.0	60.3
インド	50.1	162.1	10.4
日本	49.9	86.7	8.4
ロシア	49.9	190.3	17.0
ノルウェイ	32.7	125.8	93.3
トルコ	28.5	87.1	28.2
フランス	25.6	63.6	10.4
世界計	1 308	4 306	15.9

* 揚水発電を含む　** 国内全発電量に対する割合：全発電量（BP統計2020）

ド用に設置された蓄電設備である揚水発電[56]も設備容量に含めた．ブラジル，カナダでは国内発電量の過半を，ノルウェイではほとんどを水力発電が占めている．

9.7.2 風力発電

風力発電は水力発電に次いで普及している発電用再生可能エネルギーである．風力発電と太陽光発電の設備の推移を図9.23に示す．21世紀に入りともに高い成長率を示しているが，2007年まで風力発電は太陽光発電の10倍以上の設備容量をもっていたが，近年太陽光発電の伸びも大きく，2019年には1.03倍になった．表9.18に最近の主要国の風力発電設備の状況を示す．2013年現在の設備容量の約半分を中国とアメリカで，70%以上を上位5カ国で占めている．

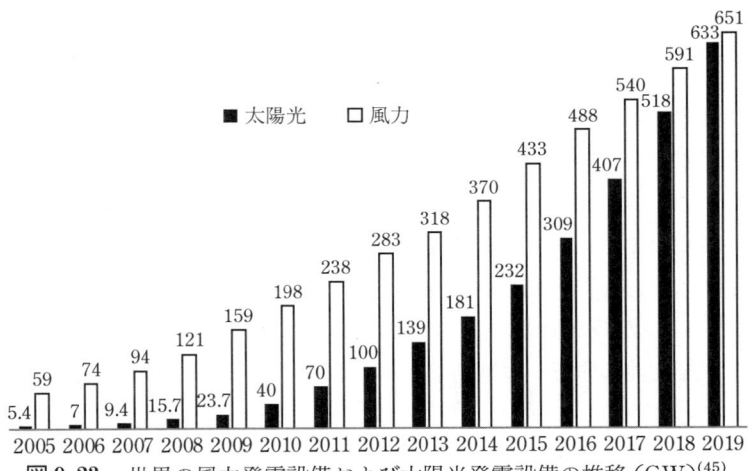

[56] 日本の揚水発電は国内に40ヵ所以上，総出力2,600万kwと世界最大規模の施設があり，設備容量の55%を占めるが，2013年度の揚水発電所設備利用率が全国でわずか3%にしか達していない．同じく揚水発電の多いアメリカやドイツの利用率10%に比べても少ない．

図9.23 世界の風力発電設備および太陽光発電設備の推移（GW）[45]
2000年の風力は17.4 GW，太陽光は1.5 GWであった．

表9.18 世界の風力発電（2019）[13]

国　名	設備 GW	発電量 TWh	割合* (%)
中国	236.3	405.7	5.4
アメリカ	105.6	303.1	6.9
ドイツ	61.4	126.0	20.6
インド	37.5	63.3	4.1
スペイン	25.8	56.2	20.4
イギリス	23.5	64.1	19.8
フランス	16.6	34.5	6.2
ブラジル	15.5	55.8	8.9
カナダ	13.4	34.2	5.2
イタリア	10.5	65.6	23.1
世界（計）	651	1 429.6	5.3

日本の設備容量は8.6 GWで，16位
* 国内全発電量に対する割合

これは，風力発電が再生可能エネルギーを用いた発電方法の中では比較的発電コストが低いこと，夜間でも発電が可能で稼働率が高いこと，など多くの利点をもつためである．

欠点としては出力電力の不安定・不確実性があり，また設置する場所の風況が事業の採算性に大きく影響する．鳥が巻き込まれて死傷する場合があるなど，周辺の環境への悪影響の問題もあり，設置場所の選定に注意を要する．

風力発電の資源量は大きく，世界全体では少なくとも約72 TWが風力によって発電可能とされる．これは世界全体の電力需要量（14 TW）の約5倍に相当する．

日本の陸上で発電可能な量は日本の総発電量の7〜10%と見積も

られている．

風力原動機はローター径が大型化するにつれて効率が向上し，採算性も向上する．これは地上付近では地面や障害物などによる摩擦があり，高所の方がより効率よく風を捉えられるのが大きな理由である．このため発電事業用の風力原動機は大型化する傾向にある．発電量はローターの直径の2乗，風速の3乗に比例し，効率は最高59％である（ベッツの法則[57]）．実際の風力発電機用風車で20〜45％程度のエネルギー変換効率である．2005年現在，世界的に2.5MWクラスが中心であり，5MWクラスの開発が進められている．

9.7.3 太陽光発電（太陽電池）

太陽エネルギーなしに生命が存在できないように，太陽エネルギーは最大のエネルギー源である．しかし，資源として考えるときは，特別な装置で取得したエネルギーを太陽エネルギーとしている．その意味でも，光と熱の双方を利用しているが，ここでは電気エネルギーに変換されたものだけを取り上げる．

太陽電池とは，太陽光エネルギーを電気エネルギーに変換する一種の発電機である．太陽光さえあれば発電し，まったく排気ガスを出さない太陽電池は環境にやさしい電池である[58]．最大の欠点である高い製造コストが普及を妨げていたが，環境意識の高まりやエネルギー資源の高騰などから，ヨーロッパを中心にここ数年30〜40％の勢いで成長している（図9.23，表9.19）．

太陽電池の原理：典型的な太陽電池は，広い受光表面をもつ半導体結晶またはアモルファス板の表面近くに **pn接合** を作る．**p型半導体とn型半導体**のpn接合に可視光線を照射すると光励起され，荷電子帯から伝導帯に電子が遷移し，後には正孔（正電荷に相当）が残る（図9.24）．pn接合では接合の界面でバンド構造にエネルギー準位の勾配が生じ，この勾配に沿って励起された電子は下方に，正電荷は上方に向かって移動することによって電荷が分離される．この状態で外部回路を通じて，p領域（正極）からn領域（負極）に向かう電流が流れる（図9.25）．

太陽電池の種類：太陽電池は電極として用いる材料の種類（シリコン半導体・化合物半導体・有機半導体など），結晶形態（単結晶・多結晶・アモルファスなど）により，多数に分類される．現在開発されている代表的な太陽電池の特徴を表9.20に示す．多結晶シリコン太陽電池は高効率化，低コスト化の技術開発が進められている．薄膜系太陽電池は，軽量・大面積・意匠性にすぐれている．現在主流の多結晶シリコンに対し，First Solar社は化合物系のテ

---

[57] 1919年，ドイツのアルバート・ベッツにより導き出された．

[58] 太陽光さえあればどこでも発電できるため，分散型電源としての利用価値は高く，人工衛星や孤島の灯台，砂漠などでの利用が進んでいる．

表9.19 世界の太陽光発電（2019）[13]

国名	設備 GW	発電量 TWh	割合* (％)
中国	175.0	223.8	3.0
アメリカ	62.2	108.4	2.5
日本	55.5	75.3	7.3
ドイツ	45.9	47.5	7.8
インド	26.9	46.3	3.0
イタリア	20.1	24.3	8.6
オーストラリア	11.3	18.0	6.8
スペイン	4.7	15.0	5.4
イギリス	13.1	12.7	3.9
韓国	7.9	12.1	2.1
世界（計）	627.0	724.1	2.7

＊国内全発電量に対する割合

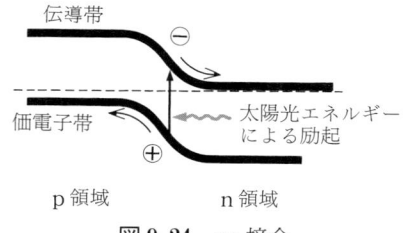

図9.24 pn接合

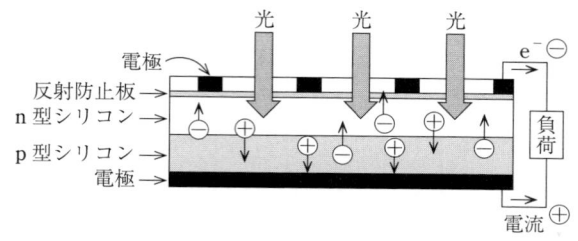

図 9.25 太陽電池の構造と発電原理

ルル化カドミウム［通称カドミウムテルル（CdTe）］を用いる薄膜型の低コスト化（シリコン薄膜多層法の約 1/3）を実現し，2009 年，世界シェアがトップとなった．今後カドミウムの安全性へのリスクが問題になる可能性はある．化合物系太陽電池はいずれも開発途上にあるが，バンドギャップの異なる pn 接合を 2 つあるいは 3 つ接合（多接合）することで利用できる波長域を広げ，紫外線から赤外線まで幅広い波長を含んでいる太陽光をより効率よく電力に変換できる．研究段階では 3 接合でセル効率で 44% を超える変換効率も報告されている．色素増感太陽電池は，その製造コストを従来の 1/10 に下げ，変換効率を 10% 前後まで上げる技術的可能性が示されている[59]．太陽電池の普及を妨げているコストの壁を破る可能性に期待がかかっている．

表 9.20 太陽電池の種類と特徴*)

種類		特徴	モジュール変換効率
シリコン系	単結晶	単結晶インゴットから 160〜200 μm の基板を切り出す．最も歴史が古く，性能・信頼性が高いが低コスト化が課題．	〜20% 実用化
	多結晶	多結晶インゴットから〜200 μm 程度にスライスして作る．単結晶より安価だが，効率が単結晶より低い．	〜15% 実用化
	薄膜系	SiH_4 などの原料ガスからプラズマ CVD 法で基板上に作る．大面積で低コスト量産可能だが，効率が低い．	〜9% 実用化
化合物系	CIS 系	Cu, In, Se などを原料とする薄膜型で，省資源・量産可能．高性能の可能性があるが，希少金属 In の資源量が課題．	〜14% 実用化
	CdTe 系	Cd, Te を原料とする薄膜型で，省資源・量産可能．低コストだが，Cd の毒性が課題．	〜13% 実用化
	III-V 族系	GaAs など III 族元素と V 族元素からなる化合物セルに多接合化・集光技術を結合．超高性能だが，低コスト化に課題．	〜38%（セル効率） 研究段階
有機系	色素増感	酸化チタンに吸着した色素が光を吸収し発電する新タイプ．低コスト化の可能性があるが，高効率化・耐久性が課題．	〜14%（セル効率） 研究段階
	有機薄膜	有機半導体を用いて，塗布だけで作成可能．低コスト化の可能性があるが，高効率化・耐久性が課題．	〜12%（セル効率） 研究段階

*) NEDO 再生エネルギー技術白書（2010 年 7 月）http://www.nedo.go.jp/content/100116323.pdf

59) 2020 年 2 月, 株式会社リコーは, 世界初となる室内照明のような微弱な光においても高い発電性能を発揮する固体型色素増感太陽電池モジュールを販売開始した.
https://jp.ricoh.com/technology/tech/066_dssc

表 9.21 EU 諸国 15 年間 (2000 年～2014 年) の正味* の設備容量増加量 (MW)[42]

風力発電	116 760
天然ガス火力発電	101 277
太陽光発電 (PV)	85 574
バイオマス発電	7 778
水力発電	6 965
集光型太陽熱発電	2 309
廃棄物 (ごみ) 発電	2 196
地熱発電	250
ピート (泥炭) 火力発電	143
海洋 (潮力) 発電	14
原子力発電*	−13 196
石炭火力発電*	−24 746
石油火力発電*	−25 294

* 正味の増加量 = 新設量 − 廃棄量 (マイナスは, 設備減少を示す)

60 a) 第 9 回次世代技術を活用した新たな電力プラットフォームの在り方研究会
https://www.meti.go.jp/shingikai/energy_environment/denryoku_platform/009.html
資料 2 と資料 4

60 b) EU 洋上再生可能エネルギー戦略
https://ec.europa.eu/energy/sites/ener/files/offshore_renewable_energy_strategy.pdf

61) 2016 年以降, 滝上バイナリー発電所 (出力 5,050 kW, 2017 年大分県九重町) の他, 出力 100 kW 未満の発電所が数ヵ所設置されている (https://www.chinetsukyokai.com/index.html).

太陽電池はドイツを中心とした EU 諸国で急速に普及したが, 2012 年以降中国, 日本でも普及が進み, 2019 年には, アジア太平洋諸国が世界の発電量の約 55％, ヨーロッパ諸国が約 21％, 南北アメリカが約 20％ をしめている[59]. 表 9.21 に示したように, EU において, 2000 年から 2014 年までの 15 年間に電源設備の新設から廃棄を差し引いた, 正味の発電設備容量が大きく増加したのは, 風力発電, 天然ガス発電および太陽光発電の 3 つである. 一方, 原子力発電とともに化石燃料中でも大気汚染物質だけでなく, 温暖化ガスの排出量も多い石炭と石油による発電設備は減少している.

EU では 2020 年までの環境政策目標 (温室効果ガス排出量を 1990 年比で 20％ 削減・エネルギー消費に占める再生可能エネルギー割合 20％・エネルギー効率を 20％ 改善) の達成が見込まれていることを受けて, 2030 年目標として, それぞれ, 排出量 40％ 削減, 再エネ割合 32％, エネルギー効率 32.5％ 改善を掲げている[60a].

また, 欧州委員会は 2020 年 11 月 19 日, 洋上再生可能エネルギー戦略を発表した. EU 域内の洋上風力発電能力を現在の 12 GW から, 2030 年までに最低でも 60 GW に, さらに, 2050 年までに 300 GW へと大幅な拡大を目指す[60b].

9.7.4 地熱発電

表 9.22 に 2019 年の主要国の地熱発電容量を示す. アメリカが最も多く, 約 9 割がカリフォルニア州に集中している. ケニアは 2018 年までの 5 年間に設備容量を 3.6 倍とし, 電力需要の半分を占めるに至っている. フィリピンや国全体が火山であるアイスランドの他, エルサルバドル (25％), コスタリカ (14％) など, 中南米の国々が電力需要の 10％ 以上を賄う地熱発電大国である.

地熱による発電は通常, 蒸気発電と呼ぶ方法で, 地下のマグマだまりの熱エネルギーによって生成された天然の水蒸気をボーリングによって取り出し蒸気タービンを回して機械的エネルギーに変換し, 発電機を駆動して電気を得る.

表 9.23 に日本の地熱発電所を示す[61].
現在日本で利用されている地熱発電の発電方式は, 主にドライスチーム, フラッシュサイクル, バイナリーサイクルの 3 つである.

ドライスチーム (DS): 蒸気井から得られた蒸気がほとんど熱水を含まなければ, 簡単な湿分除去を行うだけで蒸気タービンに送る発電方式で, 松川地熱発電所, 八丈島発電所などがある.

フラッシュサイクル: 得られた蒸気に多くの熱水が含まれている

場合，蒸気タービンに送る前に汽水分離器で蒸気だけを取り分けて利用するものをシングルフラッシュサイクル（**SF**）といい，日本の地熱発電所では主流の方式である．一方，分離した熱水を減圧して得られる蒸気もタービンに投入するものをダブルフラッシュサイクル（**DF**）といい，設備は複雑となるが，15〜25％前後の出力の向上および地熱エネルギーの有効利用が可能となる．日本では八丁原発電所および森発電所で採用されている．

バイナリーサイクル（BC）：地熱発電を行うことが不可能な熱水しか得られない場合でも，アンモニア，ペンタンなど水よりも低沸点の熱媒体を，熱水で沸騰させタービンを回して発電させることができる．これをバイナリー発電（binary cycle）という．最近各地の温泉に設置されている小規模地熱発電に，バイナリーサイクル式発電を利用する**温泉発電**（温泉水温度差発電）がある（表9.23）．直接入浴するには高温すぎる源泉（70〜120℃）の熱を50℃程度に下げる湯温調節設備として設置した場合，発電能力は小さいが，既

表9.22 世界の地熱発電とシェア（2019）[13]

国　名	発電設備 MW	割合* （％）
アメリカ	3 676	0.3
インドネシア	2 133	3.7
フィリピン	1 918	27.0
トルコ	1 526	0.3
ニュージーランド	1 005	14.5
メキシコ	963	3.0
イタリア	944	1.5
ケニア	861	51.0
アイスランド	755	30.0
日本	601	0.1
世界（計）	15 406	—

＊国内全発電量に対する割合

表9.23　日本の地熱発電所[48]

名　称	出力 (kW)	発電* 方式	設置年	所在地	名　称	出力 (kW)	発電* 方式	設置年	所在地
森発電所	25 000	DF	1982	北海道森町	タタラ第一発電所	49	BC	2014	大分県別府市
松川地熱発電所	23 500	DS	1966	岩手県八幡平市	湯山地熱発電所	100	BC	2014	〃
葛根田地熱発電所	50 000	SF	1978	岩手県雫石町	亀の井地熱発電所	11	TF	2015	〃
〃	30 000	SF	1996	〃	コスモテック発電所[g]	500	BC	2014	〃
鬼首地熱発電所	15 000	SF	1975	宮城県大崎市	KA発電所[h]	48	BC	2013	〃
大沼地熱発電所	9 500	SF	1974	秋田県鹿角市	別府スパ発電所[i]	125	BC	2014	〃
澄川地熱発電所	50 000	SF	1995	〃	南立石温泉熱発電所	49	BC	2015	〃
上の岱地熱発電所	28 800	SF	1994	秋田県湯沢市	湯布院発電所[j]	50	BC	2015	大分県由布市
柳津西山地熱発電所	65 000	SF	1995	福島県柳津町	滝上発電所	27 500	SF	1996	大分県九重町
土湯温泉発電所[a]	400	BC	2015	福島県福島市	九重地熱発電所	990	SF	2000	〃
八丈島地熱発電所	3 300	SF	1999	東京都八丈町	大岳発電所	12 500	SF	1967	〃
七味温泉発電所[b]	20	BC	2014	長野県高山村	八丁原発電所	55 000	DF	1977	〃
湯村温泉発電所[c]	40	BC	2014	兵庫県新温泉町	〃	55 000	DF	1990	〃
湯梨浜地熱発電所	20	BC	2015	鳥取県湯梨浜町	〃	2 000	BC	2006	〃
小浜温泉発電所[d]	200	BC	2015	長崎県雲仙市	菅原発電所[k]	5 000	BC	2015	鹿児島県霧島市
小国地熱発電所[e]	50	BC	2014	熊本県小国町	大霧発電所	30 000	SF	1996	〃
わいた地熱発電所	1 995	SF	2014	〃	霧島地熱発電所[m]	100	SF	2010	〃
杉乃井地熱発電所	1 500	SF	2006	大分県別府市	山川発電所	25 960	SF	1995	鹿児島県指宿市
瀬戸内XLT発電所[f]	48	BC	2013	〃	メディポリス発電所[n]	1 410	BC	2015	〃
五湯苑地熱発電所	92	BC	2014	〃					

＊DS：ドライスチーム　SF：シングルフラッシュサイクル　DF：ダブルフラッシュサイクル　BC：バイナリーサイクル　TF：トータルフロー

[a] 土湯温泉16号源泉バイナリー発電所　[b] 七味温泉ホテル渓山亭バイナリー発電所　[c] 湯村温泉観光交流センター薬師湯バイナリー発電所　[d] 小浜温泉バイナリー発電所　[e] 小国まつや地熱発電所　[f] 瀬戸内自然エネルギーXLT発電所　[g] コスモテック別府バイナリー発電所　[h] KAコミュニティ発電所　[i] 別府スパサービス発電所　[j] 布院フォレストエナジー発電所　[k] 菅原バイナリー発電所　[m] 霧島国際ホテル地熱発電所　[n] メディポリス指宿発電所

62) 熱水タービン（またはトータルフロータービン）は，通常の蒸気タービンが過熱蒸気またはほとんど熱水を含まない蒸気で作動するのに対し，多量の熱水を含む湿り蒸気（二相流）で作動するため，排熱を熱水として回収することが可能で，得られる電力が増大する長所がある．このため排熱回収プラントに実用化されている．

存の温泉の源泉の枯渇問題や，有毒物による汚染問題，熱汚染問題とは無関係に発電可能な方式である．地下に井戸を掘るなどの工事は不要で確実性が高く，地熱発電ができない温泉地でも適応可能であるなどの利点がある．八丁原発電所で採用されている発電設備の能力は 2 MW（一般家庭に換算して数百世帯から数千世帯分の需要を賄う）で，コンビニエンスストア程度の敷地内に設置されている．

なお，熱水温度 100〜150 ℃ にて，そのまま熱水タービン[62]で発電する**トータルフロー式発電**も大分県別府市の亀の井地熱発電所で用いられている（表 9.23）．

9.7.5 バイオマスエネルギー

化石資源ではない，現生生物体構成物質起源の産業資源を**バイオマス**という．産業革命前までは人類の使うエネルギーは基本的にバイオマスであった．表 9.24 に 2017 年の世界のバイオマス利用状況を示したが，2004 年（OECD：3.1%，非 OECD：7.7%）に比べ先進国では利用が増え，途上国では絶対量は未だ多いが，利用が減っている．これは近代的バイオマス利用が増え[63]，伝統的バイオマス利用が減っていることを反映している．

バイオマスも燃やすと二酸化炭素を生成する．しかし，バイオマスは光合成により大気中から二酸化炭素を吸収してできたものなので，全体として見れば大気中の二酸化炭素量を増やしていない．この性質を**カーボンニュートラル**という[64]．

バイオマスは太陽エネルギーを使い，水と二酸化炭素から生物が生成するものなので，持続的に再生可能な資源である[65]．

最近，ゴミや廃材など可燃性廃棄物を燃料に発電するバイオマス発電が各地で行われている．これはエネルギー資源というより，ゴミ問題のひとつとして捉えられている．

また最近，ヨーロッパを中心に木質エネルギービジネスが盛んになっている．これは原油価格の高騰を一つの契機として，薪，チップやペレットなどの生産が，林地残材や工場廃材など木質燃料の主要な供給源となる構造材やボード生産や紙・パルプ生産と密接に連携して行われたこと，木質燃料の特徴を生かして，発電ビジネスではなく，熱供給ビジネスの燃料としての地位を確立したことが大きいと考えられる．

表 9.24 世界各地域のバイオマス利用状況（2017）[25]

	バイオマス (Mtoe)	割合* (%)
OECD	290.1	5.5
欧州	143.7	8.2
米州	127.4	4.8
アジア・オセアニア	19.1	2.2
非 OECD	996.5	12.1
アフリカ	367.7	45.3
中南米	126.2	20.6
アジア（除中国）	375.4	20.0
中国	108.5	3.5
ユーラシア	17.9	1.6
中東	0.9	0.1
世界（計）	1 286.9	9.2
日本	9.1	2.1

* 一次エネルギー総供給量に対する割合（2004 年のデータはエネルギー白書 2007 参照）

63) 2019 年の近代的バイオマスを代表するバイオ燃料（表 9.15）は，石油消費量（表 9.2）の約 2.6% に相当する（バイオエタノールのエネルギーをガソリンの 60% として計算）．

64) 化石燃料に含まれる炭素もかつての大気中の二酸化炭素が固定されたものだが，それは数億年も昔のことで，現在に限っていえば化石燃料を燃やすことは大気中の二酸化炭素を増加させる．したがって，化石燃料についてはカーボンニュートラルであるとはいわない．

問　題

1. 産業革命はエネルギー資源をそれまでのバイオマス燃料から化石燃料である石炭へ転換したことが原動力となった．その理由を述べるとともに，なぜ石油でなく，石炭だったのか？　もあわせて考えよ．
2. 20世紀が石油文明の世紀と呼ばれることもある理由は何か？
3. 石油の可採年数は20世紀初頭から約30年と，常に枯渇が心配されながら，21世紀に入った現在では約50年と，逆に伸びている理由は何か？
4. 石炭，石油，天然ガス，それぞれのエネルギー資源としての長所，短所を述べよ．
5. 石油や天然ガスが生物起源か非生物起源かを判断するために，炭素の同位体比 $^{13}C/^{12}C$ が使われている．その原理を述べよ．
6. 携帯電話の電源は，ほとんどリチウムイオン電池である．リチウムイオン電池のどのような特長が，携帯電話電源として有用なのだろうか？
7. 燃料電池が高いエネルギー変換効率を期待されている理由を述べよ．
8. 原子力発電のエネルギー資源としての長所と短所を述べよ．
9. 再生可能エネルギーである，太陽エネルギー，風力エネルギー，地熱エネルギー，それぞれのエネルギー資源としての長所，短所を述べよ．

65) バイオエタノールやバイオディーゼルといったバイオ燃料の生産が，アメリカ（シェア41%）やブラジル（同26%）を中心に21世紀の最初の15年で8.2倍になっている．未だ一次エネルギー総供給量の0.57%未満（74.8 Mtoe）であり，2010年以降伸び率も鈍化しているが，食糧生産と競合するなどの問題も指摘されている．

10 | 地球と環境

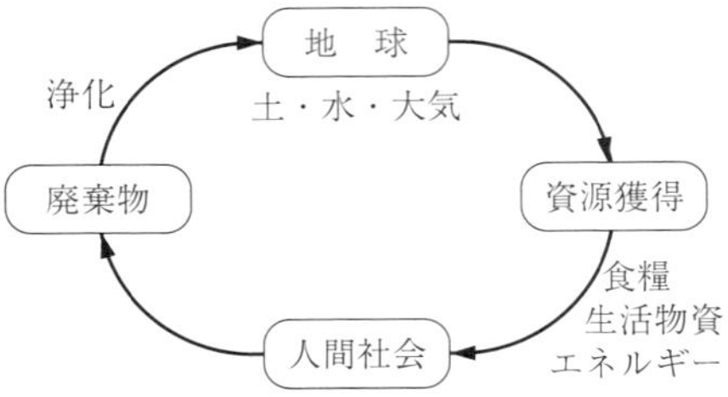

人間社会は必要な食料や生活物資，エネルギーを地球（自然）から得て，人間活動によって排出される二酸化炭素やごみなどの廃棄物を自然の浄化能力によって地球（自然）に返すことで成り立っている（図10.1）．

これまで，少なくとも20世紀前半までは，地球の資源と浄化能力は事実上無限であり，文明が進歩する限り生活環境はますますよくなると信じられてきた．しかし，バックミンスター・フラー（1963）とケネス・E・ボールディング（1966）が「**宇宙船地球号**」で地球の有限性を語り，ローマクラブ報告「**成長の限界**」[1]（1972）が，経済成長を進歩の指標とする人間活動は限界に達すると警鐘を鳴らして以降，地球の有限性が広く認識されることとなった．

急激に大きくなった人間活動が地球の有限性を明らかにした結果が**地球環境問題**である．人間活動を支えるエネルギー資源の有限性，その消費による地球温暖化などの環境破壊の顕在化から，自然環境に大きな負荷を与えない**環境調和型社会**の構築が不可欠であるとの認識が広まっている．

本章では地球規模でのエネルギー循環，物質循環の視点から人間活動の基盤である地球環境の成り立ちを考え，大きくなりすぎた人間活動がもたらす地球温暖化を中心とする地球環境問題と環境汚染について考える．

図10.1 人間社会を支える物質・エネルギー循環

1) The Limits to Growth（Universe Books, 1972）ローマクラブの委嘱によりマサチューセッツ工科大学（MIT）のデニス・メドウズを主査とする国際チームがシステム・ダイナミックスの手法を使用してとりまとめた研究．その後の「限界を超えて」（1992）を含めて，リオサミット（環境と開発に関する国際連合会議）など，これまでの国際的な環境運動の原動力のひとつとなっている．2004年に新たな Limits to Growth : The 30-Year Update が出版され，翌年日本語版「成長の限界，人類の選択」（ダイヤモンド社）が出版された．

宇宙船地球号（Spaceship Earth）

地球を宇宙船にたとえたのは19世紀のアメリカの政治経済学者ヘンリー・ジョージ（Henry George）の「進歩と貧困」（1879）が最初である．しかし，その「船」は必要なときにハッチを開ければ新たにパンと肉が充塡されているという「無限の船」であり，南・北アメリカ大陸に開拓すべき荒野が広がっていた19世紀進歩主義の"未来世代は現在世代よりもっと幸せになれる"という信念がみえる．この**進歩主義**が伝統支配の，すなわち過去世代が現在世代を支配する封建主義を打ち砕き近代社会を築いたのである．

20世紀のアメリカの建築家・思想家，バックミンスター・フラー（Buckminster Fuller）は「宇宙船地球号操縦マニュアル」（1963）で，有限な化石資源を消費し続けることの愚かさを説き，これらの資源は新たな資源を太陽など地球外部から獲得するためだけに使われるべきだと

した．

アメリカの経済学者ケネス・E・ボールディング（Kenneth E. Boulding）は「宇宙船地球号の経済学」（1966）で，無限の資源を前提とし，生産と消費の量で評価する経済を無限の平原で活躍する「カウボーイ経済」と呼び，未来の地球は資源を採掘する宝庫も，廃棄物を捨てる場所もない宇宙船であり，継続的で循環型の再生産が可能な経済を「宇宙飛行士経済」と呼ぶべきだとした．

フラーやボールディングの宇宙船地球号では，現在世代による資源枯渇や環境破壊が未来世代の生存可能性の破壊であるという警鐘であり，過去世代の支配を受けないことで近代社会を作り上げた進歩主義は必然的に未来世代に責任を負わないことを明らかにした．

地球環境問題解決の難しさは，近代社会を作り上げた進歩主義への疑念を避けて通れないこと，すなわち価値観の転換なしには不可能なことにある．

なお，6章で紹介した炭素の同素体C60の通称フラーレンはバックミンスター・フラーが設計したドームの構造に由来する．

10.1 地球環境の成り立ち

生物がその環境に影響されることは明らかである．しかし，現在の地球環境そのものが，生物活動がひとつの重要なインパクトとなって原始地球から変化してきたのである．

地球型惑星である金星，地球，火星は，ほぼ同時期（46億年前），微惑星の衝突によって成長したが，現在の地球の大気は主として窒素と酸素からなり，他の地球型惑星とは大きく異なっている（表10.1）．

融けたマグマが流れていた時代の高温の原始地球では100 atmの水蒸気と50 atmの二酸化炭素が大気の主成分であった．冷却後，大部分の水蒸気が雨として降り注ぎ，原始海洋が形成した後に二酸化炭素と窒素が残った．窒素は化学的にたいへん安定であり，原始地球でも1 atm程度の分圧で大気中に存在していたと考えられる．50 atmあった二酸化炭素が海に溶け込まないとし，水蒸気を無視すれば，大気組成は二酸化炭素98%，窒素2%程度となり，金星や火星の大気組成と変わらない．図10.2に地球誕生後の大気組成の変化を示す．

地球においては液体の水，すなわち海洋の存在が環境に決定的な影響をもっている．岩石から多量の金属イオンを溶かすことで塩酸が消費され，温度も低下し海洋もアルカリ性となった．海洋中のカルシウムイオンなどが大気中の二酸化炭素を吸収し，炭酸塩を生成して，大気中の二酸化炭素濃度が低下した．しかし，大量の酸素の生成と，二酸化炭素の微量成分へのさらなる減少には，光合成で炭

表10.1 太陽系惑星の大気組成

惑星	大気組成
金星	二酸化炭素98.1%，窒素1.8%，水とアルゴン極少量
地球	窒素78.1%，酸素20.8%，アルゴン0.93%
火星	二酸化炭素95.3%，窒素2.7%，アルゴン1.6%
木星	水素82%，ヘリウム18%
土星	水素94%，ヘリウム6%

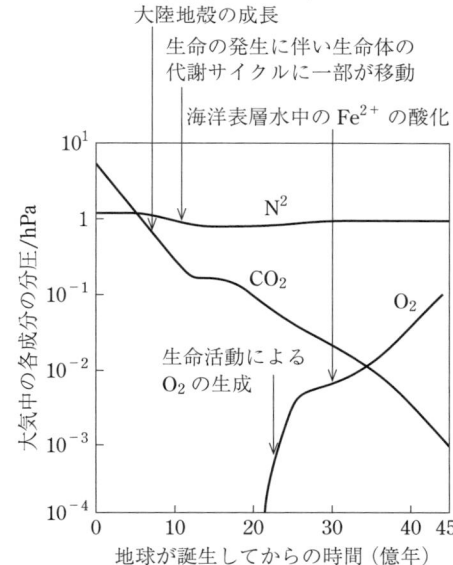

図10.2 地球誕生後の大気組成の変化[19]

酸同化作用を行う生命の誕生が必要であった．

約34億年前に生まれた最初の**光合成細菌**である紅色細菌[2]は太陽エネルギーを使って硫化水素を水素と硫黄に分解し，水素と二酸化炭素から有機物をつくるが，酸素は発生しない．太陽エネルギーと水（海水）を用いて酸素を発生する光合成細菌であるシアノバクテリア（藍藻）が出現したのは約27億年前であった．それ以前の地球大気には酸素は現在の1万分の1（0.0001 PAL[3]）以下しか存在しなかった．地球表層は還元的であり，多量の2価の鉄イオン Fe^{2+} や硫化物イオン S^{2-} が存在していた．光合成により放出された酸素は鉄や硫黄を酸化して**縞状鉄鉱石**[4]や SO_4^{2-} を生成した．Fe^{2+} や S^{2-} が消費された約20億年前から大気中に酸素が蓄積しはじめた．

大気中の酸素濃度が0.01 PALになると，ほとんど酸素のない状態で誕生した生物は適応を失って絶滅し，一方で酸素耐性生物を生み出した．酸素耐性生物は光合成の逆反応である**呼吸**（酸素呼吸系）によって，有機物からエネルギーを取り出すことに成功した．すなわち，0.01 PALは**好気状態**と**嫌気状態**[5]の境界であり，**パスツール点**と呼ばれ，約6億年前に到達した．

パスツール点で決定的なことは，微生物の代謝系が発酵から酸素呼吸系に進化したことで，有機物から効率よくエネルギーを取り出すことができるようになり，進化を飛躍させるために十分なエネルギーを手にしたことである．

酸素呼吸系を完成させたミトコンドリアを細胞内にもつ真核生物[6]は，酸素濃度が高い大気に適応して進化し，7億年前には食物連鎖を予想させる動物群を生み出した．酸素濃度の上昇と活発な造山運動は物質循環を活発化し，栄養分を含んだ大陸棚の形成や内陸部など，多様な環境が生まれた結果，世界各地に多彩な動物群[7]が出現し，生物界のビッグバンと呼ばれている．

酸素濃度が0.1 PALになったとき（4億5千万年前）オゾン層が形成され，有害な紫外線が地表に注がなくなり，生物の上陸が開始された．生物の上陸後，これまで過ごした海洋に加えて，内陸部や内水界系などの水循環系や物質循環系など，空間的な分化によって，多様な生態系が形成されていった[8]．

まさに，液体の水の存在と生命の誕生が，現在の地球環境を形成しているといえる（図10.2）．

10.2 生物圏におけるエネルギーと物質の流れ

すべての生物は，何らかの方法で手に入れた有機物質を代謝と呼ばれる一連の反応で無機物質に分解することによって化学エネルギ

---

2) 紅色細菌は現在でも沼や湖でよくみられる．悪臭のある硫化水素を分解するため，夏場にこの細菌が大発生すると養豚場の糞尿池の悪臭が消える．

3) 生物進化は大気中の酸素分圧（P_{O_2}）に呼応しているために，生物圏の歴史をさかのぼる軸として現在の大気中の酸素分圧 Present Atmospheric Level（PAL = 1.0）に対する比がよく用いられている．

4) 酸化鉄を主とする縞状鉄鉱の存在は，還元的な海水の存在と，酸素を生産する光合成活動の両方の存在を表している．縞状鉄鉱はほとんどが20億年前よりも昔の時代のもので，先カンブリア代前半の海底の堆積物である．

世界の鉄鉱石の大半は，先カンブリア代に形成された縞状鉄鉱層を採掘して得られている．

5) 酸素のある状態が好気状態で，酸素のない状態が嫌気状態である．好気状態でよく増殖する生物を好気性生物，増殖に酸素を必要としない生物を嫌気性生物と呼ぶ．嫌気性生物の中でも偏性嫌気性生物は大気レベルの濃度の酸素に暴露することで死滅する．

6) 原核細胞と真核細胞：原核細胞は細胞内に核をもたず，遺伝子のDNAは細胞内に分散している．真核細胞は細胞内に核があって，DNAがその中に収められているほか，膜で仕切られたミトコンドリア（ATPをつくる呼吸系をつかさどるユニット）や葉緑体などの器官を持つ細胞である．ミトコンドリアや葉緑体などの細胞内器官は，別な原核生物が共生してひとつの細胞となった（細胞進化共生説）ものと考えられている．

7) 世界各地で次のような動物群の化石が発見されている．原生代末期：エディアカラ動物群（6億年～5億4300万年），古生代カンブリア紀：シリウスパセット動物群（5億7千万年前），澄江（チュンジャン）動物群（5億3000万年前），バージェス動物群（5億2000万年前）など．

8) 光合成で放出された酸素はその56%がイオウの酸化，39%が鉄の酸化に使われ，大気中に酸素として残っているのはわずか5%と考えられている．これまで，いかに大量の酸素が生物活動で放出されたかがわかる．

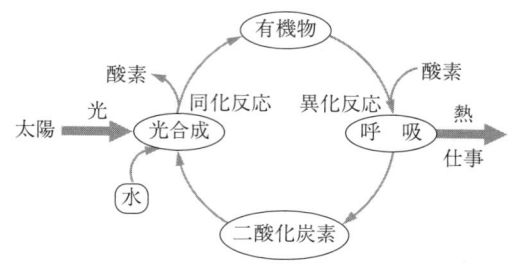

図 10.3 生物圏におけるエネルギーと物質の流れ

ーを引き出し利用している．これを**異化反応**という．酸素を利用する異化代謝系を**酸素呼吸**といい，酸素を利用しないものを**嫌気呼吸**という[5]．

有機物質は光エネルギーや化学エネルギーを用いて二酸化炭素などの無機物質から合成されている．これを**同化反応**という．光エネルギーを利用するものを**光合成**，化学エネルギーを利用するものを**化学合成**と呼ぶ．

化学合成と嫌気呼吸は，光合成と酸素呼吸とともに，現在の地球環境を構成している生態系にとって不可欠なものであるが，量としてみたそのエネルギーは，どちらも無視できる量である．このため，生物圏における物質とエネルギーの流れは，図10.3に示すように，太陽エネルギーを駆動力とするサイクルとなっている．式(10.1)は，光合成によってグルコース($C_6H_{12}O_6$) 1 mol 当たり2808 kJ の太陽エネルギーを化学エネルギーの形で蓄えたことを示している．式(10.2)に示すエネルギーを取り出す異化反応は同化反応の完全な逆反応となっている[9]．

同化反応：光合成の例

$$6CO_2 + 6H_2O \xrightarrow{\text{太陽光}} C_6H_{12}O_6 \quad (\Delta H = 2808 \text{ kJ mol}^{-1})$$
(10.1)

異化反応：酸素呼吸の例

$$C_6H_{12}O_6 + 6O_2 \longrightarrow 6CO_2 + 6H_2O \quad (\Delta H = -2808 \text{ kJ mol}^{-1})$$
(10.2)

10.2.1 同化反応

同化反応とは，二酸化炭素(CO_2)を還元して有機物をつくる反応である．式(10.1)をみると，太陽エネルギーが直接二酸化炭素を還元しているようにみえるが，そうではない．

炭素の最も酸化された形である二酸化炭素を還元するためには，二酸化炭素1分子当たり電子が4個必要である．光合成でも，化学合成でも，その4つの電子を生体内の高エネルギー物質**ATP**と**NADH**（高エネルギー物質 ATP と NADPH，NADH 参照）から

[9] 植物や光合成細菌など同化と異化の両反応を行っているものを独立栄養生物といい，動物など，異化反応しか行わず，それに必要な有機物質を他の生物から摂取しなければならない生物を従属栄養生物という．

調達し，全く同じシステムを使って二酸化炭素を還元している．

$$CO_2 \xrightarrow[\substack{3ATP, 3H_2O}]{\substack{2NADPH, 2H^+ \\ \downarrow \nearrow 2NADP^+}} 1/6(C_6H_{12}O_6) + H_2O \qquad (10.3)$$
$$\hspace{3cm} 3ADP, 3H_3PO_4$$

光合成において，太陽光がしていることは，**葉緑素**を使って，二酸化炭素の還元に必要な4つの電子を$NADP^+$に渡し，高エネルギー物質のNADPHとATPをつくることである[10]．

$$\text{太陽光} \searrow 4[\text{葉緑素}] \nearrow 4H^+ + 4HO\cdot \longrightarrow 2H_2O + O_2$$
$$4e^- \nearrow 4[\text{葉緑素}]^+ \searrow 4H_2O\,(\text{電子供与体}) \qquad (10.4)$$

$$2NADP^+ + 2H^+ + 4ADP + 4H_3PO_4 \xrightarrow{4e^-} 2NADH + 4ATP + 4H_2O \qquad (10.5)$$

地球に最初に生まれた光合成生物である紅色細菌は，式(10.4)における電子供与体として，水の代わりに硫化水素(H_2S)を利用しているため，硫黄(S)を生成し，酸素を生成しない．

化学合成細菌は，アンモニア(亜硝酸菌)，亜硝酸(硝酸菌)，硫化水素(硫黄細菌)，2価の鉄(鉄細菌)などの酸化反応によって生成する化学エネルギーを利用している．

10.2.2 異化反応

異化反応は生物が生きるうえで不可欠なエネルギーを有機物から取り出す反応である．二酸化炭素を還元するのに電子供与体が必要であったのとは逆に，有機物を酸化するのに電子受容体が必要である．酸素を電子受容体とするものを**好気呼吸**といい，それ以外の物質を電子受容体とするものを**嫌気呼吸**という．アルコール発酵や乳酸発酵などの発酵は嫌気呼吸に含まれる．

酸素呼吸の最初の段階は，酸素をまったく使用しないにも関わらず，グルコースを二酸化炭素に分解し，エネルギーをATPやNADHなどの高エネルギー化合物として取り出している．

$$1/6(C_6H_{12}O_6) + H_2O \xrightarrow[\substack{1/3ADP, 1/3H_3PO_4}]{\substack{2NAD^+ \\ \downarrow \nearrow 2NADH, 2H^+}} CO_2 \qquad (10.6)$$
$$\hspace{5cm} 1/3ATP, 1/3H_2O$$

ここで生成したNADHが酸化的リン酸化と呼ばれる反応によって，ATPに変換されるときにはじめて酸素が利用される．酸化的リン酸化とは，NADHから放出された電子が，一連の電子伝達系を経由して，最後に酸素に受容される反応である．なお，式

---

[10] 太陽光の光量子1個だけではエネルギーが不足するため，2つの光化学反応系を使って，2個の光量子を利用している．

(10.7), (10.8)に示す$E°$は, **式量電位**と呼ばれるもので, 8章で学んだ標準電極電位とは異なり, 実際の反応系における電位で, 見かけ電位, あるいは形式電位とも呼ばれる.

$$\text{NADH} + \text{H}^+ \longrightarrow \text{NAD}^+ + 2\text{H}^+ + 2\text{e}^- \quad E° = -0.32 \text{ V} \quad (10.7)$$
$$2\text{H}^+ + 1/2\text{O}_2 + 2\text{e}^- \longrightarrow \text{H}_2\text{O} \quad E° = +0.82 \text{ V} \quad (10.8)$$

この過程で, NADH 1 mol 当たり 3 mol のATPが合成される. 式(10.6)を考慮すると, グルコース 1 mol から 38 mol の ATP が生成するので, 使えるエネルギーとして, 1140 kJ mol^{-1} を手に入れたことになる. 効果的な電子受容体である酸素を利用する酸素呼吸は, 約 40% のエネルギー効率をもつ反応であるといえる.

嫌気状態でエネルギーを取り出す発酵のひとつ, エタノール発酵では, 式(10.9)に示すように, グルコースのエネルギーの2%強(60 kJ)しか利用できず, 酸素呼吸に比べ効率が格段に低い. また, 式(10.9)で利用できる自由エネルギー(235 kJ mol^{-1})に対する獲得したエネルギーの比率も 25% とかなり低い.

$$\text{C}_6\text{H}_{12}\text{O}_6 \xrightarrow{\text{2ADP, 2H}_3\text{PO}_4 \quad \text{2ATP, 2H}_2\text{O}} 2\text{C}_2\text{H}_5\text{OH} + 2\text{CO}_2 \quad (10.9)$$

嫌気呼吸の 20 倍近い 40% というエネルギー効率をもつ酸素呼吸を獲得したことが, 生物圏の進化を加速し, 現在の生態系を作り上げたのである.

高エネルギー物質 ATP と NADPH (NADH)

ATPはアデノシン三リン酸と呼ばれ, 図に示す構造をもっている. リン酸基の4つの酸素原子が負電荷をもち互いに反発しているため, ATPの分子構造を維持するため特別なエネルギーが必要である. 図中の波線で示した結合を切断するとその分のエネルギー($\Delta H = -30$ kJ mol^{-1})が発生する.

アデノシン—Ⓟ〜Ⓟ〜Ⓟ ⟶ アデノシン—Ⓟ〜Ⓟ + H$_3$PO$_4$
　　　　　(ATP)　　　　　　　　　(ADP)

ATPとADP(ジアデノシン二リン酸)との相互変換は, 生体内のどこでも利用できるエネルギーの便利な形であるため, エネルギーの通貨と呼ばれることもある.

NADPHとNADP$^+$，あるいはNADHとNAD$^+$は，以下の式に示すように，ニコチンアミドの環構造をもつニコチンアミドヌクレオチドの還元型と酸化型で，生体内酸化還元反応のほとんどに関係する重要な化合物である．酸化型に2つの電子と2つのプロトン（これは2つの水素原子と等価である）を加えると還元型になる．還元型が高エネルギー物質として還元反応に利用され，酸化型が酸化反応に利用される．このとき2つの水素原子のやりとりと同時に，1 mol当たり220 kJのエネルギーが流れていく．

$$\text{NADP}^+(\text{NAD}^+) \underset{-2(\text{H}^++\text{e}^-)}{\overset{2(\text{H}^++\text{e}^-)}{\rightleftharpoons}} \text{NADPH}(\text{NADH}) \quad (\Delta H = 220\,\text{kJ})$$

10.3 元素サイクル

生物圏の物質は図10.3に示したように，エネルギーの流れと連動する形でサイクルを形成している．物質を構成している元素に着目してその流れを見たものを**元素サイクル**という．

生物が必要とする元素は，微量のものまで含めると20数種類が知られているが，ここでは生物にとって最も重要で特徴的と考えられる炭素と窒素について述べる．

10.3.1 炭素サイクル

図10.4に**炭素サイクル**を示した．炭素の最も大きな流れは光合成［158.9 Gt (1589億トン)：陸上生物108.9 Gt，海洋生物50

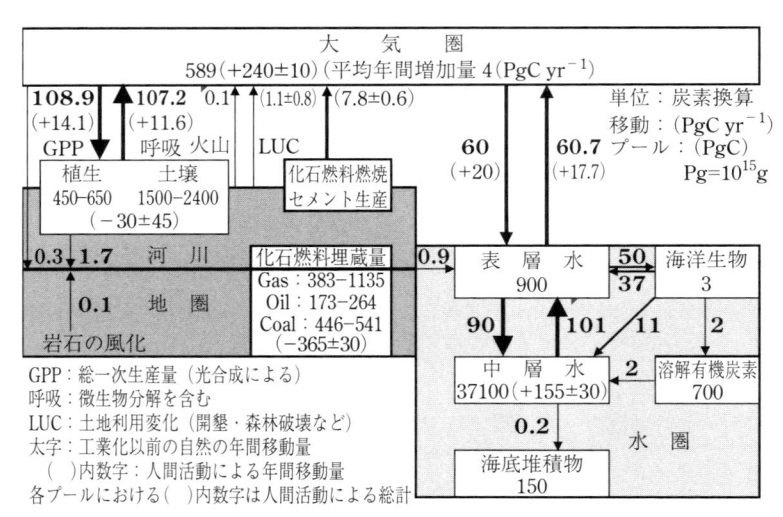

図10.4 炭素サイクル[18]（矢印の横の数字は炭素の年間移動量．二酸化炭素としての移動量は3.67倍すればよい）

Gt］と呼吸によるものである．植物が光合成によって有機化合物の中に化学エネルギーの形で蓄えた太陽エネルギーは，年間 3×10^{21} J と見積もられている．これは太陽から降り注いでいるエネルギー量，3.8×10^{24} J（地表面）の 0.1% にも満たない量だが，現在，人類が 1 年間に全世界で，化石燃料だけでなく水力や原子力を含めすべての形態で利用しているエネルギー量 5.3×10^{20} J（石油換算 11.4 Gt/2005 年）に比べれば 6 倍以上である．

工業化以前，大気圏―地圏―水圏の間の流れはバランスしていて，大気中の二酸化炭素濃度も約 280 ppm と変化がなかった．しかし現在では，人間活動による化石燃料の燃焼で 7.8 Gt，土地利用変化で 1.1 Gt が大気中に放出されている．このため，大気中の炭素量は毎年増え続け，21 世紀に入ってからは年間 4 Gt と 1990 年代の 3.2 Gt から一層増加している．これが，地球温暖化の大きな原因となっている．

自然界には 3 種類の炭素同位体，^{12}C（～99%），^{13}C（～1%）および ^{14}C（～1×10^{-12}）が知られている．全ての炭素同位体は炭素サイクルのあらゆる場所に存在しているが，異なる炭素貯蔵庫に含まれる同位体の相対比は異なり，これが各貯蔵庫特有のいわば「指紋」となっている．大気中 CO_2 の同位体組成の測定によって，大気中二酸化炭素濃度増加の主要因が化石燃料燃焼であることが確認された[11]．

11) WMO 温室効果ガス年報第 15 号（2019 年 11 月 25 日）https://www.data.jma.go.jp/gmd/env/info/wdcgg/GHG_Bulletin-15_j.pdf

10.3.2 窒素サイクル

図 10.5 に生物圏を中心とする窒素の循環を示した．窒素は生物にとって重要な元素であるが，炭素に比べるとその移動量は 3 桁ほど少ない．窒素ガスは反応性が低いため，その固定は炭素と異な

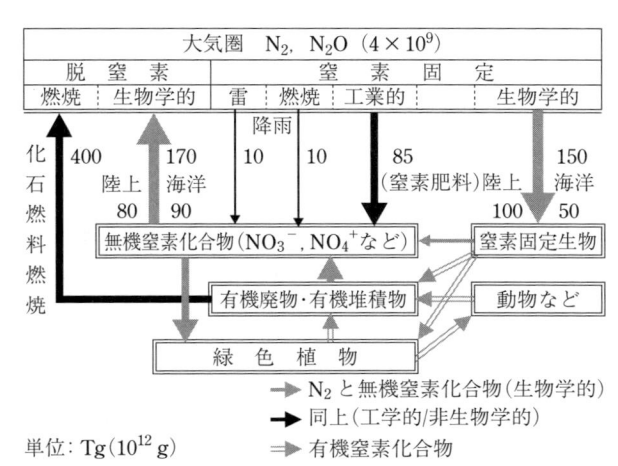

図 10.5 窒素サイクル（矢印の横の数字は窒素の年間移動量）[21]

り，高等植物では行われず，根粒菌などの窒素固定細菌によるものだけである[12]．高等植物は無機窒素化合物の同化反応によって，窒素を取り込んでいる．このことは，農業における窒素肥料の重要性を示している．

人間活動による化石燃料の燃焼と工業的窒素固定は，20世紀前半までは無視できる程度であった．現在，その大きさが自然界の窒素固定の半分を超える勢いで巨大化していることから，生態系への影響が懸念されている．**窒素サイクル**において大きな比率を占める工業的窒素固定は，炭素サイクルにおいて工業的二酸化炭素固定が行われていないことと際だった対比をなしている．

10.4 地球温暖化

2007年のノーベル平和賞はアル・ゴア元アメリカ副大統領と，IPCC[13]（気候変動に関する政府間パネル）が受賞した．これは，**地球温暖化**が使い捨て社会から**循環型社会**への転換なしに解決できない地球環境問題の核心であり，国際政治の中心課題であることを示している．

10.4.1 地球のエネルギー収支

地球温暖化を考えるためには，まず地球の気温がどのようにして決まるのかを知る必要がある．そのためには，地球の**エネルギー収支**を考えなければならない．

地球のエネルギー源は，太陽エネルギー，地熱エネルギー，潮汐エネルギーの3種類があるといわれている．しかし，エネルギー収支を考えるとき，太陽エネルギーが圧倒的に大きく，他のエネルギー源は無視してよいレベル[14]である．

地球が太陽から受け取るエネルギー F_S と宇宙空間に放射するエネルギー F_L とが釣り合って（$F_S = F_L$）地球の気温が決まる．F_S と F_L は次のように表される．

$$F_S = (1-\alpha)\pi r^2 S$$
$$F_L = 4\pi r^2 \sigma T_e^4$$

ここで S は**太陽定数**（太陽から太陽地球間の平均距離だけ離れた位置における，単位時間，単位面積を通過する太陽放射エネルギー）で1366 W/m²，α はアルベド[15]と呼ばれる惑星反射率で地球では0.31，r は地球の半径，T_e は地球の黒体等価温度，σ はシュテファン-ボルツマン定数[16]で，5.67×10^{-8} W m^{-2} K^{-1} である．F_S と F_L が釣り合ったときの $0.69S = 4\sigma T_e^4$ を解いて得られる地球の温度は $T_e = 255.7$ K，すなわち約-17 ℃となる．現在の地

---

12) 窒素をアンモニアに還元するためには，6電子が必要で，工業的窒素固定では水素を還元剤（電子の供給源）として用いている．この反応は発熱反応であるが，窒素の反応性は低く，高性能の触媒と高圧が必要である．
$$N_2 + 3H_2 \longrightarrow 2NH_3$$
$$(\Delta H = -53.1 \text{ kJ})$$
生物学的には水素が用いられることはほとんどなく，光合成と共役した水や呼吸と共役した有機物質が電子の供給源（還元剤）となる．次に示す光合成と共役した窒素固定は大量のエネルギーが必要な吸熱反応である．
$$N_2 + 3H_2O \longrightarrow 2NH_3 + \frac{3}{2}O_2$$
$$(\Delta H = 764.7 \text{ kJ})$$

13) Intergovernmental Panel on Climate Change の略．世界気象機関（WMO）および国連環境計画（UNEP）により1988年に設立された国連の機関．各国政府から推薦された科学者の参加のもと，地球温暖化に関する科学的・技術的・社会経済的な評価を行い，得られた知見を政策決定者をはじめ広く一般に利用してもらうことを任務にしている．

14) 地球が1年間に得るエネルギーの99.978%が太陽エネルギー（5.49×10^{24} J）であり，地熱エネルギー（地球内部に地球誕生時に蓄えられた集積エネルギーと岩石中の放射性物質の崩壊に伴うエネルギー）は0.013%（$\sim7.3\times10^{20}$ J），潮汐エネルギーは0.002%（$\sim1\times10^{20}$ J）程度に過ぎない．

15) 従来地球のアルベドは0.30とされていたが，人工衛星による観測結果［図10.7，10.8］をもとに，IPCC第3次報告以降，0.31とされている．最近0.29とする報告もある．(Kim, D. and V. Ramanadan, *J. Geophys. Res.*, Vol. 113, (2008))

16) シュテファン＝ボルツマンの法則は，黒体の表面から単位面積，単位時間当たりに放出される電磁波のエネルギー I とその黒体の熱力学的温度 T の間には，$I = \sigma T^4$ という関係が成り立つという物理法則である．この時の比例係数 σ がシュテファン＝ボルツマン定数である．

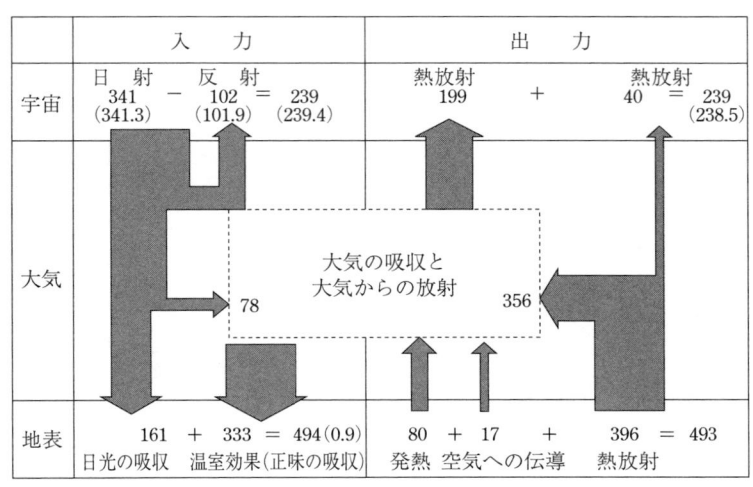

	入　　　力	出　　　力
宇宙	日射　　　反射 341　－　102　＝　239 (341.3)　(101.9)　(239.4)	熱放射　　　　　　　熱放射 199　　　＋　　　40　＝　239 　　　　　　　　　　　(238.5)
大気	78	大気の吸収と 大気からの放射　356
地表	161　＋　333　＝　494(0.9) 日光の吸収　温室効果（正味の吸収）	80　＋　17　＋　396　＝　493 発熱　空気への伝導　熱放射

図 10.6　地球の平均熱収支[16]（2000 年 3 月～2004 年 4 月の平均）
　　　　単位：W m^{-2}

球の平均気温 15 ℃はこの予測より 32 ℃も高い．この差は次に述べる**温室効果**によって生じたものである．

図 10.6 は大気・地表系の平均熱収支を示したものである．地球に降り注ぐ太陽エネルギー量（単位：W/m²）[17] 341 のうち 102（79 は雲などの大気により，23 は地表により）は直接反射され，78 が大気に吸収されて，残り 161 が地表に吸収される．

地表から，空気への伝導（顕熱）により 17，水の蒸発（潜熱）により 80，熱放射により 396 が大気に吸収され[18]，直接宇宙へ流れるエネルギーは 40 にすぎない．大気からは 199 が（169 が大気から，30 が雲などから）宇宙へ，333 が地表に再放射される．この大気から地球への再放射がいわゆる**温室効果**と呼ばれるものである．

従来地球のエネルギー収支は入力と出力は釣り合うことを前提に考えていた．ところが，今回 K. E. Trenberth らが，0.9 W/m² の正味のエネルギー吸収（imbalance）がある（入ってきたエネルギーより出ていくエネルギーが 0.9 W/m² だけ少ない）ことを示したことは注目に値する．

図 10.7 に人工衛星で測定した大気上端と地表面における短波長光（太陽放射）スペクトルを示す．気体分子による散乱や雲による反射や吸収などにより一様に吸収されてはいるが，可視光線には特別な吸収はみられない．0.3 μm 以下の紫外線がほとんどにカットされているのは大気分子による**レーリー散乱**[19]と酸素およびオゾン層のためである．図 10.8 に大気上端と地表面における長波長光（地球放射）スペクトルを示す．地球放射の主成分，赤外線は水蒸気，二酸化炭素などによりかなり吸収されている．水蒸気の温室効

17) 太陽放射は地球の断面積で受けるが，地球放射は全表面積から行われるので，地球の平均熱収支を考えるときは太陽放射も全表面積に平均する必要がある．球の表面積はその断面積の 4 倍なので，図 10.6 では太陽定数 1366 W/m² の 4 分の 341.3 W/m² を用いている．

18) 太陽放射の大気による吸収はほとんど雲とエアロゾルによるもので，大気そのものの吸収は少ない．晴れた冬の夜の放射冷却による冷え込みは，地球放射も雲による吸収が大きいことを示している．

19) レーリー散乱は，光の波長よりも小さいサイズの粒子による光の散乱である．典型的な現象は気体中の散乱であり，太陽光が大気で散乱されて，空が青くみえるのはレーリー散乱による．

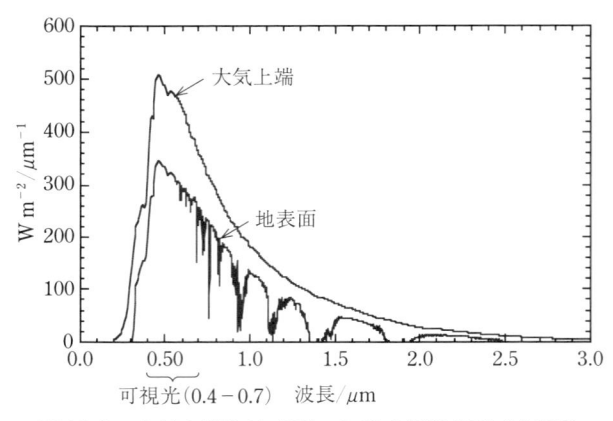

図 10.7 大気上端と地表面における短波長光（太陽放射）スペクトル[22]

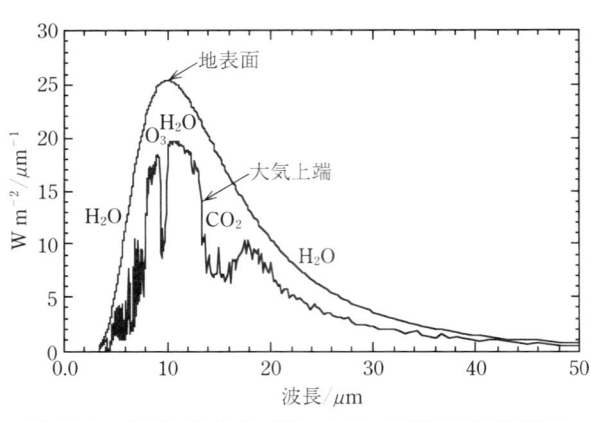

図 10.8 大気上端と地表面における長波長光（地球放射）スペクトル[22]

果への寄与は 60% と二酸化炭素の 26% より大きいが，水蒸気は自然の仕組みで増える[20]ため，人為起源で増える二酸化炭素[21]と異なり，地球温暖化の原因と考えられていない．すなわち，大気成分は太陽放射の主成分である可視光線に対し透明と考えてよいが，地球放射の主成分である赤外線を二酸化炭素などがかなり吸収していることが温室効果の原因である．

10.4.2 放射強制力と温室効果ガスの現状

放射強制力（Radiative Forcing）とは，平衡状態にある大気と地表とのエネルギーのバランスが，さまざまな要因，たとえば温室効果ガスの濃度変化により変化した際，その変化量を圏界面（対流圏と成層圏の境界面）における単位面積当たりの放射量の変化で表す指標である．**温室効果ガスの濃度変化はその大きな要因のひとつで**

20) 気温が上がると地球上に大量に存在する海水からの蒸発量が増えるため，大気中の水蒸気量は気温で決まる．すなわち，二酸化炭素が増加して温暖化すると，水蒸気量も増加してさらに温暖化を後押しすることになる．

21) 光合成は炭素の軽い同位体を含む $^{12}CO_2$ を重い同位体を含む $^{13}CO_2$ より速く取り込むため，植物の $^{13}C/^{12}C$ 比は大気中よりも小さい．古代の生物に由来する化石燃料の $^{13}C/^{12}C$ 比も小さい．現在の大気中二酸化炭素の増加が化石燃料の燃焼という人為起源であることは，大気中二酸化炭素の $^{13}C/^{12}C$ 比が一貫して減少し続けていることにも示されている．

表 10.2　排出および駆動要因別の放射強制力（Radiative Forcing）[18]

排出および駆動要因		RF 値[1]	LC[2]	排出および駆動要因		RF 値[1]	LC[2]
人間活動	温室効果ガス CO$_2$	1.68	VH	人間活動	エアロゾル 鉱物ダスト・黒色炭素	−0.27	H
	CH$_4$	0.97	H		エアロゾルによる雲調整	−0.55	L
	ハロカーボン類[3]	0.18	H		土地利用によるアルベド変化	−0.15	M
	N$_2$O	0.17	VH	自然起源	太陽放射度変化	0.05	M
	短寿命ガス CO	0.23	M	1750 年度を基準とした合計　人為起源放射強制力[5]	2011 年	2.29	H
	NMVOC[4]	0.1	M		1980 年	1.25	H
	NOx	−0.15	M		1950 年	0.57	M

1) 放射強制力の値，単位：W m^{-2}　2) 確信度（Level of Confidence）　VH：非常に高い　H：高い　M：中程度　L：低い　3) オゾン，クロロフルオロカーボン類，ハイドロフルオロカーボン類　4) 非メタン揮発性有機化合物　5) 2018 年 RF 値　合計：3.10，CO$_2$：2.04　CH$_4$：0.51　N$_2$O：0.199

ある．放射強制力が正の値のとき，地表を暖める効果をもっている．一方，放射強制力が負の値のとき，地表を冷却する効果がある．

表10.2に，1750年を基準とした2011年の各種要因の放射強制力（RF値）を示した．**二酸化炭素**が最も大きな正の放射強制力を示し，2番目が**メタン**，3番目が**フロンガス**といずれも人為起源の温室効果ガスである．二酸化炭素の増加は，主に人為起源の化石燃料の使用と土地利用の変化による．図10.4の炭素サイクルに示すように，産業革命以前は大気への二酸化炭素の出入りはバランスしていたが，産業革命以降16.5 Gtの炭素が二酸化炭素として大気中に加わり，年間増加量も1990年代の3.2 Gtから2000年代は4.1 Gtと増加している．

温室効果ガスの現状：氷床コア[22]と現代のデータによる温室効果ガスの変化を図10.9に示す．二酸化炭素，メタン，**一酸化二窒素**の3つとも産業革命までの1万年はほとんど変化がなく，産業革命以降急激に増加している．すなわち，この増加は人為起源であることは明白である．なお，過去65万年前まで遡っても二酸化炭素，メタン，一酸化二窒素の濃度が現在ほど高い濃度を示した時代は見いだされていない．

人為起源温室効果ガス年間排出量は二酸化炭素換算で1970年の27 Gtから2010年の49 Gtに81％も増加している[23]．2010年における各温室効果ガスの二酸化炭素換算でみた排出割合を図10.10に示す．二酸化炭素が76％，中でも化石燃料の使用が約65％と最大である[24]．分野別温室効果ガス排出割合を図10.11に示す．電力産業など，化石燃料使用に関係した分野が4分の3を占めている．なお，人為起源メタンの3大発生源は，家畜（反芻動物の腸内発酵），水田（メタン発酵），炭坑や油田，天然ガス田の化石燃料生産である．農業分野から出る温室効果ガスにはメタンの他，窒素肥料施肥による一酸化二窒素も多い．電気は電力産業以外の分野で消費されるため，図10.11に示した各分野の電力消費割合をそれぞれの分野の割合に加えたものを間接排出量という．すなわち，直接排出量割合が25％の電力・熱生産の間接排出量割合は1.4％となり，21％の工業は32％となる．

日本の2014年温室効果ガス排出量は，CO_2換算約1.364 Gt（CO_2 92.7％，CH_4 2.6％，N_2O 1.4％，フロン類など3％）で，国際的に見て二酸化炭素の割合が高い．

22) 南極やグリーンランドの氷床から取り出された円柱状の氷で，その中に含まれる気体や，安定同位体の比を調べることで，過去の大気組成や気温などを知る手がかりとなる．

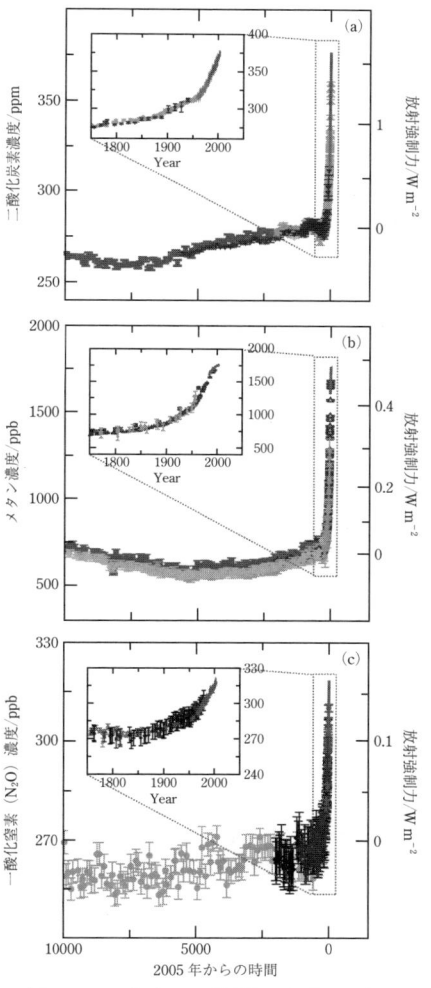

図10.9 氷床コア観測と現代のデータによる過去1万年の温室効果ガスの濃度変化[18]

10.4 地球温暖化

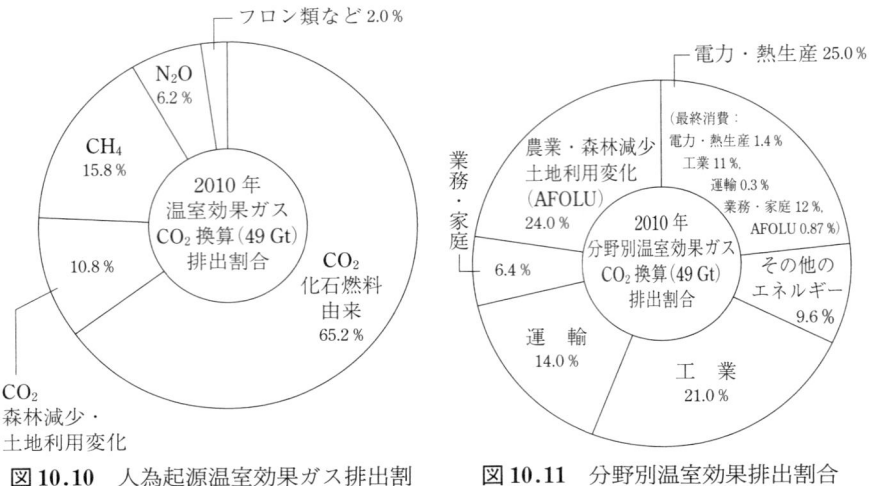

図10.10 人為起源温室効果ガス排出割合（CO_2換算）[18]

図10.11 分野別温室効果排出割合（CO_2換算）[18]

23) 温室効果ガスはそれぞれ赤外線の吸収率や大気中での寿命などが異なるため，温暖化に与える影響も異なっている．排出後100年間の影響から算出したCO_2を1とした換算係数は，CH_4 21，N_2O 290，フロンガス類5000〜7000である．すなわちCO_2換算とはCH_4 1トンをCO_2 21トンに換算することである．2015年11月，世界気象機関（WMO）は2014年の温室効果ガスの濃度がCO_2（397.7 ppm），CH_4（1833 ppb），N_2O（327.1 ppb）と過去最高に達し，その増加速度も，CO_2では，過去10年と同程度であり，CH_4とN_2Oでは加速していると報告している．なお，日本の大気環境観測所（綾里）でのCO_2観測では，2014年401.3 ppm，2015年403.1 ppmである．

24) フロンガス類は現在生産も使用も禁止されているので，2004年1年でみた排出量は少ない．産業革命以降，2000年までに排出され，蓄積された人為起源温室効果ガスの温暖化への寄与は，二酸化炭素60％，メタン20％，一酸化二窒素6％，フロンガス類14％と見積もられ（IPCC第3次報告書），フロンガスの影響は大きいが，今後減少に向かうと予想される．

気候変動枠組条約（UNFCCC）[25] と IPCC

　IPCCは，「人間が引き起こす気候変動のリスク，潜在的影響およびそれらに対する適応策や緩和策について理解するために必要な，科学的・技術的・社会経済的な知見を，包括的，客観的かつ透明性の高い方法で評価する」ことを目的としている．国際的な科学評価機関としてのIPCCの報告書は，政策的に中立でなければならず，政策を規定するものであってはならない．IPCCは，必要な情報を科学の立場から提示するが，特定の政策を推奨することはしない．科学的な情報に基づいてとるべき行動を決めていくのは，政策決定者の役割である．

　IPCCが1990年に作成し発表した最初の第1次評価報告書（First Assessment Report：IPCCAR 1）は，UNFCCCに大きな影響を与えた．同条約は，その第2条において，「気候系に対して危険な人為的干渉を及ぼすことにならない水準において大気中の温室効果ガス濃度を安定化させること」を究極的な目的としている．

　IPCCは1995年に発表したIPCCAR2からIPCCAR5に至るまで，常に同条約の第2条を意識してきた．

　一方，IPCCから科学的情報を受けてきたUNFCCCの側では，国際社会が目指すべき長期的・全地球的な目標についての議論が進められ，次第に「工業化以前からの世界全体の平均気温の上昇を何度までに抑えるべきか」ということが焦点となった．IPCCAR4以降，その議論は特に活発になり，COP 15[25]で初めて「2℃気温上昇」や「1.5℃気温上昇」が言及され，COP 16では「工業化以前からの世界平均気温の上昇を2℃までに抑えること」が長期目標として認識された．

　2015年COP 21で採択されたパリ協定は，その第2条1項で次のような長期的・全地球的目標を明記している．「世界全体の平均気温の上昇を工業化以前よりも2℃高い水準を十分に下回るものに抑えること並びに世界全体の平均気温の上昇を工業化以前よりも1.5℃高い水準までのものに制限するための努力を，この努力が気候変動のリスクおよび影響を著しく減少させることとなるものであることを認識しつつ，継

続すること」

同時に COP 21 は，パリ協定の着実な実施のために最新の科学的知見に基づくさらなる検討が必要と考え，IPCC に対して，「工業化以前の水準から 1.5 ℃ の気温上昇にかかる影響や関連する地球全体での温室効果ガス排出経路」に関する特別報告書を 2018 年に完成させることを要請した．折しも IPCC は，新たな体制のもと IPCCAR6 の検討を始めているところであった．COP 21 からの要請に応え，2018 年 10 月インチョン（仁川）で開催された第 43 回総会で IPCC 1.5 ℃ 特別報告書（SPECIAL REPORT Global Warming of 1.5 ℃）[26] が承認された．

10.4.3 地球温暖化の現状

IPCC 第 1 作業部会第 5 次評価報告書は，"気候に対する人為的な影響は大気や海洋の温暖化，雪氷の縮小，世界平均海面水位の上昇，およびいくつかの気候の極端現象（たとえば，ほとんどの陸域で寒い日（夜）の頻度の減少や暑い日（夜）の頻度の増加）として観測されている"ことから，気候システムの温暖化には疑う余地がないことを報告している．

世界の平均気温平年差[27]の推移を図 10.12 に，日本の平均気温平年差の推移を図 10.13 に示す．20 世紀の 100 年で世界では約 0.7 ℃，日本で約 1.1 ℃ 上昇している．世界の温度上昇速度は過去 100 年（1906〜2005 年）が年平均 0.0074 ℃ なのに対し，過去 25 年（1981〜2005）は年平均 0.0177 ℃ 上昇と温暖化速度は約 2.4 倍に加速している．特に，2014 年以降 2019 年までの 6 年が 1850 年以降，最も暑い年の 1 位から 6 位を占める[28] など，温暖化のさらなる加速がうかがえる．

世界平均海面水位は 20 世紀の 100 年で約 17 cm 上昇したと見積もられている．世界平均海面水位の 1 年あたりの平均上昇率は 1.7±0.2 mm/年（1901〜2010 年の期間），2.0±0.3 mm/年（1971〜2010 年の期間），3.2±0.4 mm/年（1993〜2010 年の期間）

[25] 気候変動に関する国際連合枠組条約（United Nations Framework Convention on Climate Change）は，1992 年，ブラジルのリオ・デ・ジャネイロにおいて開催された環境と開発に関する国際連合会議（UNCED）において，地球温暖化問題に関する国際的な枠組みを設定した環境条約である．気候変動枠組条約，地球温暖化防止条約などとも呼ばれる．COP とは，締約国会議（Conference of the Parties）の略で，COP 15 は第 15 回締約国会議（2009 年，デンマーク・コペンハーゲン），COP 16（2010 年：メキシコ・カンクン），COP 21（2015 年フランス・パリ）である．

[26] IPCC 1.5 ℃ 特別報告書の非常に長い正式タイトル「気候変動の脅威や持続可能な発展および貧困撲滅の努力への世界的な対応を強化するとの観点から，産業革命前の水準比で 1.5 ℃ の地球温暖化の影響，ならびに関係する世界の温室効果ガス（GHG）排出経路に関する特別報告書」は，IPCC 総会で，持続可能な発展や貧困撲滅をも考慮する必要性が議論された結果である．

[27] ある大気現象の出現状況を長い期間について平均したものを「平年値」という．平均をとる期間は，国際的に過去 30 年と決めており，10 年ごとに切り替える．2001 年からの 10 年間は 1971〜2000 年の 30 年平均を平年値として使う．図 10.12，図 10.13 の平年差とは，この平年値との差のことである．

[28] Reporting on the State of the Climate in 2019（National Centers for Environmental Information）https://www.ncei.noaa.gov/news/reporting-state-climate-2019

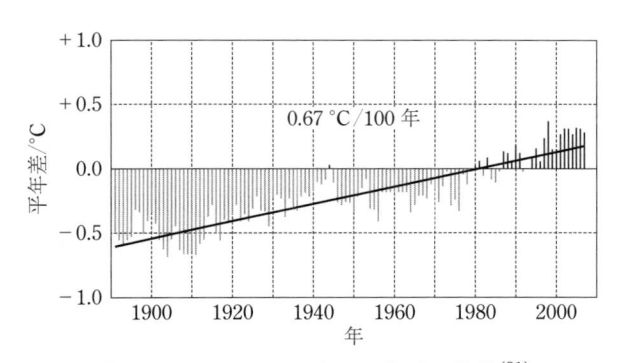

図 10.12　世界の平均気温平年差の推移[31]

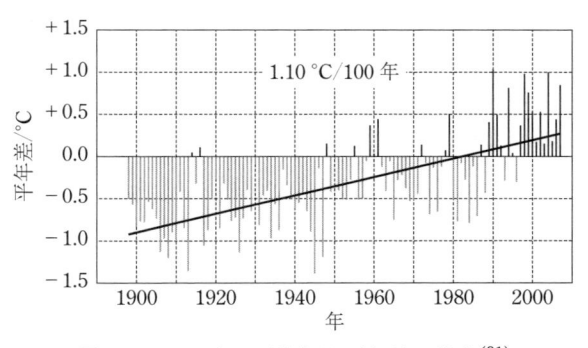

図 10.13　日本の平均気温平年差の推移[31]

表 10.3 海面水位上昇の要因
（1993～2010 年）[18]

要因	上昇率 (mm/年)
海水の熱膨張	1.1±0.3
氷河と冠雪の融解	0.76±0.37
グリーンランドの氷床	0.33±0.08
南極の氷床	0.27±0.11
陸域の貯水量の変化	0.38±0.11
合計	2.8±0.6
観測された海面上昇	3.2±0.4

1993 年以降衛星高度計により観測

29）「サヘル」は，アラビア語で縁を意味し，サハラ砂漠南縁部を指す．サヘル諸国としては，西部からモーリタニア，セネガル，マリ，ブルキナファソ，ニジェール，チャド，があげられるが，東部のエチオピアやスーダンを含むこともある．年間降水量は 100～600 mm と少ない半乾燥地で，しかもその降水量は年によって変動がある．

30）大西洋および東太平洋で発生する熱帯低気圧をハリケーン，西太平洋で発生するものを台風，インド洋および南太平洋のものをサイクロンと呼ぶ．なお，風速 33 m 以上の熱帯低気圧をハリケーンと呼び，風速 25 m 以上の台風とは基準が異なる．

と，海面水位上昇が加速していることがわかる．海面水位上昇の要因別の上昇率を表 10.3 に示す．海水温の上昇をはじめとして，氷河や氷床の融解など温暖化を原因とする要因で海面上昇のほとんどを説明できることがわかる．

平均海抜 1 m 以下の環礁島からなるポリネシアの国ツバルは海水面上昇のため滅亡する最初の国と予想されているが，モルディブなどの他の島嶼諸国も同様な危機にある．

海洋の温暖化は気候システムに蓄積されたエネルギーの増加量において際立っており，1971 年から 2010 年の間に蓄積されたエネルギーの 90% 以上（60% 以上は海洋の表層［0～700 m］に，約 30% は 700 m 以深に）を占める．

温暖化はヒマラヤなど多くの山岳地帯で氷河の後退と氷河湖の増加をもたらしている．北シベリアでは，**永久凍土**の融解が森林を倒壊し，地中に蓄積されていたメタンを放出している．放出されたメタンは，地球温暖化をさらに促進する．

北極の気温はこの 100 年間で，世界全体の平均気温のほぼ 2 倍の速さで上昇している．1978 年以降の衛星データによると，北極の年平均海氷面積は 1979 年から 2010 年にわたって減少し，その減少率は 10 年あたり 3.5～4.1%（45～51 万 km^2），特に夏季の海氷面積の最小値の減少率は 10 年あたり 9.4～13.6%（73～107 万 km^2）である．南極域海氷面積の年平均値は 1979 年から 2012 年の期間で 10 年あたり 1.2～1.8%（13～20 万 km^2）の割合で増加しているが，増えている地域と減っている地域がある．南極氷床の平均減少率は 1992 年から 2001 年の期間に 1 年当たり 30 Gt であったものが，2002 年から 2011 年の期間には 1 年当たり 147 Gt に増加している．

温暖化や大気中の水蒸気の増加とともに，降水量が増えているがその影響は一様ではない．北米・南米の東部，ヨーロッパ北部，北アジア，中央アジアで降水量が大幅に増加し，多くの陸域で大雨の頻度が増加している．一方で，サヘル地域[29]，地中海沿岸，南アフリカ，南アジアの一部で乾燥化が進んでいる．1970 年代以降，特に熱帯と亜熱帯で，より厳しく長期にわたる干ばつが観測された地域が拡大している．

熱帯低気圧の年間発生数には，明確な傾向がみられないが，1970 年頃から大西洋と西太平洋における熱帯低気圧[30]の破壊力は，過去 30 年で倍増している．また，熱帯低気圧の破壊力は，熱帯の海面温度と高い相関関係にある（図 10.14）．強度が増加しはじめた 1975 年から 1980 年代と比べても 1990 年以降，熱帯海面水温の上昇とともに，すべての海洋で熱帯低気圧の強度が増している（表

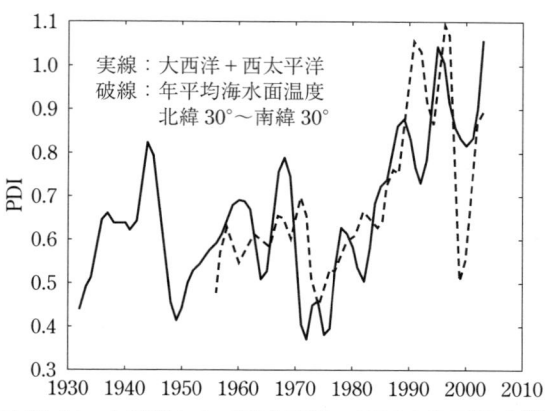

図10.14 大西洋および西太平洋のPDIと海面温度[33]

PDI (Power Dissipation Index)：熱帯低気圧の潜在的破壊力を表す指標のひとつ．

表10.4 カテゴリー4と5の熱帯低気圧の発生数およびその割合

海洋	期間 1975-1989		1990-2004	
	数	%	数	%
東太平洋	36	25	49	35
西太平洋	85	25	116	41
北大西洋	16	20	25	25
南西大西洋	10	12	22	28
北インド洋	1	8	7	25
南インド洋	23	18	50	34

カテゴリー：元来ハリケーンとサイクロンの強さを分類するもので，日本での風速表示である秒速（m s^{-1}）では，
カテゴリー1：33-42
カテゴリー2：43-49
カテゴリー3：50-58
カテゴリー4：59-69
カテゴリー5：>70 である．

10.4)．

2005年8月末にアメリカのニューオーリンズを襲ったハリケーン・カトリーナは最大風速78 m/s（瞬間ではなく1分間平均）と空前の強さで壊滅的な被害をもたらした．2008年5月ミャンマーを直撃した大型サイクロン・ナルギスは死者84,500人，行方不明53,800人とまれにみる被害を与えた．2013年11月8日フィリピン中部に上陸した台風30号（アジア名ハイエン）は，風速87.5 m/s，最大瞬間風速105 m/sと，上陸した熱帯低気圧としては史上最強で，2600人以上の死者，950万人の被災者という壊滅的な被害を与えた．

日本周辺の海水温はこの100年間で世界平均（0.55℃）の約2倍1.14℃も上昇したことで，大気中水蒸気量が増え豪雨が発生しやすくなっている．このため，2018年の7月豪雨では，広島，岡山，愛媛を中心に死者237名，2019年10月の台風19号では，福島，宮城，千葉，神奈川などで死者104名，2020年の7月豪雨では熊本を中心に死者83名など，広い範囲で激甚豪雨災害が起きている．

日本は世界に比べ，大気（図10.13）でも，海洋でも地球温暖化の影響を強く受けており，激甚気象災害の危険性が高まっているといえる．

10.4.4 IPCC 1.5℃特別報告書（IPCCSR 1.5）[31]と温暖化の将来予測

IPCCAR 5が2℃の地球温暖化を中心に検討しているのに対して，IPCCSR 1.5は1.5℃と2℃の地球温暖化の違いに注目して検討している．

31) 環境省「IPCC第48回総会に際しての勉強会資料」http://www.env.go.jp/earth/ipcc/6th/ar6_sr1.5_overview_presentation.pdf
「IPCC 1.5℃特別報告書」ハンドブック：背景と今後の展望
https://www.iges.or.jp/en/pub/ipcc-gw15-handbook/ja

そのポイントは，①地球温暖化は，すでに世界中の人々，生態系および生計に影響を与えている．工業化以降，人間活動は約1.0℃の地球温暖化[31]をもたらしている．現在の進行速度では，地球温暖化は2030〜2052年に1.5℃に達する．

②地球温暖化を1.5℃に抑制することは不可能ではない．しかし，社会のあらゆる側面において前例のない移行が必要である．CO_2排出量が2030年までに45％削減され，2050年頃には正味ゼロに達する必要がある．メタンなどのCO_2以外の排出量も大幅に削減される必要がある．

③地球温暖化を2℃ではなく1.5℃に抑制することには，明らかな便益がある．地球温暖化を1.5℃に抑制することは，持続可能な開発の達成や貧困の撲滅など，気候変動以外の世界的な目標とともに達成しうる．

気候・気象の極端現象に関する予測：気候モデルは，現在（1.0℃）と1.5℃および1.5℃と2℃の間には，地域的な気候特性に明確な違いがあると予測している．1.5℃の気温上昇も温暖化であることに変わりはないが，2℃の温暖化に比べて熱波や豪雨といった極端現象が少なくなり，2100年までの海面上昇は10 cm程度少なくなる[32]．ただし，その場合でも海面水位は2100年のはるか先も上昇を続ける．

海洋生態系への影響：グレートバリアリーフでは2016年の熱波で約30％が死滅するなど，サンゴ礁は現在でも強い影響を受けているが，1.5℃では70％以上減少し，2℃では90％以上が消失する可能性が高い．2020年，海水温の上昇で日本のサンマやスルメイカ，ポルトガルではイワシの漁場が大きく移動し，不漁となっている．世界全体の漁獲量が1.5℃で150万トン，2℃で300万トン減少すると予測される．

食料安全保障への影響：2℃に比べて1.5℃に昇温を抑えると，特にサハラ砂漠以南のアフリカ，東南アジア，およびラテンアメリカにおいて，トウモロコシ，米，コムギ，および潜在的にその他の穀物の正味収量の減少，ならびにCO_2濃度に関連して生じる米とコムギの栄養の質の低下[33]が抑えられる．

10.4.5 日本の将来予測

「日本の気候変動2020」（文部科学省・気象庁2020年12月）は，IPCCAr5で用いられた2℃上昇シナリオ（パリ協定の2℃目標が達成された世界）および4℃上昇シナリオ（現時点を超える追加的な緩和策をとらなかった場合）に基づき，20世紀末（1986〜2005年

---

32) 2020年9月国連の気候変動にかかわる機関が作成した報告書（United in Science 2020）では，工業化以降2016〜2020年は最も暑い5年間で1.1℃上昇．世界の海水面上昇傾向や北極海氷の減少傾向もこれまでの予測を超えている．
https://public.wmo.int/en/resources/united_in_science
また，2018年グリーンランドの氷床融解が90年代の7倍の速さに！
https://www.nature.com/articles/s41586-019-1855-2
https://www.businessinsider.jp/post-204430

33) 今世紀後半にCO_2濃度が予想どおりの値（546〜586 ppm）に達した場合，小麦，米，エンドウ豆，大豆に含まれる亜鉛，鉄分，タンパク質の量が減少する可能性が高い．Nature Climate Change, Vol. 8, September 2018, 834〜839.
https://natgeo.nikkeibp.co.jp/nng/article/news/14/9208/

の平均)に比べた21世紀末(2081～2100年の平均)を予測している．以下にその予測値を［2℃上昇シナリオ/4℃上昇シナリオ］として示した．

年平均気温［約1.4℃/4.5℃上昇］，猛暑日の年間日数［約2.8日/19.1日増加］，熱帯夜の年間日数［約9.0日/40.6日増加］，冬日の年間日数［約16.7日/46.8日減少］；世界の年平均気温の予測［約1.0℃/3.7℃上昇］に比べ，気温上昇が大きい．同じシナリオでは，緯度が高いほど，また，夏よりも冬の方が，昇温の度合いが大きい．

日降水量200 mm以上の年間日数は［約1.5倍/2.3倍］に増加し，1時間降水量50 mm以上(非常に激しい雨)の頻度もほぼ同じ増加傾向を示すが，雨の降る日数は減少すると予想され，日本全国の年間降水量には，統計的に有意な変化は予測されていない．

海面水位の上昇［約0.39 m/0.71 m上昇］が予測されている．

以上，4℃シナリオ，すなわち現時点を超える対策をとらなかった場合，21世紀末には危機的な状況が訪れることが予測される．

現在の気候でスーパー台風(最大風速54 m/s以上)の経路をシミュレーションすると，その強度を保ったまま到達するのは，北緯28度が到達北限だが，温暖化した気候では，その強度を保って日本の本土まで到達する可能性がある．日本とその近海は地球全体の平均の2倍の上昇率で温暖化が進んでいるため，その強度を保ったままの上陸はもちろん，これまでに経験のない激甚気象を発生させる頻度も高まる[34]．

34) 坪木和久「激甚気象はなぜ起こる」(新潮選書) 2020

10.5 大気環境

現在の大気は地球の長い歴史の中で生物活動などにより，数億年前にできあがったものである(図10.2)．図10.15に大気圏の構成と温度，気圧，高度の関係を示す．大気中のオゾンは多くが高度10～50 kmの**成層圏**に存在する．このオゾンの多い層を**オゾン層**という．成層圏のオゾンは酸素分子とともに生物に有害な太陽紫外線の多くを吸収し，地上生態系を保護するとともに，熱を放出する．このため，対流圏で高度が上がるにつれて下がった温度が，成層圏では上昇し，成層圏における大気の循環と温度の基本的な構造を決めている．

大気環境を考えるとき，清浄な空気とは何かを知ることは大切だが，この問いに答えるのは難しい．これまで報告されている清浄な乾燥空気の組成には典型的大気汚染物質の硫黄酸化物，窒素酸化物，一酸化炭素などが含まれている．成層圏にあるオゾンは陸上生

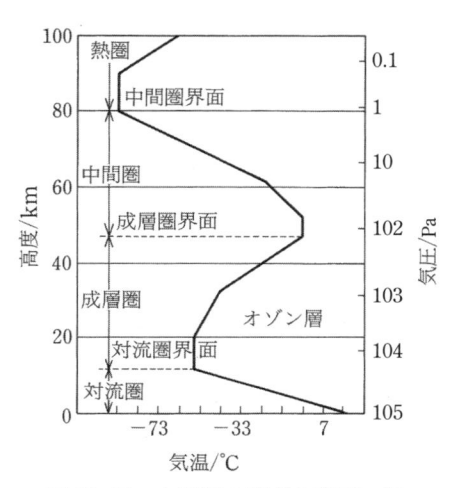

図 10.15 大気圏の構成と温度，気圧，高度の関係

表 10.5 清浄な海抜 0 m の乾燥空気の組成[注3]

成　分	含　有　量[注1] 体積%（ppm）
窒　　素	78.09
酸　　素	20.94
アルゴン	0.93 (9,300)
二酸化炭素	(280/385.2)[注2]
ネ オ ン	(18)
ヘリウム	(5.2)
クリプトン	(1.1)
メ タ ン	(0.715/1.797)[注2]
水　　素	(0.5)
一酸化二窒素	(0.26/0.3218)[注2]
一酸化炭素	(0.1)

注1) カッコ内は ppm 単位
注2) 産業革命前/2008 年
注3) 他の微量成分（多い順）キセノン，オゾン，アンモニア，二酸化硫黄など

35) 太陽光の紫外線はその波長（λ）によって，UV-A（λ: 315 nm-380 nm），UV-B（λ: 280 nm-315 nm），UV-C（λ: 200 nm-280 nm）に分類される．UV-Cは生体に対する破壊性が最も強いが，オゾン層によって完全に吸収される．UV-Bもほとんどオゾン層に吸収され，一部が地表に到達する．表皮層に作用し日焼けの原因になる．UV-Aは，大半が吸収されずに地表に到達する．有害性はUV-Bよりも小さい．しわやたるみの原因になるとされるが，真皮層に作用して，細胞の機能を活性化させるともいわれている．

36) オゾン全量とは大気の鉛直気柱に含まれるオゾン量で，この気柱の中の全てのオゾンを 0°C，1気圧に圧縮したときのセンチメートル（cm）で表した厚みを 1000 倍したものを単位とし，matm-cm（ミリアトムセンチメートル）という．すなわち，オゾン層の平均的な厚みである 300 matm-cm は 3 mm の厚さに相当する．なお，ドブソン単位（DU）と呼ばれるものと同じである．

物を紫外線から守るために不可欠の存在だが，**対流圏**のオゾンは光化学スモッグの原因物質のひとつである．温室効果ガスを含めこれらの気体は人間活動に関係なく，生物活動や火山活動などによって生成，消滅しているので，立派な大気成分である．しかし，表 10.5 では，大気環境を考える上で重要でない 0.1 ppm 未満の成分を省略し，温室効果ガスについては，人間活動の影響の少ないと考えられる産業革命前と 2005 年の濃度を併記した．

10.5.1 オゾン層とフロンガス汚染

酸素分子は太陽からの波長（λ）242 nm 以下の紫外線を吸収して酸素（O_2）の同素体であるオゾン（O_3）を生成する．一方で，オゾンは $\lambda < 320$ nm の紫外線[35]を吸収し，酸素分子と酸素原子に分解する．生物にとって有害な $\lambda < 320$ nm の紫外線を吸収するというオゾンの性質が，生物圏の陸上進出の条件ともなったことはよく知られている．

オゾンの生成と分解のメカニズム：チャップマン機構

$$O_2 + h\nu\ (\lambda < 242\ \text{nm}) \longrightarrow 2O\ (酸素原子)$$
$$O + O_2 \longrightarrow O_3\ (オゾン)$$
$$O_3 + h\nu\ (\lambda < 320\ \text{nm}) \longrightarrow O + O_2$$
$$O + O_3 \longrightarrow 2O_2$$

成層圏のオゾンは，太陽光の強い低緯度上空の高度 30 km 付近で生成され，成層圏内の大気の流れに乗って中・高緯度へ，さらに下部成層圏へと輸送される．このため，**オゾン全量**[36]は，オゾン生成の中心である低緯度よりも中・高緯度で多くなる．

1980 年代に入り，南極の春にあたる 9〜10 月に南極上空にオゾンホール（オゾン全量が 220 matm-cm 以下の部分）が出現し，オゾン層の破壊が注目された．1990 年代には 130 matm-cm 以下の部分の出現と 400 matm-cm 以上の部分の消失が観測された．図 10.16 はオゾンホール面積が 1980 年代に急拡大し，2000 年まで増え続けたことを示している．

オゾンはヒドロキシラジカル，一酸化窒素，塩素原子などの存在によって分解される．これらは成層圏で自然にも発生するものであり，オゾンの生成と分解のバランスが保たれてきた．

しかしエアコンや冷蔵庫の冷媒，スプレー缶や半導体産業の洗浄剤として使用されてきた**フロン**[37]などの塩素を含む化学物質が大気中に排出されたことで，成層圏で塩素原子が増加し，**オゾン層の破壊**が進んだ．フロンは非常に安定な物質であるため，ほとんど分解されないまま成層圏に達し，太陽からの紫外線によって分解さ

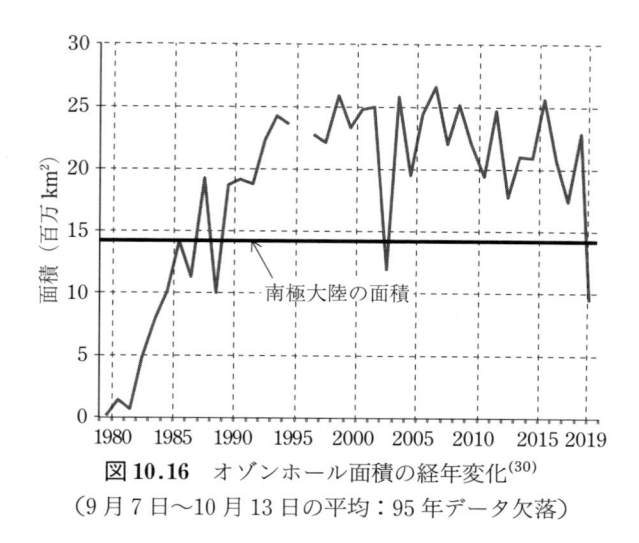

図 10.16 オゾンホール面積の経年変化(30)
（9月7日〜10月13日の平均：95年データ欠落）

れ，オゾンを分解する働きをもつ塩素原子ができる．

成層圏では，次に示す触媒反応によって，たった1つの塩素原子がオゾン分子約10万個を連鎖的に分解することになる．

$$Cl + O_3 \longrightarrow ClO + O_2$$
$$ClO + + ClO \longrightarrow Cl_2O_2$$
$$Cl_2O_2 + h\nu \longrightarrow Cl + ClOO$$
$$+) \quad ClOO \longrightarrow Cl + O_2$$
$$\overline{2O_3 + h\nu \longrightarrow 3O_2}$$

1980年代にオゾン層の破壊が続いて地表に到達する有害な紫外線が増えることによる皮膚ガンなどの健康被害が心配された．そのため，1985年のオゾン層の保護のためのウィーン条約[38]，1987年のオゾン層を破壊する物質に関するモントリオール議定書[39]により，製造および輸入の禁止が決定された．

日本においては，ウィーン条約やモントリオール議定書を受け1988年に特定物質の規制などによるオゾン層の保護に関する法律が制定され，1996年までに15種類のフロン類が全廃されている．また，これまで使用されてきたフロン類の回収・破壊のためにフロン回収破壊法，家電リサイクル法，自動車リサイクル法などの法律が制定され，フロン類を含む製品の廃棄時における適正な回収および破壊処理の実施などが義務づけられている．

近年になってフロンガスの全世界的な使用規制が功を奏して大気圏内のフロンガスも減少に転じた（図10.17）．南極上空のオゾンホール面積も1990年代半ば以降長期的な拡大傾向はみられない．2000年以降変動幅は大きいが，縮小傾向がみられ，2019年は南極

37) フロンは，1928年にアメリカの化学者トマス・ミジリー（Thomas Midgley）が家庭用冷蔵庫の冷媒として開発したクロロフルオロカーボン（CFC）のことである．フロンは化学的，熱的にも極めて安定であるため，開発当時は夢の化学物質とされた．フロン類として，フルオロカーボン（FC），ハイドロクロロフルオロカーボン（HCFC），ハイドロフルオロカーボン（HFC）なども含めた化学物質の総称として使うことも多い．フロンは日本における呼称で，欧米ではフレオン（デュポン社）の商標という．

38) オゾン層の保護のためのウィーン条約は，オゾン層保護のための国際的な対策の枠組みを定めた条約．1985年採択．1988年発効．日本は1988年に加入．2007年11月現在，この条約の締約国は，190か国およびECである．

39) オゾン層を破壊する物質に関するモントリオール議定書は，オゾン層の保護のためのウィーン条約に基づき，オゾン層を破壊するおそれのある物質を指定し，これらの物質の製造，消費および貿易を規制することを目的とし，1987年にカナダで採択された議定書．その後，段階的に規制強化が図られている．この議定書により，特定フロン，ハロン，四塩化炭素などは，先進国では1996年までに全廃（開発途上国は2015年まで），その他の代替フロンも先進国は，2020年までに全廃（開発途上国は原則的に2030年まで）することが求められた．

10.5 大気環境

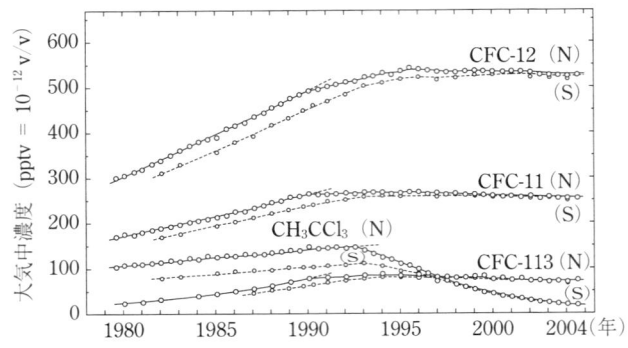

図 10.17　北半球および南半球におけるフロンなどの大気中
濃度の経年変化[32]　N：札幌，S：南極昭和基地
CFC 12：CF_2Cl_2，CFC 11：$CFCl_3$，CFC 113：$C_2F_3Cl_3$

大陸面積の 3 分の 2 以下となった．

　オゾン層は，フロン類などオゾン層破壊物質で破壊される一方，温室効果ガスの影響で増加すると考えられている．化学—気候モデル[40]の予測結果によると，世界平均の大気中のオゾン層破壊物質濃度が 1980 年レベルまで減少するのは 21 世紀半ば頃と予想されているが，オゾン全量の回復は温室効果ガスの効果によって，それより早くなると予測している．一方，オゾンホールとして知られる南極上空では温室効果ガスの影響が少なく，オゾン層の回復は 21 世紀半ば以降になると考えられている．

10.5.2　スモッグ

煤煙型スモッグ：スモッグ[41]という言葉の発祥地イギリス・ロンドンでは，19 世紀後半から石炭を燃やした際に出る煤煙や硫黄酸化物などと霧が混じったものが滞留し，呼吸器疾患などの健康被害が発生した．特に被害が大きいスモッグは，1952 年 12 月に発生して 1 万人以上[42]が死亡したロンドンスモッグ事件である．このことから石炭の使用による煤煙の排出量増加によって起こるスモッグを**ロンドン型スモッグ**ともいう．

　1960 年代以降，家庭や小規模工場などでの燃料としての石炭は，石油や天然ガスに転換された．発電所や製鉄所など石炭を大量に使う工場では汚染防止装置の進歩があり，先進国では煤煙型スモッグの発生はほぼなくなっている．しかし，中国やインドなど石炭使用量の多い途上国では，未だ解決途上にある．

　白いスモッグ：四日市ぜんそくとは，コンビナートから排出された硫黄酸化物（SO_x）による大気汚染が原因の 4 大公害病のひとつである．厚生省（現厚生労働省）による疫学的な手法による調査で，高い有症率と大気汚染の関係が立証されている．

---

40) 化学—気候モデルでは，放射過程，化学反応過程，大気による微量気体の輸送過程などのプロセスの複雑な相互作用をコンピューターで計算することにより世界のオゾン量を計算している．

41) スモッグ（smog）は英語の smoke（煙）と fog（霧）を合成して生まれた言葉で，1905 年英国で公式に使われた．スモッグはビクトリア朝におけるロンドンの風物詩でもあった．

42) 「前年度の同時期よりも約 4,000 人程多かった」とする記述もある．

1960年にコンビナートの操業が開始され，年間10万トン近くの硫黄酸化物が排出された．石油は石炭のような黒い煤煙を出さず，クリーンにみえたが，実は気管や肺に障害を引き起こす硫黄酸化物を多く含んでいた．当時，石炭の黒いスモッグに対して，四日市の煙は**白いスモッグ**といわれた．脱硫装置の普及と硫黄分の少ない原油への切り替えが四日市の大気汚染を改善した．

四日市ぜんそくは典型的な高度経済成長期の「公害」で，その後の日本の環境政策の拡充に大きな影響を与えた．大気汚染に関する環境基準を表10.6に示す．図10.18に示すように，1970年以降大気中の二酸化硫黄濃度は急激に低下し，99.9%以上の測定局で環境基準を達成している．

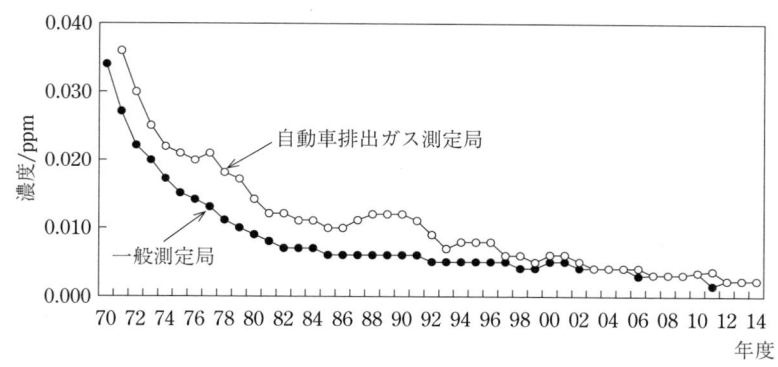

図10.18 二酸化硫黄濃度の年平均値の推移[35]

自動車排出ガス測定局：交差点，道路，道路端付近など，交通渋滞による自動車排出ガスによる大気汚染の影響を受けやすい区域の大気状況を常時監視することを目的に設置される測定局．

表10.6 大気汚染に関する環境基準[29]

物　質	環境上の条件（設定年月日等）	主な発生源
二酸化硫黄 （SO_2）	1時間値の1日平均値が0.04 ppm以下であり，かつ1時間値が0.1 ppm以下であること（昭和48年5月16日告示）	発電所・工場・ディーゼル車
浮遊粒子状物質 （SPM）	1時間値の1日平均値が0.10 mg/m^{3}以下であり，かつ1時間値が0.20 mg/m^{3}以下であること（昭和48年5月8日告示）	ディーゼル車
二酸化窒素 （NO_2）	1時間値の1日平均値が0.04〜0.06 ppmまでのゾーン内またはそれ以下であること（昭和53年7月11日）	発電所・工場・自動車
一酸化炭素 （CO）	1時間値の1日平均値が10 ppm以下であり，かつ1時間値の8時間平均値が20 ppm以下であること（昭和48年5月8日告示）	自動車
光化学オキシダント （Ox）	1時間値が0.06 ppm以下であること（昭和48年5月8日告示）	自動車
非メタン系炭化水素 （大気環境指針）	午前6時〜9時の平均値が0.20〜0.31 ppmC以下（昭和51年7月31日）	自動車

自動車にはディーゼル車を含む．大気環境指針は環境基準ではないが，参考にすべき指針である．

光化学スモッグ：自動車による燃料消費量が多いアメリカのロサンゼルスでは 1940 年代から自動車の排気ガス中の成分が日光によって化学変化を起こして深刻な大気汚染問題となっていた．光化学反応を介して起きていることから，これを**光化学スモッグ**，あるいは**ロサンゼルス型スモッグ**という．

光化学スモッグは，工場・事業所や自動車などから大気中に排出された窒素酸化物や炭化水素などの有機化合物が，紫外線を受けて光化学反応を起こして二次的汚染物質を生成することにより発生する．このとき生成される物質のうち，酸化性物質のオゾン，アルデヒド，硝酸ペルオキシアセチル（PAN），その他の過酸化物などの総称を**光化学オキシダント**[43]という．

1970 年 7 月 18 日，東京都杉並区で体育の授業を受けていた多数の女子高生が，目の痛みや頭痛を訴えて倒れ，病院に運ばれた．これが日本における最初の光化学スモッグである．

光化学スモッグは，その被害届出人数が 71 年に 48,118 人，75 年に 45,081 人と 70 年代前半は数万人に及び，猛威を振るった．その後，大気汚染に関する環境基準（表 10.6）強化，自動車の排気ガス規制強化[44]，発電所や工場などでの脱硫装置や脱硝装置に関する技術革新などにより，84 年の 5,822 人を最後に沈静化した．しかし，表 10.7 に示すように，光化学オキシダント濃度が環境基準の 0.06 ppm を達成した測定局は極めて少ないばかりでなく，注意報発令基準[45]を超えた測定局も 40% 前後と高いが，近年減少傾向にある．

硫黄酸化物濃度が急激な低下を示したのと異なり，光化学スモッグに関係する**二酸化窒素濃度**は，図 10.19 に示すように，規制がは

[43) これらの化合物は次のような構造をもっている．
アセトアルデヒド　ホルムアルデヒド
$CH_3-\underset{\underset{O}{\|}}{C}H$　　$H-\underset{\underset{O}{\|}}{C}H$
硝酸ペルオキシアセチル（PAN）
$CH_3-\underset{\underset{O}{\|}}{C}-O-O-NO_2$

44) 規制強化の流れは，ガソリン車・LPG 車で，73 年を 100 として，窒素酸化物（NO_x）は 75 年 54，78 年 10，05 年 1，炭化水素で 75 年 16，05 年 2 である．ディーゼル重量車の場合，窒素酸化物は 74 年を 100 として，79 年 70，05 年 14 である．

45) 空気中の光化学オキシダントの濃度が 0.12 ppm に達すると，注意報が各自治体から発令される．なお，濃度が 0.1 ppm を超えると，粘膜に強い刺激を与えるため，目や鼻，喉が痛くなるといった症状を引き起こすことがある．]

表 10.7　昼間の日最高 1 時間値の光化学オキシダント濃度レベル毎の測定局数の推移（一般局）[35]

年度	濃度レベル（ppm）毎の測定局数			環境基準達成率	注意法発令基準超過率
	<0.06	0.06-0.12	>0.12		
2000	7	674	507	0.59%	43%
2002	6	703	486	0.50%	41%
2004	2	630	558	0.17%	47%
2006	2	624	546	0.17%	47%
2008	1	689	458	0.09%	40%
2010	0	670	474	0%	41%
2012	3	839	300	0.26%	26%
2014	0	813	348	0%	30%

2014 年度，昼間の濃度別の測定時間で見ると，1 時間値が 0.06 ppm 以下の割合は 92.5%（一般局）であった．

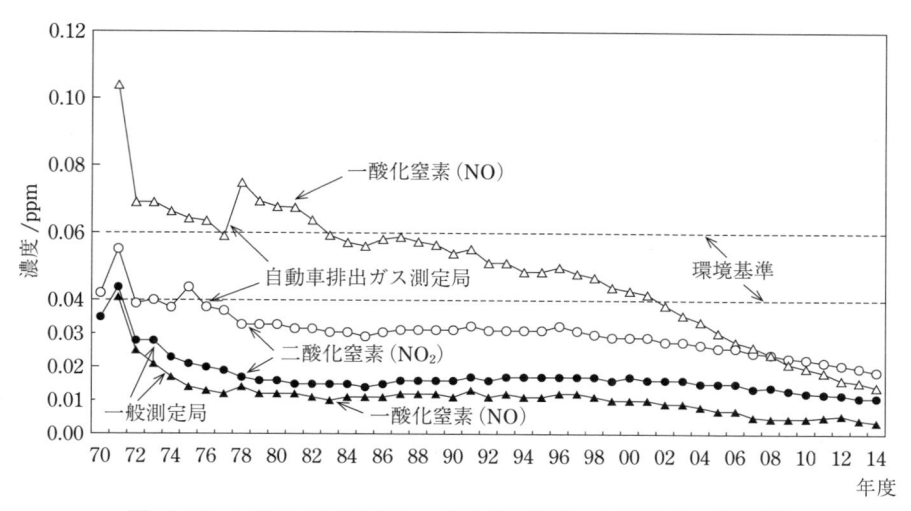

図 10.19 二酸化窒素濃度と一酸化窒素濃度の年平均値の推移[35]

じまって数年は低下したが，以降大きくは低下していない．これは硫黄酸化物を減らすためには燃料から硫黄を除きさえすればよいのと異なり，窒素酸化物は高温の内燃機関の中で窒素と酸素から生成するためである．エンジン内での最初の生成物である一酸化窒素（$N_2 + O_2 \longrightarrow 2NO$）は空気中の酸素と反応して二酸化窒素に変化する．一酸化窒素を二酸化窒素にプラスして考えると環境基準を達成しているとはいえない．また，光化学オキシダントの原因物質のひとつ非メタン系炭化水素濃度も図 10.20 に示すように，減少しつつあるが，やっと環境指針を達成するレベルである．このため，猛暑[46]が続く 2004 年以降，関東・関西を中心に注意報発令延べ日数や被害届出人数が若干増えている．

もうひとつ注目すべきは，大陸で発生したオゾンが西風に乗って流れてくる**越境汚染**である．2007 年 5 月 8 日に発生した光化学ス

46) 光化学スモッグは猛暑の夏に多く，冷夏では少ない傾向にある．

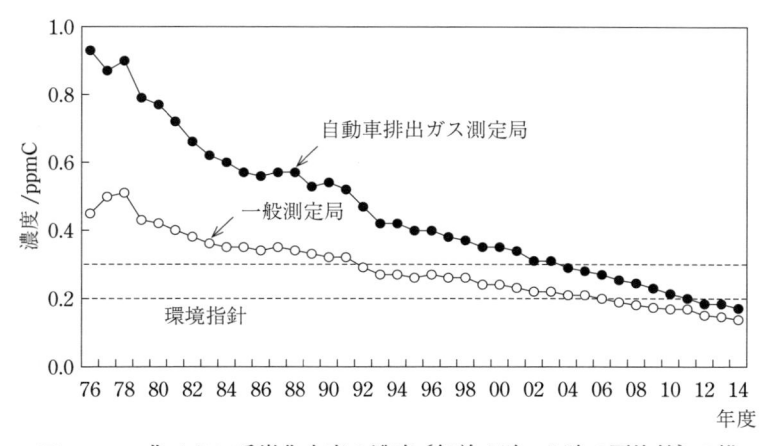

図 10.20 非メタン系炭化水素の濃度（午前 6 時～9 時の平均値）の推移[35]

モッグは従来の関東中心のパターンとは大きく異なり，最初に注意報を発令したのは長崎県対馬であった．5月8日に長崎県で27人，福岡県で128人，9日には福岡県で14人，新潟県で352人の被害届が出されたが，従来の被害届出の中心地関東では群馬県と埼玉県が各2名だけであった．新潟県は観測史上初の注意報発令であった．これらの被害を受けて行われた九州大学と国立環境研究所のシミュレーションは，北部九州における光化学スモッグの主原因が中国で発生したオゾンであることを強く示唆した．

10.5.3　酸性雨

酸性雨は狭義には，pH 5.6以下の雨[47]である．しかし，現在は酸性のガス状物質［二酸化硫黄（SO_2），窒素酸化物（NOやNO$_2$）など］と無水硫酸[48]（三酸化硫黄 SO_3）など粒子状物質，酸化性物質であるオゾンや過酸化水素なども含む大気汚染物質全体の問題を酸性雨問題と捉えている．これが広義の酸性雨であり，雨の他に霧や雪など（湿性沈着）およびガスやエアロゾルの形態で沈着するもの（乾性沈着）をすべてあわせて酸性雨と呼んでいる．すなわち，酸性雨は幅広い環境問題である．

工場や自動車から排出された二酸化硫黄[49]は空気中の浮遊粉塵中の金属による触媒作用や二酸化窒素との反応で三酸化硫黄に酸化される．一酸化窒素は酸素との反応や光化学オキシダントのひとつオゾンとの反応で二酸化窒素に酸化される．

$$2SO_2 + O_2 \xrightarrow{浮遊粉塵（V, Ni, Fe）} 2SO_3$$

$$SO_2 + NO_2 \longrightarrow SO_3 + NO$$

$$2NO + O_2 \xrightarrow{遅い反応} 2NO_2$$

$$NO + O_3 \xrightarrow{速い反応} NO_2 + O_2$$

この三酸化硫黄と二酸化窒素は水分と反応して，それぞれ強酸である硫酸と硝酸のミストになる．

$$SO_3 + H_2O \longrightarrow H_2SO_4 （硫酸：強酸）$$

$$3NO_2 + H_2O \longrightarrow 2HNO_3 （硝酸：強酸）+ NO$$

北欧では1940年代から酸性雨の影響を受け，湖や川から魚が姿を消し，石造の遺跡や，教会のブロンズ像などがボロボロになっていった．この現象が，イギリスやヨーロッパ大陸中央部からの大気汚染物質が国境を越えて長距離輸送され，スカンジナビア半島にもたらされた酸性雨のためであることを明らかにしたのは，S. オーデンというスウェーデンの土壌科学者であった．

---

47) 酸性雨の厳密な定義はないが，空気中の二酸化炭素が純水に十分溶けた場合のpHは5.6であることから，通常pH 5.6以下の降水を酸性雨という．

48) 無水硫酸ともいわれる三酸化硫黄（SO_3）は融点62.3の結晶である．吸湿性が強く，大気中では容易に水分を吸って硫酸ミストとなる．

49) 火山噴火で全島避難した三宅島では大量の二酸化硫黄が噴出し，現在でも一部の地区では防毒マスクなしでは立ち入りできないように，硫黄酸化物は火山からも噴出するが，世界的に環境問題として解決を求められている酸性雨は化石燃料燃焼による硫黄酸化物や窒素酸化物に由来する．

ヨーロッパや北米では酸性雨による湖沼の酸性化により，かなりの湖で魚がいなくなるなど，深刻な影響がでた．

　酸性雨による森林への影響としては，ドイツのシュバルツバルト（黒い森）の被害[50]に代表されるようにヨーロッパでは非常に深刻な問題となっており，また，北米や中国においても大規模な被害が報告されている．

　酸性雨被害が最初から長距離**越境汚染**によるものであったヨーロッパでは，歴史上初の越境大気汚染に関する国際条約である「長距離越境大気汚染条約」が，ヨーロッパ諸国を中心に，米国，カナダなど49カ国が加盟（日本は加盟していない）し，1979年締結され，1983年発効した．条約は加盟国に対して，酸性雨などの越境大気汚染の防止対策を義務づけるとともに，酸性雨などの被害影響の状況の監視・評価，原因物質の排出削減対策，国際協力の実施，モニタリングの実施，情報交換の推進などを定めている．

　日本における酸性雨の被害としては，群馬県赤城山，神奈川県丹沢山地などでの森林の立ち枯れなどがある．これらの被害は，狭義の酸性雨でなく，光化学オキシダントのような広義の酸性雨（酸性降下物）の影響が強いのではないかといわれている．

　環境省による酸性雨の全国調査（その一部を表10.8に示す）によると，小笠原を含めすべての地点で雨は酸性であり，特に日本海側に酸の負荷量が多い．つまり日本海側の観測地点で年平均のpHが低く，また人為的起源の硫酸イオンの沈着量が冬季にはとくに多い．すなわち，アジア大陸から酸性物質がきていることを示唆し，航空機観測などでも確認されている．もちろん，国内で排出される硫黄酸化物は減った（図10.24）が，窒素酸化物はいまだかなり観測されており（図10.25），日本国内での酸性雨の原因はなくなっていない．

　東および東南アジアでは，経済発展に伴い硫黄酸化物，窒素酸化物の排出量が増大しており，アジアでも酸性雨による悪影響の未然防止のための国際的な取り組みが必要である．

50) 酸性雨で深刻な被害を受けたシュバルツバルトは，再生の努力がなされた結果，今では豊かな生態系が復活し，針葉樹の黒と広葉樹の黄緑が混合した「斑の森」として十分に再生している．また，「シュバルツバルトの首都」とも呼ばれるフライブルグは環境都市として多くの人が訪れる町になっている．

表10.8　降水中の年間平均pH[23]

	2003	2005	2008	2010	2012	2014
札幌（北海道）	4.76	4.70	4.62	4.86	4.69	4.76
箟岳（宮城）	4.77	4.54	4.76	4.95	4.93	4.85
隠岐（島根）	4.80	4.55	4.63	4.66	4.66	4.67
尼崎（兵庫）	4.71	4.56	4.63	4.84	4.71	4.65
辺戸岬（沖縄）	4.83	4.88	5.07	5.21	*	5.14
小笠原（東京）	5.04	4.84	5.06	5.22	5.37	5.07

日本でも，欧米並みの酸性雨が降っているにも関わらず，生態系への影響については明確な兆候はみられていない．その理由のひとつは，欧米では花崗岩（SiO_2）地帯が多いのに対して，日本では石灰岩（$CaCO_3$）地帯が多いために，中和していると考えられる．

$$CaCO_3 + H_2SO_4 \longrightarrow CaSO_4 + CO_2\uparrow + H_2O$$

しかし，このような酸性雨が今後も降り続けば，土壌などに蓄積し，将来影響が現れる可能性もあり，注意が必要である．

PM 2.5 古くて新しい粒子状物質による汚染

高度成長時代，工場からの煤煙や粉塵，ディーゼル車の排気ガスによる深刻な大気汚染に対処するために，1973年5月「浮遊微粒子（SPM）」に対する環境基準（表10.6）が定められ，汚染が改善されていた．ところが2013年2月，北部九州で突然 $100\mu g\,m^{-3}$ を超える汚染が観測され大騒ぎとなった．これは，その年の1月から2月にかけて中国北京で発生した大規模な大気汚染による記録的な PM 2.5 の越境汚染であった．PM 2.5 は西日本の人々に強いインパクトを与えると共に，PM 2.5 に対して環境基準「1年平均値 $15\mu g\,m^{-3}$ 以下，かつ1日平均値が $35\mu g\,m^{-3}$ 以下であること」が定められた．

PM 2.5 とは，粒子径 $2.5\mu m$ で 50% の捕集効率（ろ過効率）を持つフィルターを通して採集された粒子径の異なる粒子状物質（Particulate Matter）のまとまりである．SPM は $10\mu m$ 以上の粒子を 100% 捕集するフィルターを通して採集されたものを対象にしており，PM 6.5〜7.0 に相当する．

PM 2.5 は粒径が小さく，肺の奥深くまで到達できることから健康への影響を引き起こす．米国ガン協会コホート調査では，PM 2.5 が $10\mu g\,m^{-3}$ 増加毎に，肺ガンが 14%，心肺疾患が 9%，全死亡率が 6% 増えると報告されている．

煙草の煙もまた PM 2.5 であり，日本禁煙学会（http://www.jstc.or.jp/）はタクシー内喫煙2人で，PM 2.5 が $1600\mu g\,m^{-3}$．自由喫煙の居酒屋で $700\mu g\,m^{-3}$．不完全分煙の居酒屋禁煙席でも $336\mu g\,m^{-3}$ と高い値を示し，受動喫煙の害が大きいことに警鐘を鳴らしている．

10.6 水と土壌の環境

大気，水，大地は地球に暮らす生物圏を維持する基本要素であるが，ヒトを含む陸上を主要な生活圏とする生物にとっての水と大地は淡水の水と土壌である．

水は生命を育み，私たちの生活や産業に不可欠な基本要素であり，海洋から大気，大地，河川などを経て再び海洋に向かう水循環系をなしている．表10.9に示すように，水のほとんどは海洋にある．淡水資源の多くが南極やグリーンランドの氷であり，人間社会

表10.9 水循環系中にある水の量[41]

水資源		体積 $10^3\,km^3$	構成比 %
海洋	塩水	1338000	96.54
地下水	塩水	12870	0.93
	淡水	10530	0.76
冠氷・氷河	淡水	24064	1.74
永久凍土の氷	淡水	300	0.022
湖水	塩水	85.4	0.006
	淡水	91.0	0.007
沼地の水	淡水	11.5	0.0008
土壌中の湿気	淡水	16.5	0.0012
河川水	淡水	2.12	0.0002
生物中の水	淡水	1.12	0.0001
大気中の水	淡水	12.9	0.0009
塩水合計		1350955	97.47
淡水合計		35029	2.53
合計		1385985	100

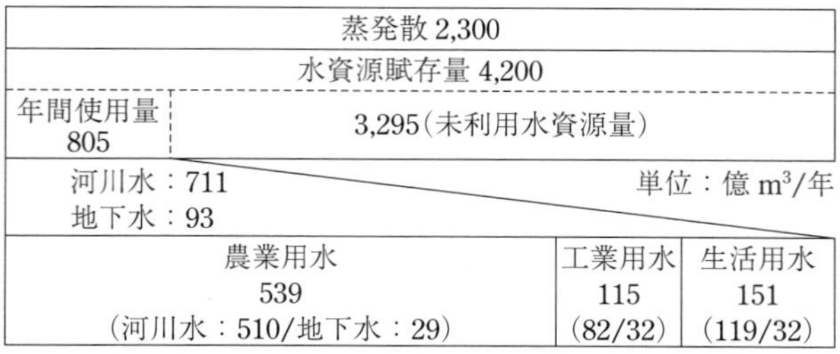

蒸発散 2,300		
水資源賦存量 4,200		
年間使用量 805	3,295（未利用水資源量）	
河川水：711 地下水：93		単位：億m³/年
農業用水 539 （河川水：510/地下水：29）	工業用水 115 (82/32)	生活用水 151 (119/32)

図 10.21 日本における水資源とその用途（1981～2010 年の平均降水量に日本の面積をかけて得られる年間降水量 6400 億 m³/年から蒸発散量を引いた 4100 m³/年が水資源賦存量である）[41]

が利用できる淡水資源は 0.7％ に過ぎない．

図 10.21 に示すように，日本においては水資源賦存量の約 20％ を利用している．1 人あたり年間水資源使用量は約 700 m³ で，生活用水約 130 m³，工業用水約 110 m³，農業用水約 460 m³ である．農畜産物の生産は大量の水を必要とするため，**間接水**（virtual water）とも呼ばれる．日本は農畜産物の形で，年間 1 人あたり約 600 m³ の間接水を輸入している．すなわち，生活を支えている水資源の半分近くを海外に依存していることになる．

土壌は岩石が，長い年月にわたる風化と微生物から動植物までの生物活動により生まれたものである．このため，土壌は岩石が風化して生成した粗粒の無機物やコロイド状の無機物（粘土鉱物など），生物の死骸などの粗大有機物，ミミズや微生物などが粗大有機物を分解して生じる有機物（腐植）などを含んでいる．

土壌の固体成分は粗く充塡されているため，土壌は多くの間隙をもち，土壌溶液と土壌空気によって満たされている．また，多くの微生物や動物が生息しており，土壌生物と呼ばれる．動物では，大きなモグラやミミズにはじまり，昆虫やダニなどの他，原生動物などがいる．微生物では，カビやキノコなどの菌類，細菌類といった土壌微生物もきわめて多数生活している．土壌中の従属栄養性の微生物は，生物の遺体や排泄物あるいは有害な有機化合物などを分解して，二酸化炭素や水などに変換している．このように，土壌は生態系の廃棄物を浄化する重要な役割も果たしている．

10.6.1 必須微量元素

環境汚染を考えるとき，汚染されていない環境とは何かを考えることは大切であるが，陸上の水や土壌の構成成分は地域性が高く，一般的に議論することはできない．しかし参考のために，ヒトの体内の元素濃度を地殻中と生命が生まれた海洋中の元素濃度と比較して，表 10.10 に示す．表中の微量金属元素は**必須微量元素**と呼ば

表 10.10 ヒトの体内・地殻中・海水中の元素濃度

元 素	ヒト (mg/kg)	地殻 (mg/kg)	海水 (mg/l)
カルシウム	16666	42000	422000
カリウム	2333	24000	416000
ナトリウム	1666	24000	11050000
マグネシウム	316	20000	1326000
鉄	70	56000	3
フッ素	43	625	1400
亜鉛	38	70	5
ストロンチウム	5.3	375	8500
銅	1.2	55	3
バナジウム	0.3	135	1.5
セレン	0.2	0.05	0.45
マンガン	0.2	950	2
ヨウ素	0.2	0.5	60
ニッケル	0.2	75	2
モリブデン	0.2	1.5	10
クロム	0.03	100	0.6
コバルト	0.03	25	0.08

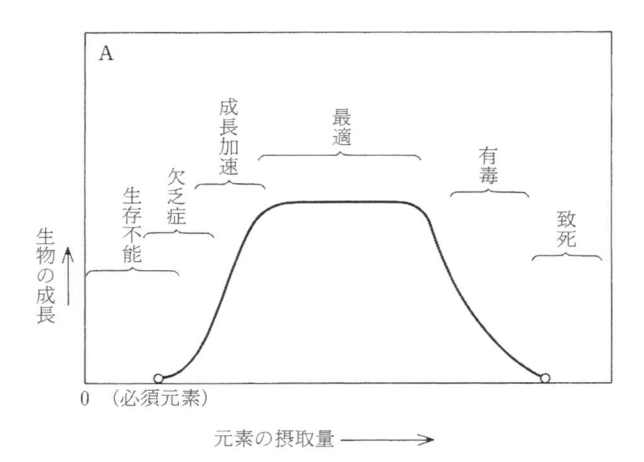

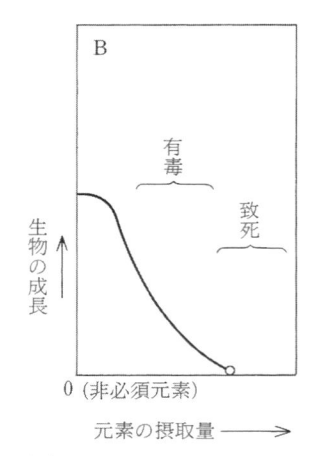

図 10.22　元素の摂取量と生物の成長との関係[43]
A：必須元素　B：非必須元素

表 10.11　重金属の必須性と毒性[43]

重金属	必須性発見（年）	必須性	毒　性
鉄	17 世紀	造血作用	消化器官の出血，肝臓毒性
銅	1928	造血作用　硬質タンパク形成	接触性皮膚炎，発熱，呼吸障害，口渇
マンガン	1931	生殖機能　骨の生成	鼻中隔欠損，中枢神経障害
亜鉛	1934	皮膚の生成	消化器障害，関節痛，悪寒
コバルト	1935	ビタミン B_{12} 形成	心臓病，甲状腺異常
モリブデン	1953	金属酵素	貧血，成長遅延，皮膚病
セレン	1957	――	金属酵素黄疸，肺繊維症
クロム	1959	インシュリン活性化	鼻中隔穿孔，肺がん，皮膚炎
スズ	1970	成長促進	下痢，嘔吐，頭痛
バナジウム	1971	脂質代謝	貧血，腎炎，精神錯乱
ニッケル	1974	鉄吸収	肺がん，肝臓萎縮
ヒ素	1975	成長促進	筋萎縮，骨髄障害

れ，生命活動を維持するために必須であるが，過剰にあれば異常をきたし，生命活動を維持できない．図 10.22 に元素の摂取量と生物の生命活動（機能）との関係を示す．また，表 10.11 に現在知られている必須微量元素の，必須元素としての発見年代と過剰量摂取時の毒性を示す．

10.6.2　生命の連鎖を毒の連鎖に変える[51]

生物群集にみられる"食う，食われる，分解する"といった種間関係を表す食物連鎖は，図 10.23 に示すように，独立栄養生物が供給する物質とエネルギーを受け渡す関係でもある．すなわち，食物連鎖は生命の連鎖ともいえる．

51）レイチェル・カーソンがその著書「沈黙の春」で述べた言葉．

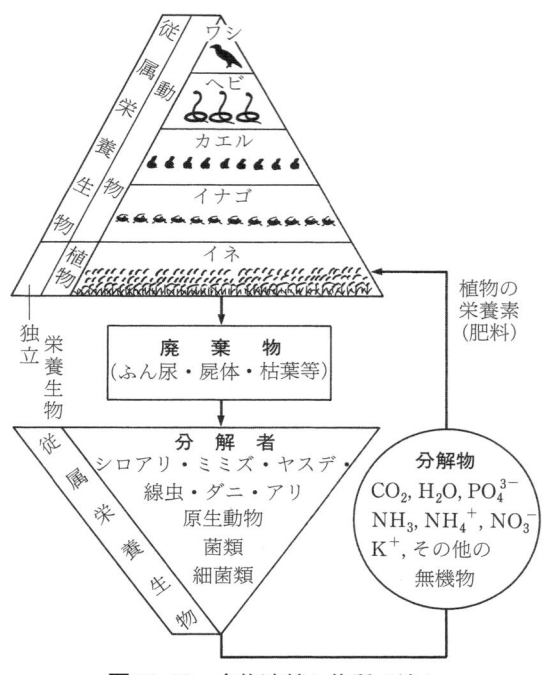

図10.23 食物連鎖と物質の流れ

　しかし，生物が利用できない人工化学物質などは利用されることなく蓄積され，食物連鎖の結果，上位捕食者に集中していく生物濃縮[52]という現象が生じる．食物連鎖による生物濃縮は，ダイオキシン類や重金属などの有害物質が，食物連鎖によって受け渡され，蓄積されるため，深刻な被害[53]を与える．まさに生命の連鎖が毒の連鎖に変わったといえる．

　植物から植物食性の動物に蓄積される段階では2桁から3桁の倍率で生物濃縮が起こり，肉食動物の段階でさらに2桁から3桁濃縮されるといわれている．したがって，高等動物の場合には，1万倍から10万倍に濃縮され，蓄積されることになる．

10.6.3 水と土壌の汚染

　人は水循環系から水を得て利用し，「排水」として再び水循環系に返している．この排水は少なからず変質しているが，河川や土壌の水質浄化能力[54]は高く，工業化社会以前には，自然の生態系に影響を及ぼさない健全な水循環系を維持していた．

　産業革命以降，工業化の進展とともに，自然の浄化能力を超えた排水が大量に出され，人を含めた生態系を破壊する，いわゆる公害が発生した．日本における公害の原点とされる足尾銅山鉱毒事件は大気と水と土壌の**複合汚染**であった．

　重金属による土壌や地下水，公共用水域などの汚染は，高度成長

---

52) 魚類に多く含まれているドコサヘキサエン酸や，フグ毒・貝毒などは，いずれも微生物によって合成された物質が食物連鎖過程で濃縮されたものである．

53) 水俣病原因物質であるメチル水銀は，プランクトンから始まる食物連鎖を経て，食用となる魚に濃度1ppb程度まで生物濃縮された．

54) 土壌や河川の砂利や土手に棲み着いた微生物により，生活排水に多く含まれる有機物は水と二酸化炭素に完全に分解され，浄化されることが知られている．治水だけを考えたコンクリート護岸ではこの浄化作用が少なからず失われるため，河川改修に対する考え方が見直されつつある．

表 10.12　人の健康の保護に関する環境基準(37)

項　目	基　準　値
カドミウム	0.01 mg/l 以下
全シアン	検出されないこと.
鉛	0.01 mg/l 以下
六価クロム	0.05 mg/l 以下
砒素	0.01 mg/l 以下
総水銀	0.0005 mg/l 以下
アルキル水銀	検出されないこと.
PCB	検出されないこと.
ジクロロメタン	0.02 mg/l 以下
四塩化炭素	0.002 mg/l 以下
1,2-ジクロロエタン	0.004 mg/l 以下
1,1-ジクロロエチレン	0.1 mg/l 以下
シス-1,2-ジクロロエチレン	0.04 mg/l 以下
1,1,1-トリクロロエタン	1 mg/l 以下
1,1,2-トリクロロエタン	0.006 mg/l 以下
トリクロロエチレン	0.03 mg/l 以下
テトラクロロエチレン	0.01 mg/l 以下
1,3-ジクロロプロペン	0.002 mg/l 以下
チウラム	0.006 mg/l 以下
シマジン	0.003 mg/l 以下
チオベンカルブ	0.02 mg/l 以下
ベンゼン	0.01 mg/l 以下
セレン	0.01 mg/l 以下
硝酸性窒素及び亜硝酸性窒素	10 mg/l 以下
ふっ素	0.8 mg/l 以下
ほう素	1 mg/l 以下
1,4-ジオキサン	0.05 mg/l 以下

期に多発し，主に工場や鉱山からの廃水などを原因とした水俣病やイタイイタイ病などの産業型公害として深刻化した．

人は重金属をわずかしか代謝できないため，経口吸収などが急性中毒（発熱・腹痛・嘔吐・下痢・貧血・神経痛）を引き起こすだけでなく，長期にわたる微量の摂取によっても，肝硬変，脳障害，腎障害，カルシウム代謝異常（イタイイタイ病），粘膜障害，神経障害，肺がん，中枢神経障害（水俣病）などの慢性障害が引き起こされる．水俣病やイタイイタイ病が社会問題化した後，人の健康保護に関する**環境基準**（表 10.12 に重金属に関係する部分を示す）などが定められ，改善に向かった．しかし，土壌中汚染物質の蓄積性という特性により，工場跡地などの再開発などに伴い顕在化する事例が後を絶たない．

四大公害病

四大公害病とは，1960 年代の高度経済成長期に，住民の健康を害する深刻な被害が発生した「水俣病」，「新潟水俣病」，「四日市ぜん息」および「イタイイタイ病」を指す．ここでは重金属汚染による水俣病とイタイイタイ病について紹介する．

水俣病：1955 年頃より猫の不審死が多数みられるようになり，翌年 1956 年，人にも同様の症例の発生が確認された．1956 年 5 月 1 日，新日本窒素肥料水俣工場附属病院長の細川一が「原因不明の中枢神経疾患の発生」を水俣保健所に報告した．この日が水俣病公式発見の日とされる．

原因はチッソ水俣工場で使っていた無機水銀の触媒から生じた微量のメチル水銀が工業排水として水俣湾に排出されたことにあった．生物濃縮を経てメチル水銀が蓄積された魚介類を人などが食べることによって発生した公害病である．

症状としては，手足のしびれが起き，その後，歩行困難などに至る例が多い．重症例では痙攣，精神錯乱などを起こし，最後には死に至った．発病から 3 か月で重症者の半数が死亡した．メチル水銀中毒の母親から胎盤を経由してメチル水銀が胎児へ移行し，言語知能発育障害，嚥下障害，運動機能障害を示す子どももみられた．これを先天性水俣病という．

イタイイタイ病：富山県神通川流域の婦中町周辺で多発した．骨が脆くなって体のあちこちで骨折し，患者がいつも痛い痛いと叫ぶので，地元の開業医萩野昇博士により「イタイイタイ病」と名付けられた．

原因とされるカドミウムの汚染源は，神通川上流の岐阜県神岡町にある三井金属鉱業神岡鉱業所で，亜鉛を製錬した後に出るカドミウムを含んだ排水をそのまま神通川に流していたために水質と土壌の汚染を招いた．イタイイタイ病は，同地域の汚染された農作物や飲料水を通じてカドミウムを長期間摂取したことにより引き起こされた腎障害と骨軟化症を主症状とする慢性カドミウム中毒とされる．

表10.13 生活環境の保全に関する環境基準（河川）

類型	利用目的の適応性	基準値				
		水素イオン濃度（pH）	生物化学的酸素要求量（BOD）	浮遊物質量（SS）	溶存酸素量（DO）	大腸菌群数
AA	水道1級 自然環境保全	6.5以上 8.5以下	1 mg/l 以下	25 mg/l 以下	7.5 mg/l 以上	50 MPN/100 ml 以下
A	水道2級 水産1級 水浴	6.5以上 8.5以下	2 mg/l 以下	25 mg/l 以下	7.5 mg/l 以上	1000 MPN/100 ml 以下
B	水道3級 水産2級	6.5以上 8.5以下	3 mg/l 以下	25 mg/l 以下	5 mg/l 以上	5000 MPN/100 ml 以下
C	水産3級 工業用水1級	6.5以上 8.5以下	5 mg/l 以下	50 mg/l 以下	5 mg/l 以上	—
D	工業用水2級 農業用水	6.0以上 8.5以下	8 mg/l 以下	100 mg/l 以下	2 mg/l 以上	—

類型Eについては省略した．生物化学的酸素要求量（BOD）：水中の有機物が微生物の働きによって分解されるときに消費される酸素の量のことで，値が大きいほど水質は悪い．浮遊物質量：水中に浮遊または懸濁している直径2 mm以下の粒子状物質のこと．溶存酸素量：水中に溶存する酸素の量のこと．大腸菌群数：大腸菌および大腸菌と性質が似ている細菌の数のことをいう．検水100 ml中の最確数（MPN）で表される大腸菌群数は，試料の連続した希釈4段階を5本ずつBGLB発酵管に植種・培養し，ガスが発生した大腸菌群陽性管の数から求める．

高度経済成長期に都市部の河川は生活排水や未処理の工場排水の垂れ流しの結果，生物が住めない悪臭を放つ死の川となった．幸い現在では，生活環境の保全に関する環境基準（表10.13）が定められ，都市部では公共下水道が整備され，河川浄化が進んでいる．たとえば，東京の神田川では，下水道普及率80%の1971年にBOD（生物化学的酸素要求量）が30 mg/l 弱，普及率97%で15 mg/l 前後となった．1987年に窒素やリンといった富栄養化の原因物質などを多量かつ確実に除去できる高度処理方法を導入し，環境基準類型Dの8 mg/l 前後となった．高度処理が100%普及した2004年以降，類型Cの環境基準5 mg/l 以下を保っている．水浴可能な類型Aの環境基準2 mg/l 以下にするためには，現在開発中の超高度処理技術が必要である．

表10.14に先進各国の下水処理施設の人口普及率を示す．日本では人口100万以上の12都市で普及率99.5（99.0）%，50万−100万都市で93.1（86.8）%であり，5万人以下の自治体では75.6（48.7）%と低い．（　）内は浄化槽，農業排水処理等を除いた下水処理施設の普及率．

表10.14 下水処理人口普及率（%）（2010年または最新）[34]

	普及率	高度処理*
日本	76	55/20
スウェーデン	87	4/83
オランダ	99	1/98
ドイツ	96	3/83
カナダ	84	53/15
アメリカ	74	32/40
イギリス	97	49/47

*高度処理：二次処理/三次処理（内数）
一次処理：物理的・化学的処理
二次処理：生物学的処理（高度処理）三次処理：窒素やリンなど除去（超高度処理ともいう）

10.6.4　残留性有機汚染物質（POPs）

1939年に殺虫効果が見出された**DDT**[55]は，非常に安価に大量生産ができるうえに少量で効果があり，人間や家畜に無害であるようにみえたため爆発的に広まった．その後開発された，アルドリンやディルドリンなど，**有機塩素系農薬のさきがけとなった**．

しかし，これらの有機塩素系農薬は，天然にほとんど存在せず，自然界で分解されにくいため，長期間にわたり土壌や水循環に残留し，食物連鎖を通じて野生動物や，人間の体内にも取り込まれ，深刻な被害をもたらすことが明らかになってきた．

このような毒性が強く，難分解性，生物蓄積性，長距離移動性，人の健康または環境への悪影響を有する化学物質のことを**残留性有機汚染物質**（Persistent Organic Pollutants, **POPs**）という．POPsは，環境中に放出された際，グラスホッパー現象[56]などを通じて国境を移動する．極域に生息するアザラシなどからもPOPsが検出されている．

POPsの環境への放出を防止するために，2001年5月，「残留性有機汚染物質に関するストックホルム条約（POPs条約）」が採択され，2004年5月17日に発効した．

POPs条約は，残留性有機汚染物質から人の健康と環境を保護することを目的とし，アルドリン，ディルドリン，エンドリン，クロルデン，ヘプタクロル，DDT，マイレックス，トキサフェン，PCB，ヘキサクロロシクロヘキサン，ダイオキシン類を規制している．これらは，すべて有機塩素系化合物であり，PCBとダイオキシン類を除いて，すべて農薬である．

POPsの特徴である（1）難分解性，（2）高蓄積性，（3）長期毒性をもつ化合物は，環境中で低濃度であっても，生物濃縮により健康被害が出る可能性が高い．そこで環境省では，生物モニタリングによって，これらの物質の動向を追跡している．

PCB：**ポリ塩化ビフェニル**といい，ベンゼン環が2つながったビフェニル骨格の水素が塩素で置換された構造をもつ（図10.26）．置換塩素の数と位置により多数の異性体が存在する．

熱安定性，電気絶縁性に優れ，トランス，コンデンサー，熱媒体，ノーカーボン紙に用いられた．しかし，PCBは難分解性で，生体に蓄積する．現在，PCBの製造・輸入は原則的に禁止され，事業者の保管するPCBの廃棄処理が決められている．なお，コプラナーPCB（Co-PCB：図10.26のPCBsで○印の位置に塩素がない）と呼ばれるPCBは，2つのベンゼン環が同一平面で扁平構造をとり，構造的にも毒性など生理的にもダイオキシン類に類似し

---

55) スイスの科学者P. H. ミュラーがDDTの殺虫効果を発見し，その功績により1948年にノーベル生理学・医学賞を受賞した．第二次世界大戦中，アメリカによって実用化された．

56) 環境中でたいへん安定で，夏暑くなると大気に気散し，冬寒くなると地表に沈着することを繰り返して長距離を運ばれ，徐々に極域へ移動する現象．

図 10.24　スズキを用いた PCB の生物モニタリング[39]

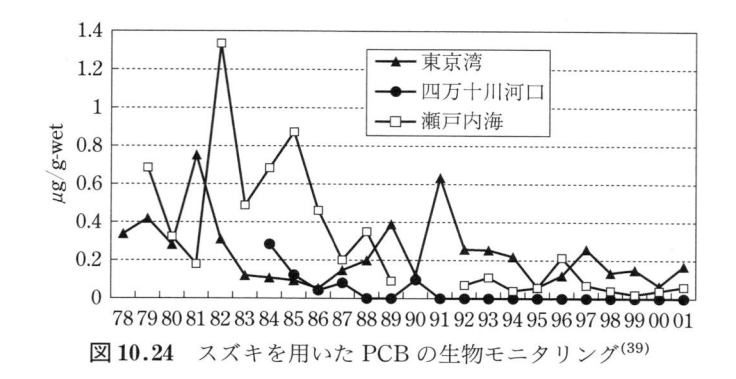

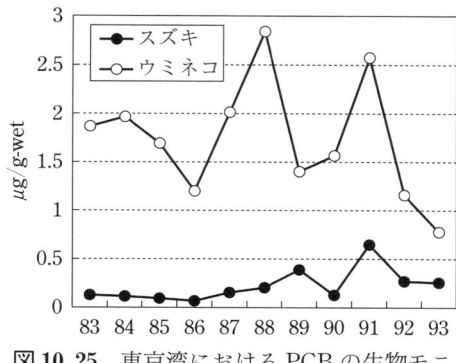

図 10.25　東京湾における PCB の生物モニタリング[39]

図 10.26　ダイオキシン類の構造図（Co-PCBs では○の付いた場所に塩素がない）

ているため，**ダイオキシン類**として分類されている．

　図 10.24 にスズキを用いた PCB の**生物モニタリング**の結果を示す．80 年代は四万十川河口でも検出されたが，PCB の製造，使用が禁止されてから年月が経過して環境中の濃度も下がってきている．図 10.25 に東京湾におけるスズキとウミネコを用いた例を示す．魚を捕食するウミネコの PCB 濃度が高いことは生物濃縮が働いていることを示している．

　ダイオキシン類：ダイオキシン類とは 1998 年 5 月，世界保健機関（WHO）によって，図 10.26 に示すポリ塩化ジベンゾ–パラ–ジオキシン[57]（PCDD），ポリ塩化ジベンゾフラン（PCDF）およびコプラナーポリ塩化ビフェニル（Co-PCB）と定義されている．すなわち，ダイオキシン類とは構造ではなく，毒性という生理的な特徴により分類されたもので，ダイオキシンという単独の物質を指すものではない．ダイオキシン類には付いている塩素の数と位置によって，PCDD で 75 種類，PCDF で 135 種類，Co-PCB で十数種類の異性体がある[58]．図に示した数字は塩素の付いている位置を示す．最も急性毒性が強いことで知られる 2,3,7,8-テトラクロロジベンゾ–パラ–ジオキシン（2,3,7,8-TCDD）は 4 つの塩素が 2,3,7,8 の位置についていることを示す．

　人体への影響：ダイオキシン[59]は「史上最強の猛毒」といわれ，注目を集めた．これは，日常の生活の中で摂取する量の数十万倍の

57）ダイオキシンの英語綴り，dioxin の化合物字訳基準に従った名称は「ジオキシン」といい，正式な個々の化合物名称では「ジオキシン」を用いる．

58）これらの異性体が全て合成され，性質が知られているわけではない．

59）ここでのダイオキシンは，ダイオキシン類の中で最強の毒性を示す 2,3,7,8-TCDD を指している．

量を摂取した場合の急性毒性のことである．しかしながら，ダイオキシン類は意図的に作られる物質ではなく，実際に環境中や食品中に含まれる量は超微量であり，日常の生活の中で摂取する量により急性毒性が生じることはないと考えられる．

動物実験や疫学調査によりダイオキシン類のヒトでの体内半減期は約 7.5 年と考えられている．この体内半減期が長いことは，ダイオキシンに限らず POPs の特徴で，特に，妊婦の胎児への影響に注意が必要である．

2,3,7,8-TCDD に暴露したヒトや実験動物の事例よりダイオキシン類に暴露すると急性・亜急性に次の現象・症状が現れると考えられている；体重減少（消耗性症候群）・胸腺萎縮・肝臓代謝障害・心筋障害・性ホルモンや甲状腺ホルモン代謝障害・コレステロールなど脂質代謝障害・皮膚症状・学習能力の低下をはじめとする中枢神経症状．

WHO の下部機関，国際がん研究機関（IARC）は 1997 年に 2,3,7,8-TCDD の発がん性を報告した．しかし，ダイオキシン類自体の発がん性は比較的弱く，遺伝子に直接作用して発がんを引き起こすのではなく，他の発がん物質による遺伝子への直接作用を受けた細胞のがん化を促進する作用（プロモーション作用）であるとされている．

2,3,7,8-TCDD の動物実験においては胚や胎児の段階で強く現れることが知られており，代表的な催奇形性としてマウスにおける口蓋裂，水腎症が発生することが知られている．

毒性等量（TEQ）：ダイオキシン類には多数の異性体が存在するが，その毒性の強さは付いている塩素の数と位置によって大きく異なるため，ダイオキシン類としての全体の毒性を評価するための方法が必要である．

そこで，最も毒性の強い 2,3,7,8-TCDD を 1 として他のダイオキシン類の毒性の強さを換算した係数，**毒性等価係数**（TEF：Toxic Equivalency Factor）が用いられる．この TEF を用いてダイオキシン類の量や濃度を 2,3,7,8-TCDD の量や濃度に換算して求めた値を足し合わせた値，**毒性等量**（TEQ：Toxic Equivalency）によって，その量や濃度を評価する．値は，WHO が 2006 年に改定したものを用いた（前回は 1998 年）．

なお，TEF 0.1 以上のダイオキシン類は，PCDD では（[ ] 内数字は塩素のついた位置）TEF = 1 が [2,3,7,8]（基準物質）[1,2,3,7,8] TEF = 0.1 が [1,2,3,4,7,8] [1,2,3,6,7,8] [1,2,3,7,8,9]，PCDF では TEF = 0.1 が [2,3,7,8] [1,2,3,4,7,8] [1,2,

3, 6, 7, 8] [1, 2, 3, 7, 8, 9] [2, 3, 4, 6, 7, 8], TEF = 0.03 が [1, 2, 3, 7, 8], Co‐PCB では TEF = 0.1 が [3, 3', 4, 4', 5], TEF = 0.03 が [3, 3', 4, 4', 5, 5'], その他, TEF = 0.01 が 3 つ, TEF = 0.0003 が 3 つ, TEF = 0.0001 が 1 つ, TEF = 0.00003 が 8 つである.

発生源：ダイオキシン類は分析のための標準品の作製などの研究目的につくられる以外は，意図的につくられることはなく，ごみの焼却などによる燃焼や薬品類の合成の際に，意図しない副生成物（非意図的生成物）として生成する．現在の主な発生源は，ごみ焼却による燃焼だが，その他に，製鋼用電気炉，タバコの煙，自動車排出ガスなど様々な発生源がある[60]．

廃棄物焼却炉などでの対策として，800 ℃以上の高温での保持時間を長くし完全燃焼させ，300 ℃程度の温度の滞留時間を短くするため急速冷却し，微量のダイオキシン類は活性炭により吸着しバグフィルターでろ過してから再加熱し大気中に放出している．また，灰や活性炭などは固化処理などを行い，ダイオキシン類や重金属類などの溶出を防止している．処理した固化物などは管理型最終処分場に埋め立て処分することが定められている．

図 10.27 にダイオキシン類の排出量の推移を示す．高温燃焼などの対策を採った廃棄物焼却施設からの排出量が，2004 年以降大きく減少し，1997 年に比べて 2005 年は 23 分の 1，2010 年は 50 分の 1，2015 年以降 2018 年まで 71 分の 1 前後で一定となっている．

耐容一日摂取量（TDI）：環境中からヒトが摂取可能なダイオキシン量は少ない．しかし，ものを燃やすというどこででも行われてきた行為から発生する他，過去に大量に使用された農薬に不純物として含まれていたため[61]，環境中に広く存在する．また，脂肪に

60) 過去においては，米軍がベトナム戦争で散布した枯葉剤の中に不純物として含まれていたことは有名である．

61) 横浜国立大学益永教授の研究によると，過去の除草剤 PCP（ペンタクロロフェノール）や CNP（クロロニトロフェン）に含まれていたダイオキシン類の影響は，現在の燃焼過程で発生するダイオキシン類による影響の 4 倍にもなるという．(http://risk.kan.ynu.ac.jp/masunaga/Research_result.htm)

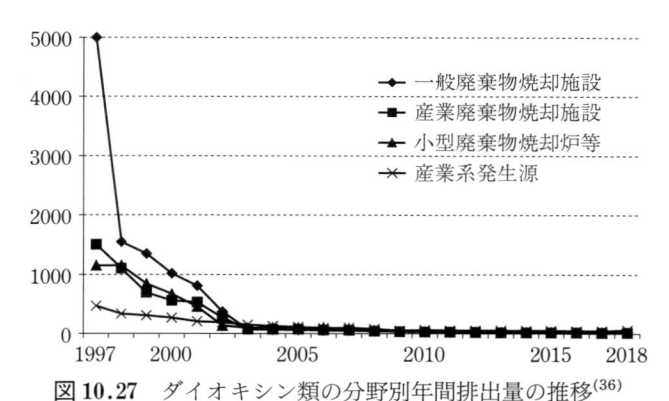

図 10.27 ダイオキシン類の分野別年間排出量の推移[36]

その他の分野は合計しても，年間 4〜7 g-TEQ 程度で，経年変化がないため省略した．

表10.15 日本におけるダイオキシン類の1人1日摂取量（2018年）(36)
（単位：pg-TEQ/kg/日，体重1kg当たりに換算）

大気	0.0054	大気 土壌	0.0082 (1.58%)
土壌	0.0028		
魚介類	0.4638	食品	0.5084 (97.98%)
肉・卵	0.0424		
調味料	0.0014		
乳・乳製品	0.0002		
砂糖・菓子	0.0006		
その他	0.0022		(0.43%)
合 計	0.52	/TDI(4)＝13%	

溶けやすく生物濃縮される性質から，食品中に広く存在している．このため，日本人の摂取源は97.5%が食品，なかでも魚介類からの摂取量が91%を占めている（表10.15）．しかし摂取の絶対量は2003年に比べ，2014年では半減している．食習慣の違いを反映して，欧米では乳製品と肉・卵類からのダイオキシン類が2/3を占めている．魚や肉・卵からの摂取量が多いのはダイオキシン類が脂肪に溶けやすい性質を反映している．

すなわち，ダイオキシン類は長期にわたり体内に取り込むことにより健康影響が懸念される化学物質の典型例である．

そこで，ダイオキシン類対策特別措置法では，ダイオキシン類の安全性評価のために，**耐容一日摂取量**（TDI：その量までは人が一生涯にわたり摂取しても健康に対する有害な影響が現れないと判断される1日体重1kg当たりの摂取量）と環境基準を次のように定めている．

耐容一日摂取量（TDI）　4 pg-TEQ/kg 体重/日
環境基準　大気　年平均値　0.6 pg-TEQ/m^3 以下
　　　　　水質　年平均値　1 pg-TEQ/m^3 以下
　　　　　低質　150 pg-TEQ/m^3 以下
　　　　　土壌　1000 pg-TEQ/m^3 以下
　　　　　　　　（調査指標 250 pg-TEQ/m^3）
　　　　　　　　（調査指標以上の場合には必要な調査を実施する．）

図10.28と図10.29に環境中のダイオキシン濃度の推移を示す．なお，水質と底質は公共用水域である．大気と水質・地下水中の濃度は図10.27に示した排出量の低下にあわせて低下している．地下水質の2013年が異常であるが，水質の環境基準を超えたのは556測定地点のうち3地点のみであり，濃度範囲が0.011～110 pg-

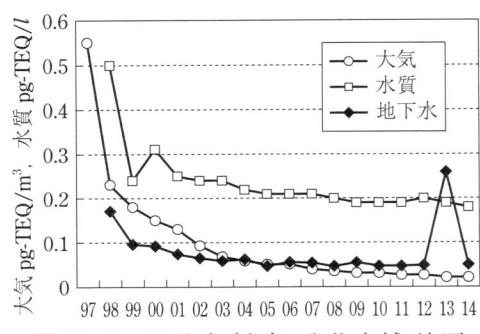

図10.28　環境中（大気・公共水域・地下水）ダイオキシン濃度の推移(36)
2014年度測定地点数：大気645，公共水域水質1480，地下水質530

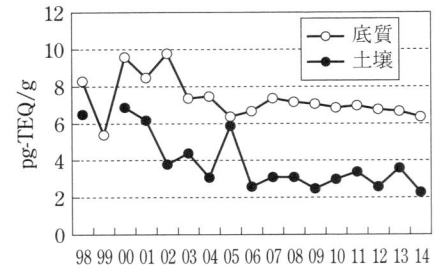

図10.29　環境中（土壌・公共水域底質）ダイオキシン濃度の推移(36)
2014年度測定地点数：公共水域底質1197，土壌872
底質とは河川や湖沼の水底の土壌のことである．

TEQ/l と異常に広いことを考え合わせると，アクシデントによる異常に高い濃度の測定地点の存在を示唆している．2014 年は，環境基準を超えた地点はなく，濃度範囲も 0.012〜1.0 pg-TEQ/l と他の年度と変わらない．底質や土壌中の濃度も低下傾向はみえるが，ダイオキシン類の難分解性を反映して大きな変化はない．

母乳中のダイオキシン類は 1970 年代に大きな問題となった．しかし，ダイオキシン対策が進み，70 年代後半から一貫して減り続け，70 年代前半 80 pg-TEG/gfat（脂肪）以上であったものが，2004 年には 15 pg-TEG/gfat 以下に減少している．

日本人の 1 日平均ダイオキシン類摂取量は減り続けており，2018 年では，体重 1 kg 当たり約 0.51 pg-TEQ と，1997 年の約 21％ にまで減っている．

10.6.5 海洋プラスチックごみ・生物多様性の損失

海洋プラスチックごみ汚染や生物多様性の損失もまた，地球環境問題として国際的な課題となっている．

海洋プラスチックごみ：プラスチックはその機能とコストのバランスのよさから，社会のあらゆる場面でみることができる．1950 年以降生産されたプラスチックは 83 億トンを超えており，それに伴い廃棄量も増え，63 億トン[62] がごみとして廃棄されたといわれている．

特にレジ袋など，パッケージ用のプラスチックは，ほとんどが使い捨てられている．2013 年には 7800 万トンのうち，40％ が埋立，14％ が焼却もしくは熱回収，32％ が環境中に流出している．流出したプラスチックが最終的に行き着く先が海洋である．

すでに世界の海に存在するプラスチックは 1 億 5 千万トンといわれる．そこへ少なくとも年間 800 万トンが新たに流入している推定されている[63]．

マイクロプラスチック・ナノプラスチック：海洋プラスチックは容易には分解されない[64]．海岸で波や紫外線などの影響を受けて，直径 1〜5 mm の粒子マイクロプラスチックとなり，食物連鎖を通じて多くの生物に取り込まれている．マイクロプラスチックには製造の際に化学物質が添加される場合があったり，漂流する際に化学物質が吸着したりすることで，有害物質が含まれていることが少なくない．

近年，マイクロプラスチックよりはるかに小さな直径 10〜100 nm のナノプラスチック[65] が，その大きな表面積で大量の有害物質を吸着し，薬剤におけるナノデリバリーシステムと同様，細胞壁を

62) 生産 83 のうち，利用中 25，リサイクル 5，廃棄 49，焼却 8（単位：億トン）という報告も（Geyer, Jambeck, Law, Sci. Adv. 2017；3：e1700782 19 July 2017）．

63) Neufeld, L., et al. "The new plastics economy: rethinking the future of plastics." World Economic Forum. 2016.

64) 海洋ごみが完全に自然分解するには，レジ袋で 20 年，ペットボトルで 400 年が必要とされる．

65) Micro (nano) plastics: A threat to human health? M. Revel, et al., Current Opinion in Environmental Science & Health, Vol. 1, February 2018, Pages 17-23. Nano-plastics in the aquatic environment K. Mattsson, et al. Environmental Science Processes & Impacts Cite this: DOI: 10.1039/c5em00227c.

すり抜ける危険性や合成繊維を洗濯した際に，家庭雑排水から環境中に流失する可能性が指摘されている．

生物多様性の損失：大量のプラスチックごみは，すでに海の生態系に甚大な影響を与えている．魚類，海鳥，アザラシやウミガメなど，少なくとも700種もの生物が傷つけられ，死んでいる．このうち，実に92%がプラスチックの影響とされている．

課題と2050年の予測：世界経済フォーラム[63]は，現在，海へ流入している海洋プラスチックごみは，アジア諸国からのものが82%を占めるとしている．これは，アジア諸国が原料を輸入するより安価な廃プラスチックを再利用してプラスチックの製造を行ってきたことも一因である．1988年から2016年までに中国が世界各国から輸入した廃プラスチックは計2.2億トンであり，これは世界で発生した廃プラスチックの約7割を占めるといわれる．中国では海洋プラスチックごみの排出量，人体や環境への影響を危惧し，これまで輸入してきた廃プラスチックなど環境への危害が大きい固体廃棄物の輸入を，2017年末を機に禁止[66]するとともに，2019年末までに国内資源で代替可能な固体廃棄物の輸入を段階的に停止する方針を立てた．

同フォーラムは，2050年のプラスチックの生産量は約4倍になり，海洋プラスチックの量は，重量比で海にいるすべての魚の量を上回り（現在5分の1），消費する原油の20%（現在6%）がプラスチック生産に使われると予測している．

10.7　持続可能な社会を目指して

人類はマンモスなど大型哺乳類の絶滅に関わっていた[67]とされるが，約1万年前にはじまった農耕革命までは，環境へ与えた影響は，他の生物とそれほど違うところはなかった．

古代文明を発祥させた穀物栽培を中心とした農耕革命は，人類による大規模な環境改変のはじまりでもあった．しかし，18世紀にはじまる産業革命までの社会は，基本的に図10.1に示した物質・エネルギー循環が機能している循環型の社会であった．使用エネルギーのほとんどは水力や薪炭などの再生可能エネルギーであり，鉄や銅などの資源の使用量も少なく，環境破壊も局地的で，人間社会の持続可能性を疑うことはなかった．

産業革命が燃料革命と呼ばれるように，化石燃料の使用は，人類社会を水力や薪炭などの再生可能エネルギーのもつ森林の再生産速度という制約から解き放ち，大量生産のためのエネルギー的基盤を準備した．科学・技術の進歩が急速に進んだ20世紀後半になると，

---

66) これまで150万トン（2016年中国・香港向け85万トン）を超える廃プラスチックを輸出していたことが日本の排出量の低さを支えていたため，大きな痛手となった．これを受けて，日本国内では国内資源循環体制を整備するため，緊急的な財政支援制度を創設した．
https://www.jetro.go.jp/biz/areareports/2019/32168afb4b8f0bfe

67) 人類は，最終氷期の終わり，約1万2000年前にはじめてアメリカ大陸に進出した．南北アメリカ大陸の大型哺乳動物の絶滅率は非常に高く，属レベルで70-80%に達すると見積もられている．小型の哺乳動物にはこのような高い絶滅率は見られないことや，ほとんどの種類の絶滅時期が1万2000年前から1万年前に集中していることなどから，後氷期の環境変動に加えて，人類の狩猟活動が絶滅に影響を及ぼしていると考えられている．D. Steadmanら，*Proceedings of the National Academy of Sciences*, 102, 11763 (2005).

図10.30 世界人口の推移

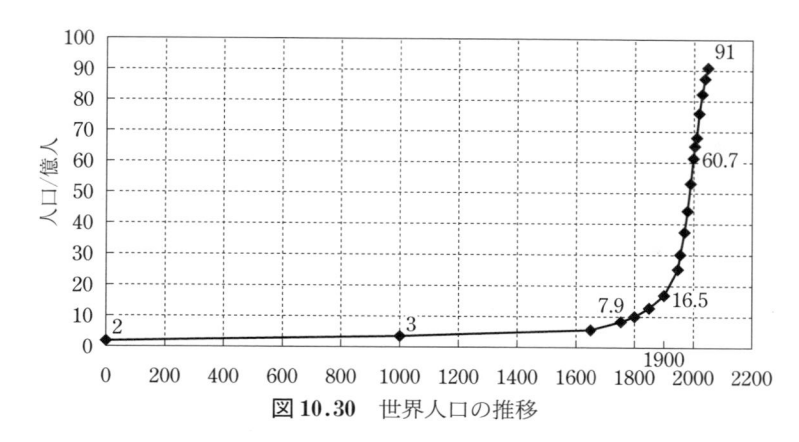

大量消費を前提とした大量生産の経済社会システムが生まれた．その大量消費は必然的に大量廃棄をもたらした．人口も図10.30に示すように，産業革命以降急激に増加した．1950年に25億に達してからの人口増加は著しく，20世紀末に60億を超え，2050年には90億を超えると予測されている．このような巨大化した大量生産，大量消費，大量廃棄型社会が地球温暖化や生態系の破壊[68]など，地球規模の環境破壊をもたらし，人間社会の持続可能性が危ぶまれている．

10.7.1 持続可能な社会

持続可能な社会とは，持続可能な開発[69]に支えられた社会であり，図10.1に示した人間社会を支える物質・エネルギー循環が，世代を超えて回り続けることである．

一方，大量生産・大量消費は地球の資源を枯渇させ，大量廃棄は地球の浄化能力を超えて環境を破壊し，将来世代に疲弊した経済・社会と劣悪な環境を残すことになる．

持続可能な社会を支えるエネルギーと物質は，当然，持続可能でなければならない．

「誰一人取り残さない」持続可能で多様性と包摂性のある社会の実現のための目標が，2015年9月の国連サミットで全会一致で採択された「持続可能な開発目標（SDGs：Sustainable Development Goals）」である．国連加盟193ヵ国が2016年から2030年の15年間で達成するために掲げた17の国際目標（その下に，169のターゲット，232の指標が決められている）を表10.16に示した．

SDGsは，先進国を含め，全ての国が行動する「普遍性」，人間の安全保障の理念を反映し，誰一人取り残さない「包摂性」，全てのステークホルダーが参加する「参画型」，社会・経済・環境に統合的に取り組む「統合性」，定期的にフォローアップする「透明性」

[68] ノーマン・マイヤー「沈みゆく箱船」（1979）によると，種の絶滅速度は，1600年から1900年までの平均で，4年に1種であったものが，1900年には1種/年，1975年には，1000種/年となり，それ以降は4万種/年と，過去に例のない速度で絶滅しているという．

[69] 1987年環境と開発に関する世界委員会の報告書『我ら共有の未来』で，「将来の世代のニーズを満たす能力を損なうことなく，今日の世代のニーズを満たすような開発」と定義される「持続可能な開発（sustainable development）」という考え方が生まれた．この考え方に基づく社会が持続可能な社会である．なお，「開発」は「発展」とも訳される．

表 10.16 SDGs 17 の目標

1. 貧困をなくそう	あらゆる場所で，あらゆる形態の貧困に終止符を打つ
2. 飢餓をゼロに	飢餓に終止符を打ち，食料の安定確保と栄養状態の改善を達成するとともに，持続可能な農業を推進する
3. すべての人に健康と福祉を	あらゆる年齢のすべての人々の健康的な生活を確保し，福祉を推進する
4. 質の高い教育をみんなに	すべての人々に包摂的かつ公平で質の高い教育を提供し，生涯学習の機会を促進する
5. ジェンダー平等を実現しよう	ジェンダー平等を達成し，すべての女性と女児のエンパワーメントを図る
6. 安全な水とトイレを世界中に	すべての人々に水と衛生へのアクセスと持続可能な管理を確保する
7. エネルギーをみんなにそしてクリーンに	すべての人々に手ごろで信頼でき，持続可能かつ近代的エネルギーへのアクセスを確保する
8. 働きがいも経済成長も	すべての人々のための持続的，包摂的かつ持続可能な経済成長，生産的な完全雇用およびディーセント・ワーク（働きがいのある人間らしい仕事）を推進する
9. 産業と技術革新の基盤をつくろう	強靱（レジリエント）なインフラを整備し，包摂的で持続可能な産業化を推進するとともに，技術革新（イノベーション）の拡大を図る
10. 人や国の不平等をなくそう	国内および国家間の格差をなくす
11. 住み続けられるまちづくりを	都市と人間の居住地を包摂的，安全，強靱（レジリエント）かつ持続可能にする
12. つくる責任，つかう責任	持続可能な消費と生産のパターンを確保する
13. 気候変動に具体的な対策を	気候変動とその影響に立ち向かうため，具体的な対策を取る
14. 海の豊かさを守ろう	海洋と海洋資源を持続可能な開発に向けて保全し，持続可能な形で利用する
15. 陸の豊かさも守ろう	陸上生態系の保護，回復および持続可能な利用の推進，森林の持続可能な管理，砂漠化への対処，土地劣化の阻止および逆転，ならびに生物多様性損失の阻止を図る
16. 平和と公正をすべての人に	持続可能な開発に向けて平和で包摂的な社会を推進し，すべての人々に司法へのアクセスを提供するとともに，あらゆるレベルにおいて効果的で責任ある包摂的な制度を構築する
17. パートナーシップで目標を達成しよう	持続可能な開発に向けて実施手段を強化し，グローバル・パートナーシップを強化する

70) https://www.kantei.go.jp/jp/singi/sdgs/dai7/siryou1.pdf

という特徴をもっている．日本政府も「SDGsアクションプラン2019[70]」など，積極的に取り組んでいる．

なお，「目標1．貧困をなくそう」は，アメリカや日本など先進国でも，格差が拡大し，貧困問題は大きな課題となっている現在，他人ごとではない．

10.7.2 物質フロー

大量生産，大量消費，大量廃棄型社会から循環型社会へ経済社会

表 10.17　日本の物質フロー[a)(23)]　　（単位：Mt）

年　　度			1995	2000	2005	2010	2013	2017
入口 （投入）	総物質投入量		2186	2125	1865	1611	1624	1590
	輸入量	資源	670	718	730	727	816	707
		製品	70	70	56	55	59	64
	国内	資源	1253	1124	831	582	588	582
	循環利用量[b)]		193	213	228	246	269	237
出口 （産出）	総排出量		2428	2351	2164	1862	1833	1819
	蓄積純増量		1184	1077	817[c)]	543	515	506
	エネルギー消費量・工業プロセス排出		400	420	498	480	553	510
	食料消費量		132	127	95	88	85	86
	輸出量		115	132	159	184	182	182
	廃棄物等の 発生量	最終処分量	82	57	32	19	17	14
		減量化量	230	241	238	319	218	222
		自然還元量	92	84	97[c)]	83	81	76
		循環利用量[b)]	193	213	228	246	269	237

a) 総物質投入量に比べ，総排出量が 220〜290 Mt 多いが，これは廃棄物等の含水（汚泥，家畜糞尿，し尿，廃酸，廃アルカリ）および経済活動に伴う鉱業，建築業，上下水道の汚泥や鉱さい等である．
b) 循環利用される量は，物質フローの入り口（総物質投入量）と出口（廃棄物等の一部）の双方でカウントされる．
c) 2005 年度から，「施肥」がそれまでの「蓄積純増」から「自然還元」に分類が変更された．

システムを変えるためには，いまどれだけの資源を採取，消費，廃棄しているかを知ることが必要である．日本の**物質フロー**[71]（表10.17）から，次のような課題があることがわかる．

天然資源等投入量（国産・輸入天然資源＋輸入製品）が高水準であるだけでなく，その 2 倍以上，2004 年度で 3572 Mt の**隠れたフロー**[72]があり，現在の資源採取の水準をさらに減らさないと，循環型社会はみえてこない．さらに，日本に入ってくる資源や製品の量に比べて，出ていく製品などの物質量は約 1/5 とアンバランスで，適正な物質循環が確保されていない．

廃棄物などの発生量が総物質投入量の 31% と，高水準である一方，循環利用量が 12.2% と低水準である．この割合を上げること，廃棄物などの発生そのものを抑えることが，適正な物質循環を確保する上で重要である．主として化石燃料の消費であるエネルギー消費量が総物質投入量の 26.6% と高水準であり，地球温暖化や大気汚染の原因となっている．

10.7.3　循環資源フロー

大量廃棄型社会から循環型社会をつくるためには，廃棄物をいか

71) 物質フローとは，区域および期間を区切って，当該区域への物質の総投入量，区域内での物質の流れ，区域外への物質の総排出量等を集計したもの．物質フロー会計ともいう．

72) 資源採取などに伴い，直接使用する資源以外に付随的に摂取・掘削されるかまたは廃棄物等として排出される物質のことで，統計には現れずみえにくいことから，「隠れたフロー」と呼ばれる．2004 年，国内 541 Mt，国外 3027 Mt の隠れたフローがあった．その約 80% は，輸入するエネルギー資源や鉱物資源の採取に伴い発生するものである．なお，2005 年以降の環境白書には記載されていない．

に減らすかが重要である．そのため，商品などの省資源化や長寿命化などを通じて廃棄物を減らす**リデュース**（Reduce）と使用済みの商品や部品を再使用する**リユース**（Reuse）を**リサイクル**（Recycle）に加えた3Rという考え方[73]が生まれた．

循環型社会基本法では，まずリデュースを進め，再利用できるものはリユースし，その上で，金属やプラスチック，紙を再資源化，再商品化するマテリアルリサイクルを行い，それができない汚れたプラスチックなどは焼却して熱を利用するサーマルリサイクルをするべきだとしている．

廃棄物を**循環資源**としてとらえ直し，そのフローを知ることが重要である．図10.31に，2013年度の循環資源のフローを示す．

循環資源の約10％を占める一般廃棄物（ごみ）の約20％が再資源化され，約10％が埋め立てなど最終処分されている．一方，約90％を占める産業廃棄物では，半分以上が再生利用され，最終処分量は3％と少ない．

一般廃棄物のかなりの部分は，減量化の1つ焼却処理の際に，発電，蒸気・温水利用などにより熱回収（サーマルリサイクル）され，80億kWh発電している．なお，最終処分量は14 Mtと，1990年度初頭の110 Mtから大きく減少している．

表10.18にものの性状別にみた天然資源の投入量と廃棄物の発生**量**，**循環利用率**や**最終処分量**など，物質フローの特徴を示す．

[73] 3Rという言葉は1980年代半ばに米国政府が使用したのが始まりとされている．廃棄物回収のリカバー（Recover）やごみになるものは買わない，受け取らないリフューズ（Refuse）の他，壊れたものを修理して使うリペア（Repair）などのRを加えるべきだという意見もある．太平洋諸島諸国のPacific Regional Action Plan MARINE LITTER（海ごみ）では，Refuse（輸入禁止）とReturn（リサイクル可能な廃棄物はリサイクル施設のある国に返す）を加えている．

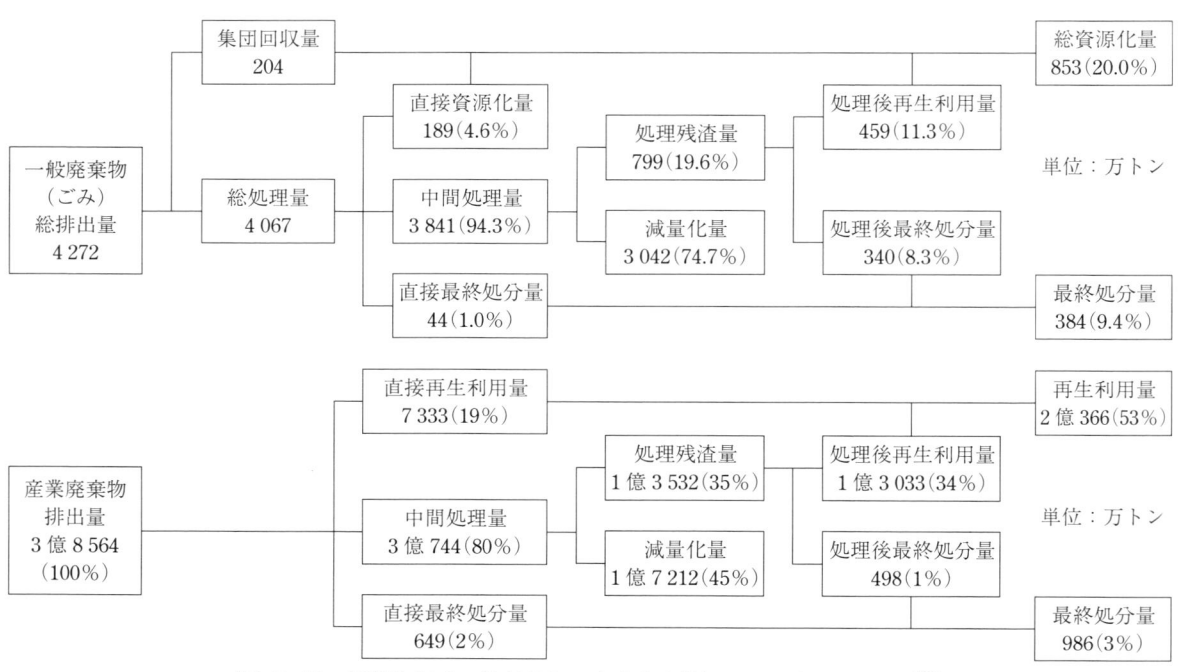

図 10.31 循環資源（一般廃棄物・産業廃棄物）フロー（2017年度）[23]

表10.18 循環資源の性状別，物質フローの特徴[23]

資源の種類	投入量[a] ×10² Mt	循環資源量[b] ×10² Mt (比率)	循環利用量 ×10² Mt	循環利用率/ 自然還元率[c]	減量化率[d]	最終処分率
バイオマス系	2.0	3.2 (56%)	0.5	16%(20%)/25%(40%)	55%	4%
非金属鉱物系	7.6	2.0 (35%)	1.4	66%(16%)/0	25%	8%
金属系	1.6	0.4 (7%)	0.4	97%(20%)/0	0%	3%
化石系	5.0	0.17 (3%)	0.05	31%(1%)/0	52%	17%

a) バイオマス系では，投入量の約半分が輸入であり，非金属鉱物系ではほとんど国内資源，金属系と化石系ではほとんど輸入資源である．
b) カッコ内は循環資源量の中での比率．バイオマス系の循環資源量には途中で取り込まれた水分が約半分を占めるので，投入量より循環資源量の方が多い．
c) 循環資源量に対する比率（カッコ内は投入量に対する比率）．
d) バイオマス系と非金属鉱物系ではほとんどが脱水により，化石系では燃焼による．

有機性の汚泥やし尿，家畜排せつ物，動植物性の残渣などのバイオマス系循環資源は，約半分の水を取り込んでいるので，投入量より多いこと，自然還元されることの他，燃焼や脱水によって減量化の割合が多い特徴がある．

無機性の汚泥や土砂，鉱さいなどの非鉄金属鉱物系循環資源は循環利用率も66%と高いが，最終処分率も8%と高い．

鉄，非鉄金属などの金属系は従来から回収・再生利用のシステムが構築されていることから，循環利用率も97%とたいへん高い．

プラスチック，鉱物油などの化石系は，家庭ゴミの容積で約半分

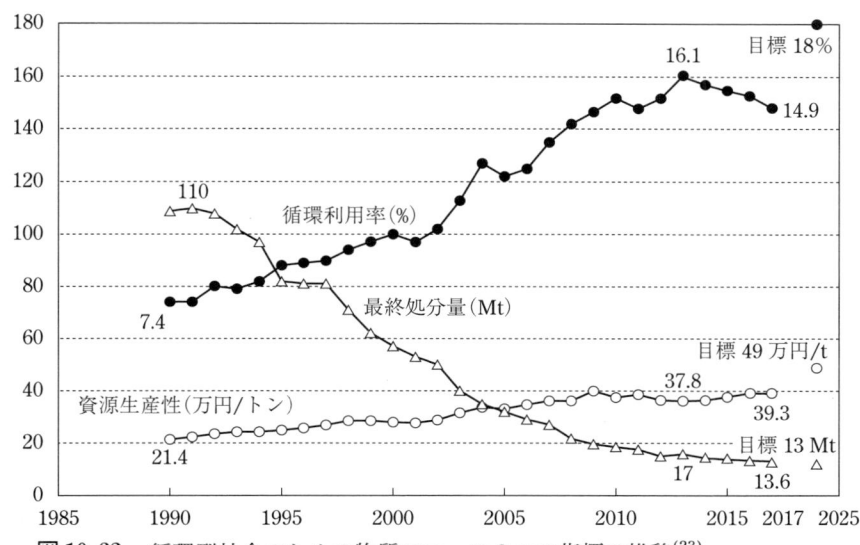

図10.32 循環型社会のための物質フローの3つの指標の推移[23]
　　循環利用率については，推計方法の見直しを行ったため，2016年度
　　以降の数値は2015年度以前の推計方法と異なる．
　　資源生産性＝国内総生産額(GDP)÷天然資源等投入量
　　循環利用率＝(循環利用量÷総物質投入量)×100

を占めることから，容器包装リサイクル法による循環利用が進められている．燃焼による減量化が大きいことも特徴である．なお，投入される化石系天然物である化石燃料のほとんどが燃焼されるため，投入量に対する循環利用率は低い．

第四次循環基本計画で2025年の目標が定められている物質フローの「入口」，「出口」，「循環」に関する3つの指標の経年変化を図10.32に示す．1990年に比べると，資源生産性（目標49万円/トン）は，おおむね1.8倍に向上し，最終処分量は13%に減少して目標（13 Mt）をほぼ達成し，ここ数年横ばい状態であった資源循環率は2.2倍に向上し，目標（18%）達成も近いが，2014年以降下がり気味である．バブル経済が崩壊し，リサイクル関連法が制定されはじめた1990年代以降，徐々にではあるが，循環型社会へ舵が切られつつあることがみえる．

10.7.4　都市鉱山―廃棄物は金鉱脈―

エネルギー資源と異なり金属資源は，地下資源が枯渇しても地球上の総資源量は一定である．最近の電子機器は埋蔵量の少ない希少金属（レアメタル）を使用したものが多いため，その廃棄物はレアメタルの貴重な資源となる．たとえば，携帯電話は1トン当たり約57 g（1台当たり約6.8 mg）の金を含み，通常の金鉱石の品位，数g/tに比べ，品位の高い[74]「鉱石」である．

都市鉱山と呼ばれるこれまで日本国内に蓄積されたリサイクルの対象になる金属の量を算定した結果[75]を，世界の埋蔵量に対し2%以上，あるいは順位が5位以内の金属について，表10.19に示す．液晶ディスプレイや太陽電池などで，透明電極に広く使われているインジウムは，世界の天然の埋蔵量の61%も蓄積されている．金や銀も埋蔵量国別順位が1位である．

都市鉱山の蓄積量は多いが，そこからの資源の採取は容易でない．その最大の理由は各家庭に広く分散し，集めるコストがかかるからである．家電リサイクル法や資源有効利用促進法に基づき廃棄品からのリサイクルが行われている．しかし，ハイテク産業に不可欠なレアメタルのリサイクルは，絶対量が少ないこともあり，これまで組織的には取り組まれていない．

レアメタルが高濃度で含まれる携帯電話の年間廃棄数は，飽和状態にある契約者数（2008年5月；1億335万）と平均買い換え年数2.7年[76]から計算した約4000万台から，国内出荷台数（2007年度；5167万台）を考慮した5000万台の間にあると考えられる．しかし，その回収は電話会社や流通業者の自主的な回収に任されてい

---

74) 平成20年度環境・循環型社会白書のコラム（98ページ）によると，携帯電話1トン当たりに含まれるレアメタルは，金400 g，銀2300 g，パラジウム100 gとしているが，本文で引用した6.8 mg/台が57 g/tに相当しているようにように，現在は，より少量のレアメタルを使用しているようである．また，同コラムで引用している金鉱石の品位0.92 g/tも，数g/tとする例が多い．

75) 2008年1月独立行政法人物質・材料研究所の原田幸明による記者発表．なお，「都市鉱山」は，東北大学選鉱製錬研究所の南條道夫教授によって，1980年代に提唱されたリサイクル概念とのことである．

76) 内閣府経済社会総合研究所景気統計部が2007年3月実施した消費動向調査による．

表10.19 日本における都市鉱山の蓄積量と世界の埋蔵量に対する比率[20]

金属	蓄積量 t	世界の埋蔵量に対する 比率（％）	順位
In（インジウム）	1 700	61.05	1
Ag（銀）	60 000	22.42	1
Sb（アンチモン）	340 000	19.13	3
Au（金）	6 800	16.36	1
Sn（スズ）	660 000	10.85	5
Ta（タンタル）	4 400	10.41	3
Pb（鉛）	5 600 000	9.85	1
Cu（銅）	38 000 000	8.06	2
Zn（亜鉛）	13 000 000	6.36	6
Li（リチウム）	150 000	3.83	6
Pt（白金）	2 500	3.59	3
Ni（ニッケル）	1 700 000	2.70	9
Mo（モリブデン）	23 000	2.69	6
Cr（クロム）	16 000 000	2.08	4
W（タングステン）	67 000	1.97	5
V（バナジウム）	57 000	1.06	4

るため，1100万台回収された2003年度から2006年度は660万台に減っている．

レアメタルの貴重な資源としての都市鉱山を活用するためのシステムづくりが求められる．また，始めからレアメタルの回収を考慮して設計することによって，「都市鉱山」から品位の高い「都市鉱石づくり」も可能になる．

10.8 放射能汚染

2011年3月11日に発生した東北地方太平洋沖地震とそれに伴う津波によって引き起こされた東日本大震災は，日本における観測史上最大の地震災害として記録に残るが，それに加えて福島第一原子力発電所事故は未曾有の放射能汚染をもたらした．

1999年の東海村臨界事故という深刻な核事故を経験しながら，最も深刻な環境汚染（破壊）である放射能汚染について，これまで触れずにきたのは「原子力安全神話」[77]に囚われていたと反省している．

10.8.1 放射能の量を現すベクレル，人体への影響の程度を表すシーベルト

放射能とは放射性物質が放射線を出す能力のことで，放射線[78]とは物質を通過する高速の粒子や波長が短い電磁波で，一般に通過

77) JCO臨界事故の際の野中官房長官（当時）の「想像を絶する」という発言や，福島第一原発事故の際の政府首脳の「想定外」という発言に「安全神話」の根深さを見ることができる．

78) 原子力基本法では，「放射線とは，電磁波又は粒子線のうち，直接又は間接に空気を電離する能力をもつもので，政令で定めるものをいう．」と定義している．X線は代表的な放射線である．

表 10.20 主な放射線の種類とその基本的な性質[46]

種類	基 本 的 な 性 質
アルファ（α）線	Ra，Pu，U，Rn などの特定の放射性原子の自然崩壊によって発生するヘリウムの原子核からなる粒子線である．質量が大きく，正電荷を帯びているため，空気中の飛程は数 cm，紙 1 枚で止まる．強い電離作用，体内作用を及ぼす．エネルギー一定，γ 線とともに出ることがある．体内被曝で影響が大きい．
ベータ（β）線	^{3}H（トリチウム），^{14}C，^{32}P，^{90}Sr などの特定の放射性原子の自然崩壊によって発生する電子からなる粒子線である．アルミ箔や厚さ数 cm のプラスチックで止まる．連続エネルギーをもち，γ 線とともに出ることがある．体内被曝で影響が大きい．
ガンマ（γ）線	^{60}Co や ^{137}Cs などの放射性原子の自然崩壊により発生する波長が 1 pm 以下と非常に短く，高エネルギーの電磁波である．放射性原子に特有の 1 つないし 2 つの固有値をもつ．透過力が大きく，鉛やコンクリートで遮蔽する必要がある．^{60}Co の γ 線はがんの放射線治療に使われている．
X 線	高速電子をタングステンなどのターゲットに衝突させて発生する波長が 1～100 pm の電磁波である．ややエネルギーが低いだけで，γ 線と同様の性質をもち，医療現場に広く利用されている．
中性子線	U や Pu の核分裂で発生する中性子からなる粒子線である．電気的に中性であるため，透過力が強い．中性子は人体に多量に存在する水の水素の原子核，陽子にぶつかりはじきとばして電離を引き起こし，種々の障害を誘発する．同一線量であれば，γ 線より中性子の方が人体に重度の障害を引き起こす．

する物質を直接または間接に電離・励起する電離放射線を指す．放射線防護の際に問題となるアルファ（α）線，ベータ（β）線，ガンマ（γ）線，X 線および中性子線[79]の基本的な性質について表 10.20 に示した．

放射能汚染を考えるとき，放射能の強さと人体に与える影響について，定量的に知るために**ベクレル**（Bq），**グレイ**（Gy），**シーベルト**（Sv）の 3 つの単位が重要である．放射能の量を表すベクレルと，生体への影響を表すシーベルトは放射能汚染や防護に関する報道で日常的に接する．

① ベクレル（Bq）：放射能の量を表し，1 秒間に崩壊する原子の数（壊変数）で，同一核種の壊変数は存在する原子核の数に比例する．Bq ＝ 壊変数/秒

② グレイ（Gy）：**吸収線量**と呼ばれる放射線の照射を受けることによって物質が受け取るエネルギーで，1 kg の物質が 1 J のエネルギーを吸収したとき，その物質の吸収線量は 1 Gy である．Gy ＝ J/kg

③ シーベルト（Sv）：放射線が生体に及ぼす吸収線量を評価する尺度を表す単位で，この単位を用いるものに**等価線量**，**実効線量**がある．

[79] 東海村 JCO 臨界事故では，3 名の作業員が大量の中性子線と γ 線を被曝し，2 名が死亡している．

等価線量：Sv ＝（各組織の）Gy × 放射線荷重係数

放射線荷重係数とは，放射線の違いによる身体への影響について，同じ尺度で評価するために設定された係数で，β線，γ線，X線では1，α線では20，中性子はそのエネルギーに応じて異なる[80]．なお，従来，線量当量と呼ばれたものと同等である．

実効線量：Sv ＝ $\sum$（その組織の等価線量 × その組織の組織荷重係数）

"$\sum$"は異なる組織に関する和を表す．

組織荷重係数とは，身体の組織や臓器により異なる放射線の影響度（放射線感受性）の指標となる係数で，表10.21にその値を示した．

等価線量が各組織・臓器の局所被曝線量を表すために用いられる単位系であるのに対して，**実効線量**は体全体への生物学的影響をはかるために用いられる．各個人の組織・臓器の係数の和は1である．

環境の放射能汚染の度合いを示す，**空間線量率**とは対象とする空間の単位時間当たりの放射線量で，放射線量を物質が放射線から吸収したエネルギー量で測定する場合，線量率の単位は，Gy/h（グレイ/時）で表す．空気吸収線量率ともいい，表示単位は一般的にnGy/h（ナノグレイ/時）およびμSv/h（マイクロシーベルト/時）である．

[80] ICRP（国際放射線防護委員会）の1990年と2007年の勧告で中性子の係数が異なっている．
（http://www.medicalview.co.jp/download/blue_yellow/2007ICRP.pdf）

表 10.21 組織荷重係数

組織・臓器	組織荷重係数 W_T
乳房・骨髄（赤色）	0.12
結腸・肺	0.12
胃・生殖腺	0.08
甲状腺・食道	0.04
肝臓・膀胱	0.04
骨表面・皮膚	0.01
脳・唾液腺	0.01
残りの組織・臓器（14）*	0.12

*14臓器の平均線量に対して0.12

10.8.2 自然放射線と人工放射線

現在の地球で暮らす人類は，宇宙線や天然放射性核種からの放射線などの自然放射線に加え，医療行為や核実験などによる人工放射線による被曝を受けている．原子放射線の影響に関する国連科学委員会（UNSCEAR）2008年報告書[81]が示す電離放射線による世界の平均被曝量（年間実効線量）は，3.0 mSvで，そのうち自然放射線が2.4 mSv（典型的な範囲は1～10 mSv），人工放射線が0.6 mSvである．

自然放射線の内訳は，外部被曝では，宇宙線によるもの0.39 mSv（高地では高い），地殻・建材などからの自然放射性核種から0.48 mSvであり，内部被曝では，ラドンガスの吸入により1.26 mSv，食物摂取（主として^{40}Kと^{14}Cによる[82]）で0.29 mSvである．自然界のラドンは全て放射性で，最も半減期の長い^{222}Rnは^{238}Uを始まりとするウラン系列に属し，半減期が3.8日なので，常に地殻から放出されたものと崩壊していくものとの定常状態にあ

[81] http://www.jaif.or.jp/ja/news/2010/unscear2008report_radiation.pdf

[82] 体重60 kgの人体において^{40}Kにより4000 Bq，^{14}Cにより2500 Bqの自然放射線があるといわれている．

る．このため，石造りの家，地下室などで被曝しやすく，木造家屋の多い日本での年間実効線量は 0.4 mSv とされている．同じく地殻・建材からの被曝も少ないと考えられ，日本における自然放射線による被曝は平均で，約 1 mSv と見積もられている[83]．

人工放射線による被曝は，医療診断（治療は除く）による 0.6 mSv（たとえば，胸部 X 線撮影 0.06 mSv，胸部 X 線 CT 撮影で 7.9 mSv）が主たるもので，大気圏核実験の名残（1963 年時点では 0.11 mSv）や，チェルノブイリ事故の影響の他，職業被曝（鉱山労働などは高い）があるが，いずれも μSv の 1 桁台である．

10.8.3　原子力発電所事故で放出される放射性核種

福島第一原子力発電所事故で大気中へ放出した多数の放射性核種の内，放射能汚染の原因となる主要三核種，^{131}I，^{134}Cs，^{137}Cs は，それぞれ 16 京[84]，1.8 京，1.5 京ベクレル放出されたと試算[85]されている．

^{131}I は半減期 8.02 日で，β 崩壊により準安定状態の ^{137}Xe に変化し，これが直ちに γ 線を放出して，安定状態へと遷移する．ヨウ素は食品を介して甲状腺へ蓄積する性質があるため，^{131}I による被曝は甲状腺がんを発症する確率を高める．半減期が短いため事故当初の放射能汚染が特に深刻である．

^{134}Cs は半減期 2.065 年で，β 崩壊により 3 種類の準安定状態の ^{134}Ba に変化するため，それから複数の γ 線を出して，安定状態の ^{134}Ba になる．

^{137}Cs は半減期 30.1 年で，β 崩壊により 95% が準安定状態の ^{137}Ba に変化し，それが 2.55 分の半減期で γ 線を出して安定状態の ^{137}Ba になる．残り 5% は直接安定状態の ^{137}Ba になる．半減期が比較的長いために，汚染が長時間継続する．^{137}Cs は現在もチェルノブイリ原子力発電所周辺の放射線汚染地域での主要な放射線源である．^{137}Cs の出す γ 線は固有の波長をもっているため，γ 線検出器で自然放射能を含まないその地域の空間線量をモニタリングすることが行われている．

10.8.4　放射線防護と管理基準

200 mSv 以上の放射線を短時間に受けた場合は，一部の人にがんが発生する可能性があるが，少量の放射線でがんが発生するかどうかは明らかでない．しかし，放射線を利用するに当たり安全管理をするために，管理基準を設定する必要があるため，国際放射線防護委員会（ICRP）では，200 mSv 以上のがん発生率のデータに基

---

83) 次のサイトに放射線測定の実際と，日本地域別の自然放射線が紹介されている．
http://lambda.phys.tohoku.ac.jp/~kaneta/hakarikata702/Houshasen_Sokutei_Jisshu_Seminar.pdf

84) 京（けい）は中国に起源をもつわが国における大数の命数の 1 つで 1 京 $= 10^4$ 兆 $= 10^{16}$ を意味する．

85) 次のサイトに福島第一原発から飛散した 31 の放射性核種の経済産業省による放出量の試算値が掲載されている．http://www.meti.go.jp/press/2011/06/20110606008/20110606008-2.pdf

づいて，それ未満の放射線の影響を推定した．これに加えて，他の職業上，生活上のリスクおよび自然放射線を考慮して，以下の線量限度（実効線量限度）を勧告している．

- 放射線業務従事者：5年間で100 mSv，そのうち1年間の最大が50 mSv
- 一般公衆：1年間で1 mSv（自然放射線は除く）

また，以下の2つの原則を挙げている．

- 正当化の原則：放射線被曝の状況を変化させるいかなる決定も，害よりも便益を大きくすべきである．
- 最適化の原則：被曝する可能性，被曝する人の数，およびその人たちの個人線量の大きさは全て，経済的および社会的な要因を考慮して，合理的に達成できる限り低く保つべきである．

ICRP 2007年勧告[86]は，非常時の放射線の管理基準は，平常時とは異なる基準を用いることとしている．また非常時も緊急事態期と事故収束後の復旧期に分けて，以下のような目安で防護対策をとることとしている．

1. 平常時：年間1 mSv以下に抑える．
2. 緊急事態期：事故による被曝量が20～100 mSvを超えないようにする．
3. 事故収束後の復旧期：年間1～20 mSvを超えないようにする．

日本における具体的な規制や管理基準は，避難勧告等の基準も含め，おおむねICRPの勧告に基づいたものであり，具体的な例はネットにて容易に検索できるので，ここでは触れない．

10.8.5 低線量被曝としきい値

低線量被曝に関しては，線量とがんや白血病などの発生確率は比例し，「しきい値」はないとする"直線しきい値なしモデル（LNTモデル）"と"「しきい値」（境界値）よりも少量の被曝は安全"とする学説とがある．LNTモデルは1977年にICRP勧告において，人間の健康を護るために放射線を管理するには最も合理的なモデルとして採用された．各国の国内規制もこの勧告に準じていることが多い．

2005年にフランスの医学・科学アカデミー合同報告書は，100 mSv以下の低線量域でLNT仮説を適用することは過大評価になるとしている．また，大きな量（高線量）では有害な電離放射線が，小さな量（低線量）では生物活性を刺激したり，あるいは以後の高

86）ICRP 2007年勧告については，放射線審議会基本部会の中間報告がわかりやすい．
http://www.mext.go.jp/b_menu/shingi/housha/sonota/_icsFiles/afieldfile/2010/02/16/1290219_001.pdf

線量照射に対しての抵抗性をもたらす適応応答を起こす"放射線ホルミシス効果"について多くの報告がある．特に，ラドン温泉やラジウム温泉[87]による療養効果など，ホルミシス効果の例とされる．一方，屋内ラドンによる肺がんのリスクは線量に依存し，時間加重平均暴露値として $150\,\mathrm{Bq/m^3}$（〜$3.45\,\mathrm{mSv}$）あたり24％の肺がんリスクの増加になると報告されている．また，"長時間の低線量被曝の方が，短時間の高線量被曝に比べ，はるかに生体組織を破壊する"というペトカウ効果[88]が報告されるなど，未だ決着はついていないが，可能な限り不要な被曝を避けるという原則では一致している[89]．

---

[87] オーストリアのバートガシュタインのラドン温泉では $^{222}\mathrm{Rn}$ の濃度が $110\,\mathrm{Bq}/l$ 以上で放射能療養泉と呼ばれ，年間約10,000人の患者が訪れる．また，鳥取県三朝温泉はラジウム温泉として，岡山大学病院三朝医療センターがあるなど，本格的な療養温泉である．

[88] http://ja.wikipedia.org/wiki/ペトカウ効果

[89] 地球上で暮らすだけで，自然放射線により平均 $2.4\,\mathrm{mSv}$（$1\sim10\,\mathrm{mSv}$）被曝している．すなわち，放射線被曝については，被曝0という状態を作る事ができない．ラドン濃度が高い場所に住む人々の肺がんになる確率が有意に高いことを考えると，自然放射線による被曝に追加する被曝は，そのメリット（放射線治療やレントゲン撮影など）が，被曝によるデメリットを上回らない限り避けるべきである．

問　題

1. 地球の大気成分が金星や火星と異なっている理由を述べよ．
2. 地球上の物質とエネルギーのサイクルを駆動しているのは太陽エネルギーである，といわれるのはなぜか？
3. なぜ，二酸化炭素やメタンガスなどが，温室効果を示すのか？
4. 地球温暖化の原因が人間活動であるとする理由を述べよ．
5. 地球温暖化が進むとなぜよくないのだろうか？
6. 対流圏では，高度が上がると気温が下がる理由を述べよ．逆に成層圏では，高度が上がると温度も上がるのはなぜか．
7. オゾン層が破壊されるとなぜ地上に降り注ぐ紫外線が増えるのか？
8. 足尾銅山鉱毒事件はいつ頃どのようにして起こったものか調べよ．
9. 煤煙型スモッグは先進国ではほとんどみられなくなったが，光化学スモッグがなかなか減らない理由は何か？
10. 酸性雨問題は最初の地球環境問題といわれる理由を述べよ．
11. 地球には海洋に大量の水が存在するのに，水資源には海水を加えないのはなぜか？
12. 生物モニタリングとは何か？　その目的と方法を述べよ．
13. 経済成長を追及した結果が地球環境問題といわれるが，成長のない社会は衰退する．成長し続ける持続可能な社会をつくるには何が必要か？

図および写真の引用文献

（1）ラル E. ラップ（高木修二訳）『物質の話』タイム　ライフ　インターナショナル，1967
（2）R. ハレ（小出昭一郎訳）『世界を変えた20の化学実験』産業図書，1984
（3）A. J. アイド（鎌谷親善他訳）『現代化学史1』みすず書房，1972
（4）原　光雄『化学入門』（岩波新書）岩波書店，1953
（5）『サイエンス（第16巻第12号）』日経サイエンス社，1986
（6）S. グラストン，G. P. トムソン（石川正次訳）『原子と電子の世界』東海大学出版会，1976
（7）M. J. S. デュワー（榊友彦他訳）『新しい化学入門』廣川書店，1967
（8）E. ハイゼンベルク（山崎和夫訳）『ハイゼンベルクの追憶』みすず書房，1984
（9）"Linus Pauling and the Twentieth Century"；
http://www.paulingexhibit.org/pr/press/Linus%20Pauling.jpg
（10）大木道則，大沢利昭，田中元治，千原秀昭編『化学大辞典』東京化学同人，1989
（11）小島和夫『化学熱力学入門』培風館，1975
（12）国際エネルギー機関（IEA, International Energy Agency）統計情報
Key World Energy Statistics 2020
https://www.petrolfed.be/sites/default/files/editor/Key_World_Energy_Statistics_2020_0.pdf
（13）イギリス石油会社（British Petroleum）世界エネルギー統計
BP statistical review of world energy 2020
https://www.bp.com/content/dam/bp/business-sites/en/global/corporate/pdfs/energy-economics/statistical-review/bp-stats-review-2020-full-report.pdf
（14）World Nuclear Association, Uranium Mining Overview
https://www.world-nuclear.org/information-library/nuclear-fuel-cycle/mining-of-uranium/uranium-mining-overview.aspx#:~:text=The%20total%20recoverable%20identified%20resources,(tonnes%20uranium%20per%20year).
（15）IAEA, Uranium 2018 Resources, Production and Demand
https://www.oecd.org/publications/uranium-20725310.htm
https://read.oecd-ilibrary.org/nuclear-energy/uranium-2018_uranium-2018-en#page1
（16）Earth's Global Energy Budget：Kevin E. Trenberth, John T. Fasullo, and Jeffrey Kiehl, *Bull. Amer. Meteor. Soc.*（2009）90（3）：311-324.
https://journals.ametsoc.org/bams/article/90/3/311/59479
（17）（社）電池工業会「電池の構造と反応式」
http://www.baj.or.jp/knowledge/structure.html
（18）IPCC第5次評価報告書：原文 IPCC Fifth Assessment Report（Ar 5）
Climate Change 2013：The Physical Science Basis
https://www.ipcc.ch/report/ar 5
AR 5 Synthesis Report：Climate Change 2014
https://www.ipcc.ch/report/ar 5/syr/
第1作業部会　自然科学的根拠　気象庁による確定訳
https://www.data.jma.go.jp/cpdinfo/ipcc/ar5/ipcc_ar5_wg1_ts_jpn.pdf
環境省による解説資料
http://www.env.go.jp/earth/ipcc/5th/pdf/ar5_wg1_overview_presentation.pdf
第2作業部会　影響・適用・脆弱性　環境省による確定訳
http://www.env.go.jp/earth/ipcc/5th_pdf/ar5_wg2_tsj.pdf
環境省による解説資料
http://www.env.go.jp/earth/ipcc/5th/pdf/ar5_wg2_overview_presentation.pdf
（19）和田栄太郎『地球生態学』環境学入門第3巻，岩波書店，2002
（20）日本における都市鉱山の蓄積量（物質材料研究機構）
https://www.nims.go.jp/research/elements/rare-metal/urban-mine/data.html

　　　　都市鉱山蓄積ポテンシャルの推定 https://www.jstage.jst.go.jp/article/jinstmet/73/3/73_3_151/_pdf
(21)　酒井　均，松久幸敬『安定同位体地球化学』東京大学出版会，1996
(22)　Earth's Annual Global Mean Energy Budget：J. T. Kiehl and Kevin E. Trenberth *Bull. Amer. Meteor. Soc.*（1997）78：197-278.
　　　http://www.geo.utexas.edu/courses/387H/PAPERS/kiehl.pdf
(23)　表 10.17，図 10.32 については，令和 2 年版環境・循環型社会・生物多様性白書（環境白書 2020）第 2 部　第 3 章　第 1 節　廃棄物等の発生，循環的な利用及び処分の現状
　　　https://www.env.go.jp/policy/hakusyo/r02/html/hj20020301.html#n2_3_1
　　　表 10.18 については，平成 23 年版　環境白書・循環型社会白書・生物多様性白書　第 2 部　第 3 章　第 2 節　廃棄物等の発生，循環的な利用及び処分の現状
　　　http://www.env.go.jp/policy/hakusyo/h23/html/hj11020302.html#n2_3_2
(24)　https://upload.wikimedia.org/wikipedia/commons/8/8b/Willard_Gibbs.jpg
(25)　資源エネルギー庁「令和元年度エネルギーに関する年次報告」（エネルギー白書 2020）
　　　https://www.enecho.meti.go.jp/about/whitepaper/2020pdf/
(26)　METHANE HYDRATES AND BSR MODELS
　　　http://ahay.org/RSF/book/sep/avo/paper_html/node2.html
(27)　（一般社団法人）日本ガス協会　燃料電池
　　　https://www.gas.or.jp/gas-life/enefarm/shikumi/
　　　（公益社団法人）日本電気技術者教会　燃料電池について
　　　https://jeea.or.jp/course/contents/09402/
(28)　World Energy Assessment：Energy and the Challenge of Sustainability（chapter 5）（2015）
　　　https://www.undp.org/content/undp/en/home/librarypage/environment-energy/sustainable_energy/world_energy_assessmentenergyandthechallengeofsustainability.html
(29)　大気汚染に関する環境基準
　　　https://www.env.go.jp/kijun/taiki.html
(30)　NASA Ozone Watch：https://ozonewatch.gsfc.nasa.gov/
　　　Annual records：https://ozonewatch.gsfc.nasa.gov/statistics/annual_data.html
(31)　気象庁　気象情報統計
　　　世界の平均気温：https://www.data.jma.go.jp/cpdinfo/temp/an_wld.html
　　　日本の平均気温：https://www.data.jma.go.jp/cpdinfo/temp/an_jpn.html
(32)　北海道及び南極昭和基地における特定物質の大気中平均濃度の経年変化
　　　オゾン層破壊及び地球温暖化の状況-環境省
　　　https://www.env.go.jp/council/06earth/y066-01/mat07_1.pdf
(33)　Increasing destructiveness of tropical cyclones over the past 30 years：K. Emanuel, *Nature*, 2005, Vol. 436, 686-688. http://www.atmosedu.com/ENVS109/articles/Emanuel05-hurricanes.pdf
(34)　国土交通省　都市・地域整備局　下水道部・下水道資料室
　　　下水道事業の　現状と課題・今後の対応策 - 日本水フォーラム
　　　http://www.waterforum.jp/twj/wscj/docs/110217/5-2.pdf
　　　OECD Environment Statistics：Wastewater treatment
　　　https://www.oecd-ilibrary.org/environment/data/oecd-environment-statistics/wastewater-treatment_data-00604-en
(35)　環境省大気汚染状況報告 http://www.env.go.jp/air/osen/report/h29 report/index.html
(36)　令和 2 年版環境白書・循環型社会白書・生物多様性白書（環境白書 2020）
　　　https://www.env.go.jp/policy/hakusyo/r02/index.html
(37)　人の健康の保護に関する環境基準
　　　環境省：https://www.env.go.jp/kijun/wt1.html
(38)　環境儀 No. 19, January 2006（国立環境研究所）https://www.nies.go.jp/kanko/kankyogi/19/19.pdf
(39)　平成 14 年度（2002 年度）版「環境と物質」第 3 部　平成 13 年度生物モニタリング結果（環境省）

http://www.env.go.jp/chemi/kurohon/http 2001/sec1_3.html#3-1
(40) 加藤進, 石油天然ガスレビュー, Vol. 38, No. 8（2005）
石油天然ガスの起源 〜無機成因説は成り立つか〜
(41) 「日本の水資源の現況」水の循環と水資源の賦存状況 https://www.mlit.go.jp/common/001371908.pdf
参考資料　https://www.mlit.go.jp/mizukokudo/mizsei/content/001371925.pdf
(42) Global Market Outlook for Solar Power 2015-2019
https://resources.solarbusinesshub.com/solar-industry-reports/item/global-market-outlook-for-solar-power-2015-2019
（参考）欧州電気事業の最近の動向〜カーボン・ニュートラル社会実現に向けた取り組み〜海外電力調査会（2020年5月26日）
https://www.meti.go.jp/shingikai/energy_environment/denryoku_platform/pdf/009_02_00.pdf
(43) 生体微量元素の役割について
https://www.aluminum.or.jp/aluminum-hc/p_6/chiba/chiba_main 01.html
(44) U. S. Energy Information Administration : Analysis & Projections
World Shale Resouce Assessments Last updated : September 24, 2015
https://www.eia.gov/analysis/studies/worldshalegas/
(45) REN 21 'Renewables 2020 Global Status Report'
https://www.ren 21.net/wp-content/uploads/2019/05/gsr_2020_full_report_en.pdf
自然エネルギー世界白書 2020
https://www.isep.or.jp/archives/library/12644
(46) 放射性物質の挙動からみた適正な廃棄物処理処分（技術資料）　国立環境研究所　資源循環・廃棄物研究センター
(47) 2020 Hydropower Status Report : International hydropower association
https://hydropower‑assets.s3.eu‑west‑2.amazonaws.com/publications‑docs/2020_hydropower_status_report.pdf
(48) 日本地熱協会 https://www.chinetsukyokai.com/information/nihon.html

さくいん

あ行

IEA（国際エネルギー機関）	124
IPCC	123, 172
アクセプター準位	77
アクチノイド	38
アニオン	5
アノード反応	143
アボガドロ数	1, 6, 20
アボガドロ定数	8, 20
アボガドロの法則	86
アモルファス	78
RCP	178
α粒子散乱実験	21
亜瀝青炭	138
アレニウスプロット	107
安定同位体	130
イオン	5
イオン化エネルギー	40
イオン化傾向	118
イオン結合	43
イオン結晶	43, 71
イオン半径	40
異化反応	167, 168
一次エネルギー	123
一次エネルギーGDP原単位	125
一次エネルギー総供給量	126
一次電池	143
1次反応	104
1次反応速度定数	105
一酸化二窒素	175
一般炭	139
陰イオン	5
陰極	118, 143, 146, 148
宇宙船地球号	164
永久凍土	178
ATP	167
液晶	79
液晶パネル	80
液相	63
液相線	82
液体	81
SI接頭語	8
SI単位	7
SF	161
sp^2混成軌道	52
sp^3混成軌道	53
sp混成軌道	52
エチン	54
越境汚染	187, 189
エテン	54
NADH	167
n型半導体	77, 158
エネルギー	90
エネルギー収支	172
エネルギー保存の法則	91
FCC（流動接触分解装置）	132
LPガス	135
塩基解離定数	112
延性	69
エンタルピー	93
エントロピー	97
オイルサンド	130
オイルシェール	130
オクターブの法則	33
オクタン	132
オゾン全量	182
オゾン層	181, 182
オゾンホール	182, 183
温室効果	173
温室効果ガス	174
温泉発電	161

か行

外界	91
解離度	112
化学エネルギー	127
化学合成	167
化学合成細菌	168
化学電池	142
化学平衡	108
可逆変化	96
核エネルギー	148
確認埋蔵量	128, 133, 138
核燃料	150
核燃料サイクル	151
核分裂反応	148
核融合エネルギー	153, 154
核融合反応	148
隠れたフロー	205
化合物	2
化合物半導体	77
加水分解	114
ガス田	131
ガスハイドレート	136
化石燃料	124, 128
カソード反応	143
カチオン	5
活性化エネルギー	107
活性錯合体	107
褐炭	138
活量	119
活量係数	119
価電子	31
価電子帯	76
カーボンナノチューブ	74
カーボンニュートラル	162
環境基準	194
環境調和型社会	164
緩衝溶液	115
間接水	191
間接脱硫装置	132
乾留	139
気相	63
気相線	82
基礎物理定数	8
気体反応の法則	18
基底状態	29
起電力	119
軌道	27
軌道関数	27
軌道混成	52
ギブズエネルギー	101, 142
ギブズの相律	64
基本単位	6
逆反応	108
吸収線量	210
凝華	65
凝固点降下	84
凝縮	82
共沸混合物	82
共鳴	56
共鳴混成体	56
共有結合	4, 45
共有結合結晶	73
共有結合半径	38
共有電子対	45
極性結合	48
極性分子	48
キラルネマチック相	80
均一系	63
禁制帯	76, 77
金属間化合物	69
金属結合	68
金属結晶	68
金属錯体	58
近代的再生可能エネルギー	155
空間格子	66
空間線量率	211
組立単位	6
グラファイト	73
グラフェンシート	74
グレイ（Gy）	210
クーロンの法則	44
クーロン力	44
系	63, 91
結合性軌道	46
減極剤	144
嫌気呼吸	167, 168
嫌気状態	166
原子	3
原子価殻	31
原子核	3
原子核反応	148
原子核崩壊	148, 153
原子番号	3
原子量	3, 18
原子力	124
原子力エネルギー	127
原子力電池	153
原子力発電	149
原子炉	150
元素	2
元素記号	2
元素サイクル	170
元素の周期律	33
原料炭	139
光化学オキシダント	186
光化学スモッグ	185, 186
好気呼吸	168
好気状態	166
合金	69
光合成	167
光合成細菌	166
構造性ガス	134
高速増殖炉	151
高速中性子	151
購買力平価	125
黒鉛	73
コークス	139
呼吸	166
国際エネルギー機関	124
国際単位系	7
国内総生産	125
固相	63
固容体	69
孤立系	91
孤立電子対	45
コールタール	139
コレステリック液晶	79
コレステリック相	80
混合物	2
混成軌道	52

さ 行

サーモトロピック液晶	79
最外殻	31
最終処分量	206
再生可能エネルギー	155
錯イオン	58
酸・塩基指示薬	116
酸塩基平衡	111
酸解離定数	112
酸化還元反応	118
酸化数	118
産業革命	137
三重結合	54
三重点	65
酸性雨	188
酸素呼吸	167
残留性有機汚染物質	196
CNT	74
シェールオイル	129
シェールガス	135
示強性	6
磁気量子数	28
式量電位	169
σ（シグマ）結合	46
時効硬化	71
仕事	91
示性式	4
持続可能な社会	203
実効線量	210
実在気体	87
質量	3
質量数	3
質量保存の法則	16
質量モル濃度	81
GDP	125
CBM	135
シーベルト（Sv）	210
縞状鉄鉱石	166
四面体型空孔	71
弱塩基	112
弱酸	112
シャルルの法則	19, 85
10億分率	81
周期表	33, 37
自由電子モデル	68
自由度	64
充満帯	76
重量パーセント	81
主量子数	27
循環型社会	172
循環資源	205
循環利用率	206
純物質	2
昇華	65
昇華曲線	64
蒸気圧	82
蒸気圧曲線	64
状態図	64
状態量	92
蒸発	82
示量性	6
白いスモッグ	185
真性半導体	77
浸透圧	84
進歩主義	164
水性ガス反応	139
水素イオン濃度	111
水素化脱硫装置	132
水素結合	59
随伴ガス	134
水力発電	156
スピン量子数	28
スメクチック液晶	79
スモッグ	184
正極	143, 146, 148
成層圏	181
静電気力	44
青銅	70
正反応	108
生物モニタリング	197
石炭	123, 137
石炭化	138
石炭ガス	139
石炭化度	138
石油	123, 129
石油換算トン	123
石油鉱床	131
石油精製	132
絶縁体	76, 78
接触改質装置	132
遷移元素	37
双極子-双極子相互作用	61
双極子-誘起双極子相互作用	61
相図	64
相対原子質量	3
相対分子質量	4
相平衡図	64, 136
相律	63
族	37
束一的性質	84

た 行

ダイオキシン類	197
大気環境	181
体心立方格子	67
体心立方構造	67
対数	11
タイトサンドガス	135
ダイヤモンド	73
耐容一日摂取量	199, 200
太陽エネルギー	158
太陽定数	172
太陽電池	158
対流圏	182
多相系	63
単位格子	66
単位胞	66
ダングリングボンド	74
炭素サイクル	170
炭素繊維	75
炭素繊維強化プラスチック	75
単体	2
断熱過程	92
地球温暖化	172
地球型惑星	165
地球環境問題	164
窒素サイクル	172
地熱発電	160
チャップマン機構	182
中性子	3
超伝導	78
兆分率	81
超臨界ガス	89
超臨界流体	89
直接脱硫装置	132
直接メタノール型燃料電池	146
使い捨て社会	172
定圧過程	92
DNA	60
TN型セル	80
DF	161
DDT	196
定比例の法則	17
定容過程	92
デオキシリボ核酸	60
電気陰性度	49
電気エネルギー	140
電気伝導性	73
電極反応	118
電子	3, 21
電子雲	28
電子殻	28
電子式	31
電子親和力	41
電子対反発則	50
電子配置	29
電磁波エネルギー	127
展性	69
電池	128, 142
伝導帯	76
伝統的バイオマス	155
天然ウラン	150
天然ガス	123, 133
電離度	112
同位元素	3
同位体	3
等価線量	210
同化反応	167
同素体	74
導体	76
毒性等価係数	198
毒性等量	198
時計反応	107
都市鉱山	208
閉じた系	91
土壌	191
トータルフロー発電	162
ドナー準位	77
ド・ブロイ波	26
トリチェリの真空	13
ドルトンの原子説	17
ドルトンの法則	86

な 行

内殻	31
内部エネルギー	92
内部遷移元素	38
ナノ構造体	74
ナフサ	133
二酸化炭素	175
二酸化窒素濃度	186
二次エネルギー	126
二次電池	143
2次反応	105
二重結合	54
熱	91
熱処理	70
熱中性子	151
熱伝導性	73
熱力学第一法則	91
熱力学第三法則	100
熱力学第二法則	95
熱力学ピラミッド	102
ネマチック液晶	79
ネルンストの式	121
粘結炭	139
燃料	128
燃料電池	146
濃淡電池	121

は 行

配位結合	58
配位子	58
配位数	58
煤煙型スモッグ	184
バイオマス	124, 162
バイオマス燃料	128
π（パイ）結合	55
背斜構造	131
排除体積	87
倍数比例の法則	17
パウリの排他原理	29
パスツール点	166
八面体型空孔	71

波動関数	27	ファンデルワールス力	61	偏光フィルター	80	融点	65
波動方程式	27	風力発電	157	ベンゼン	56	融点図	69
反結合性軌道	46	不可逆変化	96	ボーアの原子	22	油田	131
半減期	105	不確定性原理	27	ボイル-シャルルの法則		陽イオン	5
半導体	76, 78	不活性ガス型電子配置	68		19, 86	溶液	81
バンド理論	68	負極	143, 146, 148	ボイルの法則	14, 85	溶解度積	117
反応次数	104	不均一系	63	方位量子数	28	陽極	118, 143, 146, 148
反応速度	104	複合汚染	193	放射強制力	174	陽子	3
反応速度定数	104	不対電子	31	放射線ホルミシス効果	214	溶質	81
pH	111	物質の三態	63	飽和蒸気圧	65, 82	容体化処理	71
pH メーター	121	物質波	26	ポラロイド板	80	溶媒	81
非 SI 単位	9	物質フロー	205	ポリ塩化ビフェニル	196	容量モル濃度	81
pn 接合	158	沸点	65	ホルミシス効果	214	葉緑素	168
POPs 条約	196	沸点上昇	83	ボルン-ハーバーサイクル	43	四面体型空孔	71
p 型半導体	77, 158	沸点図	82	ま 行		ら 行	
非共有電子対	45	物理電池	142, 153	無煙炭	138	ラウールの法則	82
非在来型エネルギー資源		不動態	78	無機化合物	4	ランタノイド	38
	129, 130	不変系	65	無機成因説	130	リオトロピック液晶	79
PCB	196	プラズマディスプレイ	80	メタン	175	リサイクル	206
非晶質固体	78	ブラベ格子	66	メタンハイドレート	136	理想気体	85
必須微量元素	191, 192	フロギストン説	14	面心立方格子	67	理想気体の状態方程式	86
非粘結炭	139	フロン	182	モーズリーの実験	36	立方最密充塡構造	67
ppm	81	フロンガス	175	最外殻	31	リデュース	206
ppt	81	分圧の法則	86	mol	5	リユース	206
ppb	81	分極	143	モル	5	量子数	25, 27
百万分率	81	分散力	61	モル凝固点降下定数	84	臨界点	65, 87
標準エンタルピー変化	94	分子	4	モル沸点上昇定数	83	ルイス構造	31
標準状態	94	分子間引力	87	モル分率	82	ル・シャトリエの原理	110
標準水素電極	120	分子軌道	45	や 行		瀝青炭	138
標準生成熱	94	分子軌道法	45	焼き入れ	70	レーリー散乱	173
標準電極電位	120	分子結晶	76	融解曲線	64	ロサンゼルス型スモッグ	186
氷床コア	175	分子式	4	有機塩素系農薬	196	六方最密格子	67
開いた系	91	分子量	4	有機化合物	4	六方最密充塡構造	67
頻度因子	107	フントの規則	30	有機成因説	130	ロンドン型スモッグ	184
ファラデー定数	121	平衡定数	108	有効数字	10		
ファンデルワールスの状態方程式	87	ベクレル (Bq)	210	有効体積	87		
		ヘスの法則	45, 94				
ファンデルワールス分子	61	ペトカウ効果	214				

第4版　化学—物質・エネルギー・環境

1992 年 4 月	第 1 版	第 1 刷	発行
1995 年 10 月	第 1 版	第 6 刷	発行
1997 年 2 月	改　訂	第 1 刷	発行
2001 年 3 月	改　訂	第 5 刷	発行
2002 年 3 月	第 3 版	第 1 刷	発行
2008 年 3 月	第 3 版	第 7 刷	発行
2008 年 11 月	**第 4 版**	**第 1 刷**	**発行**
2021 年 2 月	**第 4 版**	**第 7 刷**	**発行**

著　者　　浅　野　　　努
　　　　　荒　川　　　剛
　　　　　菊　川　　　清
発行者　　発　田　寿々子
発行所　　株式会社　学術図書出版社
〒 113-0033　東京都文京区本郷 5－4－6
TEL 03-3811-0889　　振替 00110-4-28454
印刷　中央印刷（株）

定価はカバーに表示しております．

本書の一部または全部を無断で複写（コピー）・複製・転載することは，著作権法で認められた場合を除き，著作者および出版社の権利の侵害となります．あらかじめ小社に許諾を求めてください．

© 1992, 1997, 2002, 2008　ASANO　ARAKAWA　KIKUKAWA
Printed in Japan
ISBN978-4-7806-0117-6　C3403

元素の周

周期\族	1	2	3	4	5	6	7	8
1	₁H 水素 1.008								
2	₃Li リチウム 6.941	₄Be ベリリウム 9.012						
3	₁₁Na ナトリウム 22.99	₁₂Mg マグネシウム 24.31						
4	₁₉K カリウム 39.10	₂₀Ca カルシウム 40.08	₂₁Sc スカンジウム 44.96	₂₂Ti チタン 47.87	₂₃V バナジウム 50.94	₂₄Cr クロム 52.00	₂₅Mn マンガン 54.94	₂₆Fe 鉄 55.85
5	₃₇Rb ルビジウム 85.47	₃₈Sr ストロンチウム 87.62	₃₉Y イットリウム 88.91	₄₀Zr ジルコニウム 91.22	₄₁Nb ニオブ 92.91	₄₂Mo モリブデン 95.96	₄₃Tc テクネチウム (99)	₄₄Ru ルテニウム 101.1
6	₅₅Cs セシウム 132.9	₅₆Ba バリウム 137.3	57〜71 ランタノイド	₇₂Hf ハフニウム 178.5	₇₃Ta タンタル 180.9	₇₄W タングステン 183.8	₇₅Re レニウム 186.2	₇₆Os オスミウム 190.2
7	₈₇Fr フランシウム (223)	₈₈Ra ラジウム (226)	89〜103 アクチノイド	₁₀₄Rf ラザホージウム (267)	₁₀₅Db ドブニウム (268)	₁₀₆Sg シーボーギウム (271)	₁₀₇Bh ボーリウム (272)	₁₀₈Hs ハッシウム (277)

元素記号
原子番号
元素名
原子量*

*日本化学会"4桁の原子量(2020)"による．
( )内の数値は，放射性同位体の質量数の一例

ランタノイド	₅₇La ランタン 138.9	₅₈Ce セリウム 140.1	₅₉Pr プラセオジム 140.9	₆₀Nd ネオジム 144.2	₆₁Pm プロメチウム (145)	₆₂Sm サマリウム 150.4	
アクチノイド	₈₉Ac アクチニウム (227)	₉₀Th トリウム 232.0	₉₁Pa プロトアクチニウム 231.0	₉₂U ウラン 238.0	₉₃Np ネプツニウム (237)	₉₄Pu プルトニウム (239)	